VEB F. A. Brockhaus Verlag Leipzig

Walter Steiner

Auf den Gletschern des Pamir

Ein geologisches Abenteuer

Ein solches Buch ist ohne die Zuarbeit und ohne die Ermutigungen zahlreicher Freunde nur schwer zu schreiben. Ich habe diese erhalten. Einigen sei dafür stellvertretend für andere herzlich gedankt:
Georg Renner für die ständige Übermittlung seiner umfassenden Kenntnisse über Mittelasien, Dr. Wulf Bennert für die Organisation und Leitung gelungener Mittelasienexpeditionen, Dr. Klaus Kerkmann und Werner Starke für die Begutachtung und Verbesserung dieses Buchmanuskripts, allen Bildautoren, dem Graphiker Heinz Kutschke sowie den Fahrtkameraden mehrerer Expeditionen und Kundfahrten, nicht zuletzt dem VEB F. A. Brockhaus Verlag Leipzig. Der größte Dank allerdings gilt meiner Frau – sie ertrug die Hektik der Expeditionsvorbereitungen und mein Fernbleiben von familiären Urlaubsreisen ebenso wie die langwierigen Arbeiten an diesem Buch.

ISBN 3-325-00166-1

2. Auflage
© VEB F. A. Brockhaus Verlag Leipzig, DDR, 1982
Lizenz-Nr. 455/150/44/88 · LSV 5319
Lektorat und Bildauswahl: Christa Kunze/Angelika Ziegner
Gesamtgestaltung: Helmut Tracksdorf
Kartenzeichnungen: Heinz Kutschke
Kartenredaktion: Helmut Sträubig/Christa Kunze
Printed in the German Democratic Republic
Gesamtherstellung: Karl-Marx-Werk Pößneck V 15/30
Redaktionsschluß: Februar 1987
Bestell-Nr. 587 145 9

Inhalt

7	Gletschereis und Baumwollfelder
15	Schon in der Wüste sieht man das Eis
30	Auf den Spuren berühmter Expeditionen
41	Zwischenlager am Rande von Duschanbe
50	Erste Exkursionen
60	Aufbruch Richtung Pamir
74	Der Wachschbruch trennt Gebirgssysteme
85	Die Katastrophe von Chait – ein geologisches Ereignis
93	Ausflug in die Eiszeit
110	Das Tal des Muksu – Tor zum Pamir
125	Der Sugran-Gletscher ist erreicht
139	Basislager am Schini-Bini-Gletscher
148	Zwischen Eisbrüchen und Gletschertischen
160	Der Aufstieg zum Pik Weimar
174	Zum Ursprung der Gletscher
181	Noch einmal zum Paß
192	Das Gletschertor des Dewlachan
199	Rückmarsch durch das Tal der Bären
211	Oase am Gletscherwasser
224	Unvergeßlicher Pamir

Anhang

231	Erklärung mittelasiatischer Wörter
233	Erklärung geologischer Fachausdrücke
237	Die längsten Talgletscher Tadshikistans
239	Ergänzende deutschsprachige Literatur (Auswahl)

ALLEN FREUNDEN
DER BERGE UND GLETSCHER
MITTELASIENS
WIDME ICH DIESES BUCH,
BESONDERS ABER UTE

Mit dieser zweiten Auflage soll an zwei forschungsgeschichtliche Jubiläen erinnert werden. Im Jahre 1988 jährt sich zum fünfundsiebzigsten Male die deutsche Pamirexpedition 1913 unter W. Rickmer-Rickmers und zum sechzigsten Male die breitangelegte und überaus erfolgreiche deutsch-sowjetische Expedition 1928.

Gletschereis
und Baumwollfelder

Im Jahre 1878 zog der russische Entomologe, Geograph und Forschungsreisende V. F. Oschanin mit einem kleinen Expeditionstrupp zwischen Pamir und Transalai das Muksu-Tal aufwärts, vorbei an schneebedeckten Bergen im Süden, die er Peter-I.-Kette nannte. Nach vielen mühsamen Tagesmärschen stand er erstaunt und fasziniert vor einem unbekannten riesigen Hindernis im Tal. Er schrieb in sein Tagebuch: »Quer zum Tal verlief ganz plötzlich ein Wall ... Mir war unklar, weshalb der Fluß dieses Hindernis nicht abgespült hatte. Je näher wir aber heranritten, um so deutlicher konnten wir unterscheiden, daß sich an der dunklen Oberfläche dieses Walls helle glänzende Flecken abhoben. An einer Stelle wurde eine Vertiefung sichtbar, die einem Höhleneingang ähnelte ... Als ich schließlich bis auf einen halben Kilometer herangekommen war, fand ich des Rätsels Lösung: Vor uns lag das Ende eines ungeheueren Gletschers.«

Diese Gletscher werden in wenigen Tagen auch unser Ziel sein. Zwar werden wir nicht gleich den längsten Talgletscher der Welt entdecken wie vor rund hundert Jahren – ohne es zu wissen – der Forschungsreisende Oschanin, aber wir werden genauso begeistert vor den langen Eisschlangen des Pamir stehen wie er. Die Rucksäcke sind gepackt, 50 Kilogramm stehen bereit, dazu die Eispickel, die Steigeisen und die Fotoapparate. Ein großes leeres Notizbuch wartet auf Eintragungen. Zwei Ziele haben wir. Es soll ein möglichst um 6000 Meter hoher Gipfel bestiegen werden. Aber das reizt mich nur am Rande. Ich will als Geologe nach Mittelasien und auf das Dach der Welt reisen, will die Erde studieren auf eine originelle und einprägsame Weise. Der äußere Ablauf der Expedition wird weitgehend von den sportlichen Zielstellungen bestimmt werden – so ist es vereinbart. Beobachten aber kann ich und werde ich als Geologe.

In der Vorbereitungszeit galt es neben vielem anderen, meine thematischen Schwerpunkte während der Expedition festzulegen. Mir fiel damals ein Satz meines Geologielehrers ein, der einmal gesagt hatte: Die Menschheitsgeschichte liegt zunächst einmal dem Menschen näher als die zeitferne Erdgeschichte. So könnte doch die Historie Mittelasiens mit den legendären Oasenkulturen und ihren natürlichen

7

Grundlagen, den Gletscherwässern aus den hohen Gebirgen, der »Aufhänger« der ganzen Reise sein. Wir werden die berühmten Oasenstädte besuchen – Buchara, Samarkand und Taschkent – und werden die großen Schmelzwasserströme hinaufsteigen bis an deren Ursprung, zu den Gletschern, zu den Hochkämmen, wo sich der Schnee fängt und sammelt und hinunterstürzt in gewaltigen Lawinen. Ich werde den Kreislauf des Wassers studieren während der mittelasiatischen Tage und Wochen. Dabei werde ich auch die Erde erleben, den geologischen Bau und die Erdgeschichte.

Die guten Vorsätze zur gründlichen Vorbereitung gingen sehr schnell im Alltag unter. Es erwies sich als unmöglich, nach der Hektik der letzten Arbeitswochen und nach den vielen technischen Vorbereitungen noch alles zu lesen, die Bücher und Zeitschriften zur Geologie, zur Tektonik, zur Seismologie, zur Hydrologie ..., die bereitlagen in einem Berliner Akademieinstitut und in verschiedenen Büchereien. Also ließen wir es. Vielleicht war es sogar gut so, denn wie oft geht im Detail das echte Erlebnis verloren. Getreu dem erwählten Motto der Reise beschäftigte ich mich noch ein wenig mit der Geschichte Mittelasiens, seinen Bauwerken und ihren Schöpfern – und sofort fühlte ich, daß ich mich richtig einstimmte auf diese Fahrt. Ich stieß auf erwartete Sätze: Die Geschichte Mittelasiens basiert auf einem historisch entstandenen System der künstlichen Bewässerung. Da war es, das Gletscherwasser, das unsere Leitschnur sein soll in den Tagen der Expedition. Dann griff ich auch wieder zu einigen geologischen Büchern, und langsam entstand, trotz aller Abstriche in der Vorbereitung, ein abgerundetes Bild:

Etwa 3 Prozent der Gesamtfläche unserer Erde, und damit etwa 11 Prozent des Festlandes, sind mit Eis bedeckt. Das ist die zurückgewichene, aber latent vorhandene Eiszeit unserer Tage, die immerhin rund 80 Prozent des gesamten vorhandenen Süßwassers in fester Form bindet. Diese insgesamt gewiß bescheidene irdische Eisbedeckung aber ist im wesentlichen eine Polvereisung, denn 99 Prozent davon entfallen auf sie, 91 Prozent auf die Eismassen Antarktikas und acht Prozent auf den Eisschild Grönlands. Lediglich knapp ein Prozent verbleibt für die oft leichter erreichbaren Gipfelvereisungen der Hochgebirge – ein fast übersehbares Eisreservoir, wie es scheint. Aber was sagen schon diese Zahlen, die sich ja auf die ganze Erde beziehen. Betrachten wir die Größen der Eisflächen im Pamir: Rund 7500 Quadratkilometer sind eisbedeckt, das bedeutet 15 Prozent der Gesamtfläche dieses Hochgebirges. Die Statistik sagt weiter: Es gibt etwa 6700 Gletscher mit mehr als eineinhalb Kilometer Länge. Im besonders hochaufragenden nordwestlichen Pamir sind gar 25 Prozent der Gebirgsfläche mit Eis und Firnschnee bedeckt. Das ist in der Tat eine bemerkenswerte Besonderheit. Inmitten kontinentalen Klimas und unmittelbar benachbarter großer Wüsten- und Steppenräume ziehen sich die Felsen hinauf in jene großen Höhen, in denen Kontakt mit der Feuchtigkeit oberer Luftschichten besteht. Der gefallene Schnee gerät gleichsam in riesige Kühlschränke, wird von Jahr zu Jahr summiert zu den großen Eisströmen der Erde. Im Pamir-Alai liegen 970 Kubikkilometer Eis, das sind 790 Kubikkilometer Wasser.

Aus dem Gletschereis wird Schmelzwasser in den warmen Jahreszeiten, in jenen Wochen und Monaten, in denen schon in den Gebirgstälern und ganz besonders draußen in den Vorländern oft über Wochen kein Niederschlag fällt. Durch diese sommerdürren Regionen strömen die mächtigen Schmelzwasserflüsse Amudarja und Syrdarja. Feuer und Wasser, Leben und Tod berühren sich. Ein altes turkmenisches Sprichwort sagt: »Nicht die Erde, sondern das Wasser spendet Leben.« So ist die jahrtausendealte Besiedlung Mittelasiens durch den Menschen immer und auf das engste mit der sinnvollen Nutzung dieser Gletscherwässer verbunden gewesen. Die »Nährböden« waren und sind die fruchtbaren Löße und anderen Feinkornböden, die aber durch ihre Trockenheit größtenteils steril und lebensleer sind.

In den breiten Stromtälern ist das natürliche Angebot an Bodenfeuchtigkeit größer, dort grünt der Boden, wird der Mensch angezogen zu kurzer Rast oder zu längerem Siedeln. Und das hat er offenbar seit mehreren hunderttausend Jahren getan, wie die Steinzeitforschung in Mittelasien in den letzten Jahrzehnten nachweisen konnte. Waren es anfänglich nur kleine Horden von Jägern, die sich kurzzeitig niederließen, so vergrößerte sich im Laufe der Zeit die Zahl der Menschen, die in den Flußtälern vorübergehend und dann auch ständig seßhaft wurden, um Ackerbau zu treiben. Schon frühzeitig mußte man wohl erste Möglichkeiten einer künstlichen Bewässerung gesucht haben. Besonders bedeutungsvoll wurde eine »Erfindung«, die bis heute mit Erfolg, mit immer größerem Geschick und mit steigendem Einsatz an Technik angewandt wird: die künstliche Bewässerung bisher völlig trockenen und lebensleeren Landes. Die grünen Flächen schoben sich hinaus in die Steppen und Wüsten.

Mit dem Wasser allein war es allerdings nicht getan. Ein wohldurchdachtes System von großen und kleinen Kanälen (Aryks), von Schöpfwerken und Wasserrädern (Tschigir), eine ganze Technik der Bewässerung entwickelten sich, ehe es in den Oasen ohne Versalzung der Böden auf lange Zeit grünte und blühte. Seit alters erntet man Weizen,

Gerste, Hirse, Kunshut – eine sesamartige einjährige Ölfrucht – und Mais. Später kamen Melonenkulturen hinzu. Die Arbusen, die Wassermelonen, heißen tadshikisch tarbus, die gelben Zuckermelonen charbusa (russ. dynia). Obst- und Weinbau gibt es seit langem.

Auch die nomadisierenden Viehzüchter waren vom Wasser abhängig. Ein Schaf benötigt etwa 5 Liter Wasser am Tage, das sind etwa 2 Kubikmeter im Jahr. Es wurden Brunnen in den trockenen Boden der Steppe gegraben, um tieferliegende Grundwasserhorizonte zu erreichen. Dieses unterirdische Wasser hat sich entweder als ein fossiler Bodenschatz aus ehemals niederschlagsreicheren Zeiten im Schoße der Steppen und Wüsten erhalten und wird von den ab und zu fallenden Niederschlägen aufgefüllt, oder es hat sich durch unterirdischen Zulauf aus den großen Stromtälern gebildet. Oft ist es Salzwasser. Nicht selten fehlt es aber völlig, und dann ist auch der Viehhalter vom Fluß oder vom Aryk abhängig. So kam es häufig zu einer sinnvollen Kombination von Bewässerungsbodenbau und begrenzter nomadisierender Viehzucht. Künstliche Bewässerung zwingt zu gesellschaftlichem Zusammenschluß. Nicht eine einzelne Großfamilie, nicht ein loser Stammesverband kann ein Kanalsystem über lange Zeit erhalten. Nur ein gut organisierter Staat ist dazu in der Lage.

Betrachtet man unter diesen Gesichtspunkten die interessante Geschichte Mittelasiens, so muß ganz am Anfang ein einfacher Satz stehen: Die Menschheitsgeschichte ist hier zugleich eine Geschichte der Wassernutzung. Das Wasser hat »historische« Kraft. Mittelasiatische Kriege waren stets gleichbedeutend mit Zerstörung der Bewässerungsanlagen und Verwüstung der Oasen. Eine Grundregel galt: Den beweglichen Nomaden eine endgültige Niederlage beizubringen war sehr schwer, wenn nicht unmöglich. Die seßhaften Bodenbauern waren anfälliger, denn die Bewässerungsanlagen waren leicht zerstörbar. Gar nicht selten im Laufe der bewegten Geschichte blieben, durch Zerstörung und durch Umleitung von Menschenhand, Kanäle trocken – und die Wüste holte sich das Land zurück.

Eine bemerkenswerte Besonderheit kommt hinzu. Die Trockensteppen und Wüsten sind – wie das Hochgebirge prinzipiell auch – ein an sich lebensfeindlicher Raum. Es verwundert deshalb immer aufs neue, daß gerade in diesen extremen Trocken- und Hitzelandschaften die ganze physische und geistige Schöpferkraft des Menschen aufblüht, wenn Wasser zur Schaffung von Oasen, von begrenzten Gärten inmitten einer feindlichen Umwelt vorhanden war. Es gibt viele Beispiele. Am bekanntesten sind vielleicht die altägyptischen Kulturen am Nil oder die Oasen Mesopotamiens zwischen Euphrat und Tigris mit den

»Hängenden Gärten« der Königin Semiramis zu Babylon. Aber auch im alten China, wo vor 4300 Jahren der Wasserbaumeister Yü sogar Kaiser des Landes wurde, im alten Indien oder im Inkareich, wo ebenfalls Gletscherwässer intensiv genutzt wurden, gründeten sich wie in Mittelasien auf der harten Arbeit der Völker außerordentlich bedeutende geistige und kulturelle Leistungen.

Die Nutzung von Gletscherwässern aus den Hochgebirgen ist in Mittelasien schon sehr frühzeitig nachgewiesen. Ausgrabungen und archäologische Zufallsfunde haben belegt, daß bereits am Ende der Jungsteinzeit und am Anfang der Bronzezeit, also vor etwa 6000 Jahren, eine Feldwirtschaft in Mittelasien bestand, die nur durch künstliche Bewässerung existiert haben kann. Bemerkenswerte Hinterlassenschaften stammen aus turkmenischem Boden, vom Fuße des Kopet-Dag südöstlich von Aschchabad. Erste schriftliche Zeugnisse wurden aus der ersten Hälfte des ersten Jahrtausends v. u. Z. aus der Epoche der Achämeniden bekannt. Man erfährt von Bodenbauoasen der Sogden im Serawschan-Becken und von den Choresmiern am unteren Amudarja. Diese Oasen dauern fort und werden vergrößert. Nach dem geschichtlich bedeutsamen Gastspiel Alexanders von Makedonien Ende des 4. Jahrhunderts v. u. Z. siedelten in den Niederungen des Amudarja die von den Hunnen aus dem Osten vertriebenen Yüetschi, und Ende des 1. Jahrhunderts v. u. Z. entstand aus alten und neuen Verbindungen das Kuschanische oder Indoskytische Reich vom Aralsee bis Westindien. Die Bewässerung trockenen Landes stand damals in hoher Blüte. Im 3. und 4. Jahrhundert kam es zum Zerfall des Kuschanischen Reiches. Es entstand jenes Turkische Großreich, das kurze Zeit von der Mandschurei bis zum Kaspisee reichte. Das Wasser und die unterschiedlichen Beziehungen der Volksgruppen zu ihm führten zu einer bis heute sichtbaren Differenzierung. Die turkischen Gruppierungen bildeten vornehmlich die Nomadenvölker. Die Oasenkulturen mit den komplizierten Bewässerungstechniken blieben zunächst in der Hand iranischer Stämme. Das änderte sich nicht während des nachfolgenden chinesischen Einflusses und auch nicht während der Ende des 7. Jahrhunderts beginnenden und 751 besiegelten Besitzergreifung Mittelasiens durch die Araber. Der Islam wurde die herrschende Religion. Besonders bei der Betrachtung des 9. und 10. Jahrhunderts wird deutlich, daß die mittelasiatischen Tiefländer nicht nur Landstriche mit einer hochentwickelten Garten- und Landwirtschaftskultur auf der Basis künstlicher Bewässerung, einer hochstehenden Tierzucht sowie blühendem Handel und Handwerk waren. Auch auf den Gebieten der Architektur, der Literatur und der Wissenschaften wurden Leistungen

11

vollbracht, die nicht nur in Mittelasien selbst, sondern in der ganzen Welt bis heute unvergessen sind.

Ibn Musa Al-Khwarismi (auch Al-Choresmi; Todesjahr 850) aus der Oasenstadt Choresm, dem heutigen Chiwa am Amudarja, gilt als Schöpfer der »arabischen« Mathematik. Sein Name lebt bis heute fort – der Begriff Algorithmus ist aus seinem Namen hergeleitet. Das berühmte Buch der Könige »Schahname« verfaßte der Epiker Abul Quasim Mansur Firdaus oder kurz Firdusi (um 940 bis etwa 1020). Dieses Werk ist eine bedeutsame, stark phantastisch ausgeschmückte Geschichtsquelle des Iran von den Anfängen bis zum Ende der Samanidenherrschaft. Aba Ali Hussain ibn Sina, kurz auch Ibn Sina oder Avicenna genannt (980 bis 1037), war Leibarzt der letzten Samaniden und unter mehreren nachfolgenden Emiren und Sultanen in Buchara. Sein schon im 12. Jahrhundert ins Lateinische und später in alle Weltsprachen übersetztes medizinisches und philosophisches Werk diente jahrhundertelang als Grundlage des medizinischen Unterrichts in aller Welt.

Als an der Wende vom 10. zum 11. Jahrhundert beim Zusammenbruch der Samaniden-Dynastie die Städte und Bodenbauoasen von den turkischen Nomaden erobert wurden, verlor das iranische Element für immer seine politische Vormachtstellung in Mittelasien. Die alte Technik der Bewässerung aber wurde übernommen und überlebte alle folgenden Epochen. Sie überdauerte sogar die Einfälle Dshingis Khans in den zwanziger Jahren des 13. Jahrhunderts trotz unglaublicher Verwüstungen und eines lange spürbaren wirtschaftlichen und kulturellen Rückgangs in Mittelasien. Schon Ende des 14. Jahrhunderts gelang ein neuer Aufschwung unter Timur und seinen Nachfolgern, den Timuriden. Von Samarkand aus besiegte Timur in fünf großen Feldzügen das alte Choresm mit seiner Hauptstadt Urgentsch (das heutige Kunja-Urgentsch) und wurde damit zum mächtigen Herrscher in Mittelasien. Chiwa wurde das neue Zentrum in der Oase des Amudarja-Deltas. In der Oasenstadt Samarkand entwickelten sich unter Timur (1333 bis 1405), dem nun mächtigen und gefürchteten Emir Transoxaniens, Kunst und Wissenschaft zu hoher Blüte. Sein Enkel Ulug-Bek (1394 bis 1449) ließ in der genannten Residenzstadt eines der größten Observatorien jener Zeit errichten. Der in den Felsen gehauene gewaltige Sextantbogen mit Grad- und Minuteneinteilung blieb erhalten als ein sichtbares Zeichen der menschlichen Schöpferkraft, die auch in den folgenden Jahrhunderten nicht nachließ trotz weiterer Kriege und Mißlichkeiten. Wir wollen diese Zeit überspringen, in der immer wieder Großreiche unter dem trennenden Einfluß der weit auseinanderliegenden Oasen zwischen kulturfeindlichen Wüsten zerfielen zu bedeutungslosen Teilchanaten. Diese Gesetzmäßigkeit war ein wesentliches Merkmal mittelasiatischer Geschichte – bis zu einem großen historischen Wendepunkt: Die Schüsse des Panzerkreuzers Aurora in Petrograd 1917 hatten über das europäische Rußland hinaus ihre Wirkung bis nach Mittelasien. Spätestens ab 1920 eröffnete sich auch für Russisch-Turkestan eine neue Zukunft. Alte Religionen, Riten und Gebräuche veränderten sich allmählich. Wieder stand auch das Wasser im Mittelpunkt politischer Entscheidungen. Sowjetmacht in Mittelasien bedeutete nicht Bodenreform, sondern vor allem Wasserreform. Das Privateigentum am Wasser, eine Quelle der Macht und der finanziellen Bereicherung der bisher herrschenden Oberschicht, wurde abgeschafft. Zusammen mit den Bemühungen um die Beseitigung der Polygamie, des Kalyms – des Brautpreises –, der Verschleierung der Frau durch Parandscha und Tschatschwan verschwand auch das Erbrecht auf Wasser. Da nun Boden und Wasser in der Hand der mittelasiatischen Völker waren, ging man daran, jene Frucht auf den großen und künstlich bewässerten Feldern anzubauen, die mit Gewinn zu kultivieren in der zaristischen Periode mißlungen war – die zur Familie der Malvengewächse zu zählende Baumwolle (tadsh. pachta). Schon 1920 leiteten zwei Dekrete die Entwicklung einer Baumwollwirtschaft in Mittelasien ein. Einher gingen umfangreiche Projekte zur Erweiterung der künstlichen Bewässerungsanlagen. Bereits am 17.5.1918, als in Buchara noch der Emir die letzten Monate regierte, hatte Lenin jene bedeutsamen Verträge zur Erweiterung der künstlichen Bewässerungsanlagen für »Sowjetisch-Turkestan« unterschrieben. Das Gletscherwasser wurde nun zu einem Verbündeten der jungen mittelasiatischen Sowjetrepubliken. Die schon im 10. Jahrhundert von einem persischen Historiker in der Oase Merw als Ausfuhrartikel genannte Baumwolle wurde zur Symbolpflanze des aufblühenden Mittelasiens, denn dieser Raum war durch die Seltenheit der Spätfröste hervorragend zum Anbau geeignet, ebenso für Maulbeerbaumkulturen, die Grundlage der Seidenraupenzucht. 1924 entstand der erste große Baumwollsowchos »Pachta-Aral« – »Baumwollinsel« – in der Betpakdala, der »berüchtigten« Hungersteppe. Hunderte und später Tausende Kilometer neuer Kanalbetten entstanden, um das Gletscherwasser der Flüsse Amudarja, Serawschan und Syrdarja auf die Felder Mittelasiens zu leiten.

Die im Frühjahr zartgrünen Baumwollpflanzen, mehrere Arten der Gattung Gossypium aus Mittelasien selbst, aus Mexiko und Peru, blühen bald, aus der Blüte wird eine Kapselfrucht, die nach insgesamt 150 bis 170 Tagen bei mindestens 25 bis 35 °C faustgroß aufbricht. Silbrig-

13

weiße Faserbüschel quellen hervor. In einer wahren Volksbewegung wird alljährlich das »Weiße Gold« Mittelasiens geerntet. Allein Usbekistan liefert jedes Jahr 5 bis 6 Millionen Tonnen Rohbaumwolle – das sind 70 Prozent des Gesamtaufkommens der UdSSR; Tadshikistan übergibt rund eine Million Tonnen. Eine Baumwollindustrie entstand. Neben den Erzeugnissen der Textilindustrie werden über 200 Produkte aus der Baumwollpflanze und den Abfallstoffen gewonnen, wie Öle, Spiritus, Hefe, Papier, Glyzerin und Preßplatten für das Bauwesen.

Die »Goldpflanze« Mittelasiens aber braucht Wasser, sehr viel Wasser, etwa 8000 Kubikmeter pro Hektar. Nur die Gletscherwässer der Hochregionen können diesen steigenden Bedarf decken. 100 Prozent der landwirtschaftlich genutzten Bodenfläche Turkmeniens, 70 Prozent Usbekistans und rund 60 Prozent Tadshikistans müssen künstlich bewässert werden. Die weiße Baumwollkapsel ist zum Symbol Mittelasiens geworden, wie die Staatswappen der Sowjetrepubliken Usbekistan, Kirgisien, Tadshikistan und Turkmenien zeigen. Das Weiß der stilisierten Baumwollkapsel aber ist im doppelten Sinne symbolisch. Weiß sind der Schnee, der Firn und das blanke Eis der Hochregionen Zentralasiens. Ohne diesen weißen »Rohstoff« der Erde gäbe es keine sommerlichen Schmelzwässer, die als große lebenbedeutende »Wasserleitungen« hinausführen in die Steppen und Wüsten, wo sie durch die Tätigkeit des Menschen wiederum die ebenfalls weiße Baumwolle wachsen lassen.

Eine alte Sage über den Pamir besagt, daß in den himmelaufragenden Bergen die vier großen Flüsse des Paradieses ihre Quellen hätten. In dem im 6. bis 3. Jahrhundert v. u. Z. entstandenen Awesta, einer Sammlung heiliger Schriften der Parsen, wird ein hohes Gebirge beschrieben, von dem der Strom Ardvi Sura herabfließt, der heute Amudarja genannt wird. Ardvi Sura Anahita war die Fruchtbarkeitsgöttin der Parsen. Demnach ist der Amudarja der Fluß der Fruchbarkeit.

Tschomolungma, »Muttergöttin der Erde«, nennen die Tibeter den eisgekrönten Mount Everest im Himalaja, und der Name des weißen Achttausenders Anapurna bedeutet »Lebenspender«. Auch im Himalaja wird also das wasserliefernde Eis der Berge in alten Sagen und Bezeichnungen gepriesen. Eine tiefe Bedeutung hat der legendäre Name des Pamir – »Dach der Welt«. Ein Dach beschützt das Leben. Indem der Pamir durch komplizierte geologische Prozesse emporgehoben wurde und zum himmelaufragenden Hochgebirge wird, kann er sich mit einem mächtigen Eispanzer bedecken. Das Eis versorgt auch in trockenen Sommern die großen Ströme mit Schmelzwasser. Auf diese

Weise wird das »Dach der Welt« zum beschützenden »Dach« des Lebens in Mittelasien.

Erdgeschichte und Menschheitsgeschichte verweben sich zu einer bedeutungsvollen Einheit. Dieses interessante Wechselspiel wollen wir an Ort und Stelle erleben, es ist mein Ziel bei dieser Expedition. Der letzte Abend zu Hause ist gekommen. Die Bücher sind wieder in die Regale eingeordnet. Vor mir steht die gefüllte Kraxe mit den angeschnallten Steigeisen und dem Eispickel. Bis zuletzt habe ich ein- und wieder ausgepackt, habe versucht, die Last zu verringern. Und jetzt steht meine Frau kopfschüttelnd daneben und spricht offen die Bedenken aus, die gelegentlich auch mir gekommen sind. Ich weiß von früheren Fahrten her, daß es uns sicher wieder schwer werden wird, die fünfzig Kilogramm auf das »Dach der Welt« zu schleppen. Ich weiß, daß diese Reisetage »ewige« Tage sein werden, ohne Schlaf und fast immer auf den Beinen. Aber ich weiß auch, daß wir besessen sind von dem Wunsch, uns das Hochgebirge des Pamir zu erschließen mit all den Rätseln und Gefahren, Merkwürdigkeiten und Schönheiten. Diese Begeisterung wird uns die Kraft geben, alle Mißlichkeiten zu überwinden. Die Fahrt kann beginnen.

Schon in der Wüste sieht man das Eis

5000 Kilometer sind heute mit dem Flugzeug eine nur mittelmäßige Entfernung. 5000 Kilometer Luftlinie sind wir von unserem nächsten Ziel entfernt, von der Hauptstadt Tadshikistans, von Duschanbe. Es ist zunächst ein Nachtflug, also haben wir außer der Schnelligkeit nichts von den sonstigen Vorzügen einer Luftfahrt, nichts von der Distanz zur Erde, die Überblick verschafft, die Details verschwimmen und gar nicht selten die großen Zusammenhänge sichtbar werden läßt. Die Zwischenlandung auf dem Flughafen von Simferopol auf der Krim verläuft problemlos. Obwohl es Nacht ist, fühlen wir auch draußen warme Luft; aber ein leichter Wind bläst, der angenehm kühlt. Die Transitpassagiere stehen in unmittelbarer Nähe des Flugzeugs, sehen dem Auftanken zu und beobachten die Mechaniker, die in den Motoren irgendwie geheimnisvoll nach Defekten suchen. Nach und nach werden die Verkleidungen wieder verschlossen, die Tankwagen fahren mit blinkendem Licht davon. Es scheint alles in Ordnung zu sein. Kurz darauf dann die bekannten Aufforderungen. Wir dürfen als erste einsteigen.

15

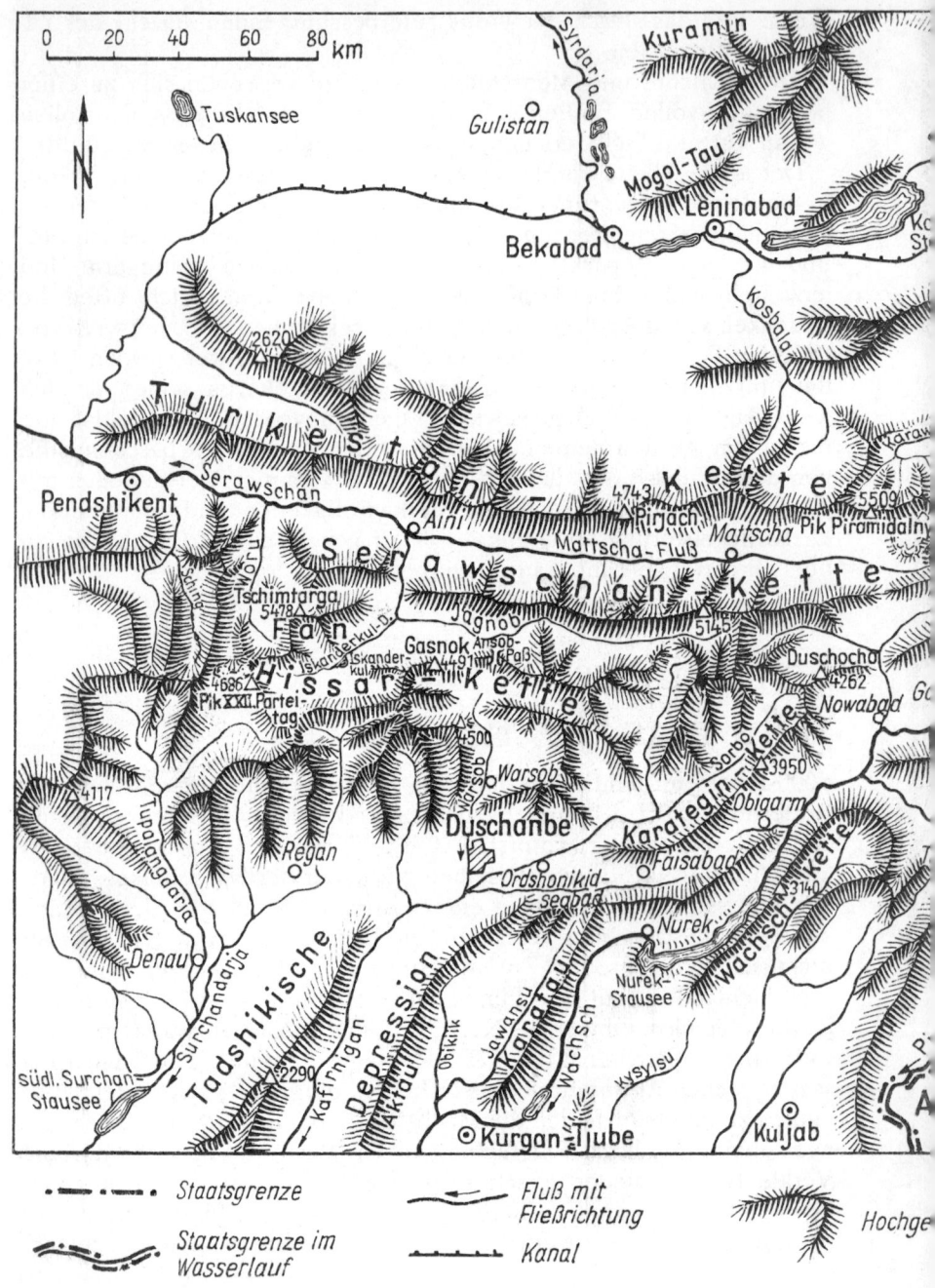

Die Hochgebirge Tadshikistans im Überblick

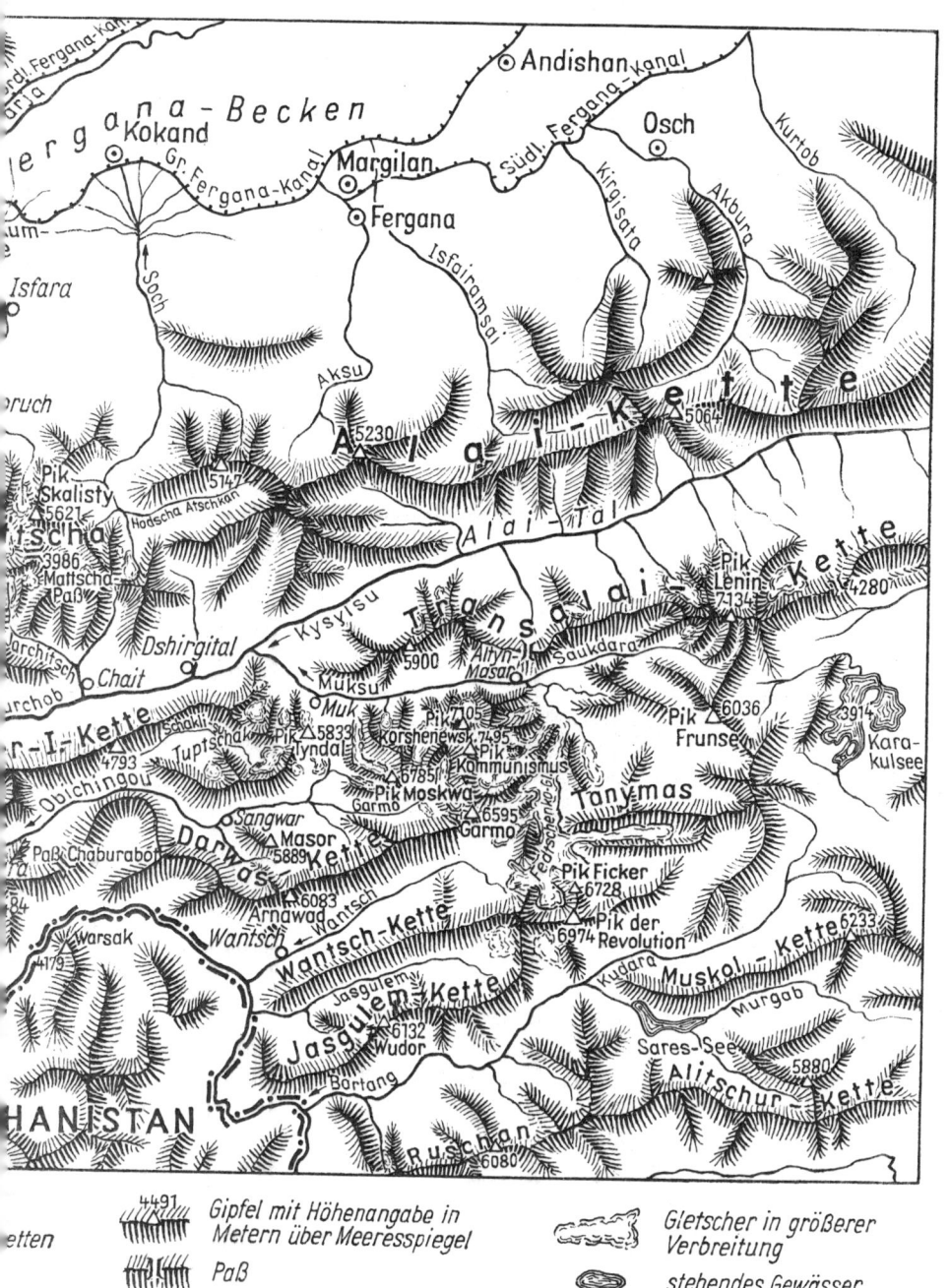

Gipfel mit Höhenangabe in Metern über Meeresspiegel

Paß

Gletscher in größerer Verbreitung

stehendes Gewässer

Eine Auszeichnung ist das heute nicht. Warme Luft schlägt uns im Flugzeug entgegen, und es wäre eigentlich eine Belohnung, einige Minuten länger draußen verweilen zu dürfen. Ich bekomme einen Fensterplatz. Im Moment ist mir das gleichgültig, Stunden später aber denke ich anders.

Jetzt steigen die neuen Passagiere zu. Sehr viele Mittelasiaten sind dabei, schlanke Tadshiken mit der schwarzen Tjubeteika auf dem Kopf, ein alter Usbeke in einem Schaffellmantel, den er den ganzen Flug über nicht auszieht. Ich schwitze in kurzer Hose und Hemd und bewundere mehr und mehr diesen Mann, der die vielen Stunden über regungslos und zufrieden auf seinem Platz sitzt. Und wenn es noch Tage dauerte, er würde in gleicher Haltung ausharren. Das ist bereits Mittelasien, obwohl wir noch gar nicht dort sind. Eine junge Frau mit einem Säugling steigt ein. Freiwillig räumen zwei junge Männer die vorderste Sitzreihe und zwängen sich in irgendwelche Lücken. Ob es eine Usbekin ist oder eine Tadshikin, wir wissen es nicht. Ohne jede Scheu oder Scham und ganz selbstverständlich öffnet sie ihr Kleid und stillt ihr Kind. Die Stewardeß ist behilflich. Wir sind in Asien.

Schon kurz nach dem Start zeigen viele der Passagiere unverkennbare Schlafhaltungen. Die Körper rutschen schlaff zusammen, die Köpfe sinken zur Seite und fahren gelegentlich hoch, als hätte sie jemand erschreckt. Es ist tiefe Nacht, die Hitze, dazu die stickige Luft und dann das monotone Brummen, die Vibrationen der arbeitenden Maschinen. Ich zwinge mich, am Fenster wach zu bleiben, denn die IL 18 überfliegt den Kaukasus. Im Mondschein leuchtet das Eis vieler Gipfel und zahlreicher Talgletscher herauf. Da drüben muß der Elbrus liegen. Erinnerungen an Itkol, an den Dongusorun und an Prijut 11 werden lebendig. Ein Höhengewitter zuckt gespenstisch am Horizont. Schmale Wolkenstreifen leuchten in fahlem rotem Licht. Die Maschine weicht dieser Wetterfront aus und steigt in mehr als 9000 Meter Flughöhe auf. Gefahrlos, ja geradezu harmlos wirkt jetzt das vergletscherte Hochgebirge unter uns.

Ich muß eingenickt sein. Erschreckt fahre ich zusammen. Den Grund weiß ich nicht recht. Sicher schlug mein Kopf an den harten Fensterrahmen. Ich schaue hinaus in die Nacht. Ganz im Osten zeichnet sich ein erster Dämmerschein am Horizont ab. Sonst ist noch tiefe Nacht um uns. Am südlichen Horizont entdecke ich rote Lichtpunkte, sehr viele sogar und weit verstreut. Auch in östlicher Richtung werden sie sichtbar. Wir fliegen näher heran. Wie kleine Fackeln stehen die Lichter über dem nächtlichen Erdboden, bald auch dicht gedrängt. Erst weiß ich nicht recht, was dieses Flackern da unten auf der Erde zu bedeuten hat, doch dann wird es zur Gewißheit. Das sind die großen Erdöl- und Erdgasfelder zwischen Kaukasus und Aralsee, am Rande des Kaspischen Meeres, von denen man auch bei uns weiß, daß sie sehr ergiebig sind. Dort unten wird Erdgas abgefackelt, um das Öl zügig und sauber fördern zu können, um die in den geologischen Strukturen festgehaltenen Kohlenwasserstoffe den großen Verbundleitungen einspeisen zu können, die für uns unsichtbar zu den industriellen Zentren der Sowjetunion verlaufen.

Erdöl und Erdgas entstanden vor vielen zehn bis hundert Millionen Jahren in Meeressedimenten aus tierischem und pflanzlichem Leben unter Abschluß der Luft und unter Salzwasserüberdeckung durch eine Art natürliche Destillation. Danach begannen die flüchtigen Bestandteile zu wandern. Tektonische Wellenschläge des Erdinnern, also Faltungen und auch Verwerfungen schufen eine Gesteinsarchitektur, die man »Fallen« nennt und welche diese Wanderschaft unterbrachen. Hohlraumreiche Gesteine wie poröse Sandsteine oder klüftige Kalksteine boten sich als neue Aufenthaltsräume an. Teilweise sind auch das nur vorläufige Ruhestätten, bis der Mensch in die durch sorgfältige Erderforschung ermittelten Strukturen hineinbohrte und das begehrte Erdöl und Erdgas fand oder nicht fand.

Hier am Kaspischen Meer hatte der suchende Mensch Glück. In unterschiedlich alten und verschieden gebauten Erdöl- und Erdgasprovinzen erbohrte er in wechselnder Tiefe die wertvollen flüssigen und gasförmigen Rohstoffe. Dieses in der Erde gespeicherte Sonnenlicht gehört heute zu den Grundstützen unserer modernen Zivilisation. Erdöl und Erdgas sind mit 67 Prozent an der Deckung des Weltenergiebedarfs beteiligt. Jetzt erinnere ich mich – dort unten begann vor 130 Jahren ein technisch komplizierter Bergbau. Im Jahre 1847 brachte am Ufer des Kaspischen Meeres der russische Ingenieur Woskobojnikow eine der ersten Erdölbohrungen der Welt nieder. Die berühmte Bohrung des Ingenieurs Drake in Pennsylvania/USA, mit der die industrielle Welterdölförderung begann, wurde erst 12 Jahre später, also 1859, geteuft. Bis heute sind die kaspische Provinz, die Nordustjurt-Provinz und die Amudarja-Provinz mit einer Vielzahl von Lagerstätten fündig. Weltbekannt sind die Halbinsel Apscheron oder die auf gewaltigen Stahlstützen stehenden Bauwerke der Estakaden im Kaspischen Meer, zum Beispiel Neftjanyje Kamni. Aber nicht nur am oder gar im Kaspisee stehen die Bohr- und Fördergerüste, auch inmitten der Wüste Karakum wurden 1976 über 60 Milliarden Kubikmeter Erdgas gefördert. – Das gespenstische Bild der Erdgasfackeln bleibt zurück unter uns und verliert sich schließlich in der Dunkelheit.

19

Im Osten ist es jetzt heller geworden, rote Farben sind in den Nachthimmel eingedrungen. Erste gleißende Lichtflecke kündigen den neuen Tag an. Die Erde bekommt nun Farbe und Relief. Erst wenig, dann immer mehr. Das erste direkte Schräglicht übersteigert das Nebeneinander von flachen Hügeln und Talungen, ein merkwürdiges Beieinander von oft vergitterten Wällen, in gleichem Abstand, gelegentlich sichelartig gebogen. Das muß die Wüste sein. Ich möchte jetzt aufstehen und meine Freunde wecken, aber mein unbekannter Nebenmann schläft so fest, daß ich es nicht wage. Ich schaue wieder hinunter, es gibt keinen Zweifel mehr. Wir überfliegen die großen Wüstenregionen Mittelasiens.

Ein riesiger goldener Ball schickt das Morgenlicht über dieses Land, das seit der jungen Braunkohlenzeit, dem Pliozän, Wüste ist. Die tiefe Sonne beleuchtet ein großes flaches Gebiet, die sogenannte Turan-Platte, die am ehesten zu vergleichen ist mit einem gewaltigen geologischen Gebäude aus mehreren Stockwerken, das in der Tiefe der Erde verborgen liegt. Dieses Gebäude besitzt ein geologisch altes Fundament, einen Sockel aus festem Naturstein der Erdurzeit und des Erdaltertums, auf dem die jüngeren Gesteine des Erdmittelalters und der Erdneuzeit wie die Stockwerke eines Hauses aufgemauert sind. Doch die Sicherheit des Fundaments ist trügerisch seit eh und je. Erdinnere Prozesse begannen zu wirken. Das Fundament und die darüber aufgetürmten Gesteine zerbrachen. So einfach und durchsichtig alles aufgebaut zu sein scheint, durch erdinnere Prozesse ist der Bau kompliziert geworden, denn Risse und Beulen hat dieses Krustenstück im Laufe seines erdgeschichtlichen Lebensweges bekommen. In den Beulen und Horsten ist das alte Granitfundament emporgestiegen, gelegentlich bis an die Erdoberfläche, und bildet kleine felsige Inselgebirgszüge wie am unteren Amudarja, im zentralen Karakumgewölbe und im sogenannten Kysylkum-Plateau. Aber es gibt auch weitgeschwungene Einsenkungen, in denen dieses gleiche alte Fundament in den Tiefkellern der Erde verschwunden und tief versenkt ist, zum Beispiel in der großen Senke des Kaspischen Meeres. Gar nicht selten dauern solche Fahrstuhlbewegungen bestimmter Teile der Turan-Platte auch heute noch an. Das sind rezente Bewegungen der Erde, vom Menschen lange nicht oder nur indirekt durch Erdbeben wahrgenommen. Alle diese erdinneren Bewegungsprozesse hätten schließlich zu einem bewegten Relief führen müssen. Junge geologische Prozesse sind dafür verantwortlich, daß dies nicht entstanden ist. Die aus den zentralasiatischen Hochgebirgen herausquellenden schuttreichen Schmelzwasserströme pendelten in weiten Mäandern hin und her, glichen durch ihre flächenhafte Erosionsarbeit und insbesondere durch ihre Sedimentablagerung alle diese Unebenheiten aus. Das erdgeschichtliche Gebäude erhielt jetzt ein Flachdach mit einem »Belag« aus Flußkiesen und Flußsanden und feinkörnigen Sedimenten. Gelegentlich allerdings hat dieser Dachbelag Löcher. Dort lugt das Dach selbst in Form junger Festgesteinssedimete hindurch. Tafelbergartige Plateaus erheben sich dort, wie zum Beispiel das schräg unter uns liegende Ustjurt-Plateau aus tertiären Kalksteinen und Mergeln, randlich von markanten und zerrillten Schichtstufen, den Tschinks, begrenzt. Das Flachdach der Turan-Platte mit den Kiesen und Sanden aber wurde unter der steilstehenden Sonne Mittelasiens erwärmt und erhitzt. Die warme Luft stieg auf, und in Verbindung mit der Thermik angrenzender Gebirgsregionen mußten kräftige Luftbewegungen entstehen. Über das Dach strichen ein dauernder Luftstrom und nicht selten Stürme. Und da die oberste Schicht des Daches aus lockeren Flußsedimenten bestand, bliesen die Stürme in dieser Werkstatt des Windes die feinen Körner, den Schluff und den feinen Sand aus und trugen ihn hoch in die Luft. Ein trockener »Nebel« erfüllte dann die Luft, in der die Sonne keinen Schatten warf. Wir werden später sehen, wo diese Luftfahrt enden kann. Zurück blieb das gröbere Korn – das Dach bedeckte sich mit Kiesen und Steinen und sehr oft mit einer Sanddecke, die nicht zur Ruhe kam, Dünen bildete, die vom Wind bald hierher und bald dorthin in Bewegung gesetzt wurden.

Inmitten des Riesenkontinents Eurasien, weit weg von den feuchtigkeitspendenden Weltmeeren, liegt dieses Land da unten, an der Grenze zwischen der gemäßigten und der subtropischen Klimazone. Die lebenbringenden Monsunwinde entsenden bis hierher durch den Aufstieg des Himalajabogens seit der obersten Kreide sowie im Tertiär und im Quartär zum höchsten Gebirge der Erde nicht die schwächsten Ausläufer. Nur dort, wo inmitten des an sich trockenen Mittelasien Hochgebirge emporgestiegen sind, werden in den Hochregionen Niederschläge aufgefangen. Ringsum aber ist das Klima hochkontinental mit vielen örtlichen, jahreszeitlichen und tageszeitlich bedingten Kontrasten. Deshalb gibt es da unten einen kurzen Winter, der sehr kalt werden kann. Unter dem Einfluß sibirischer Antizyklonen gelangen Kaltluftwellen vom Nördlichen Eismeer bis hierher. Es werden Temperaturen von minus 35 Grad gemessen. Es gibt kurzfristig eine geschlossene Schneedecke. Der auf der geographischen Breite des Gardasees gelegene Aralsee gefriert zumindest in den nördlichen Teilen jedes Jahr von November bis März zu. Oft treiben im Mai noch Eisschollen auf dem See. Auch der Amudarja führt ein bis zwei Mo-

nate Eis. Aber nach einem kurzen unbeständigen Frühjahr kommt unweigerlich der lange heiße Sommer. Von Mai bis Oktober ist es fast re-
genfrei, dürr und trocken. Im Juli und August ist die Sonnenstrahlung
lang und intensiv. Die mittlere Julitemperatur beträgt 26 bis 30 °C. Es
werden mittägliche Lufttemperaturen von 35 bis 40 °C und in Boden-
nähe bis 78 °C gemessen. Es ist heißer als in manchen äquatorialen Ge-
genden. In der Nacht können die Temperaturen um 50 bis 60 Grad absinken – wahrlich ein Land der Gegensätze. Die Jahresniederschläge
liegen oft unter 100 Millimeter, südlich des Aralsees sogar unter 30 bis
50 Millimeter. Die Niederschläge fallen zwischen November und
April. Ein dauernder Wind weht über das an sich schon dürre Land –
und kommt die Luft einmal zur Ruhe, dann heizt sie sich auf und liegt
wie eine Schicht auf dem heißen Wüstenboden. Nur schwer mischen
sich solche unterschiedlich erhitzten Luftschichten. Steht man im Sommer dort unten wie in einer Bratpfanne, so können seltsame Erscheinungen unübersehbar sein. Spiegelungen machen aus Sand Seen und
Pfützen, aus Steinen Berge und aus Grasbüscheln Wälder. Ferne Ob-
jekte werden durch Lichtbrechungseffekte an den Grenzflächen der
stabilen Luftschichtung reflektiert. Man erlebt eine Fata Morgana. Sehr
schnell aber kann dieses Bild sich auflösen in das, was es wirklich ist –
ein Trugbild. Gar nicht selten durchbricht die Heißluft diese Grenz-
schichtungen, schießt in einem quasi wandlungslosen Kanal nach oben
und reißt große Mengen an Sand und Schluff mit empor. Wie lange
Rauchsäulen ferner Lagerfeuer, wie tanzende Gespenster oder gewaltige Mückenschwärme stehen diese Tromben über der flimmernden
heißen Wüstenoberfläche, symbolisch für die gewiß bedeutende geologische Arbeit des Windes in dieser Region.

Ganz plötzlich dringt grelles Licht durch die runden Kabinenfen-
ster. Die Maschine hat eine kleine Kursänderung vorgenommen. Eine
riesige Spiegelfläche reflektiert jetzt das Sonnenlicht zu uns herauf, in
einer solchen Stärke, daß ich für kurze Zeit die Augen schließen muß.
Nach einer Weile haben wir das reflektierte Strahlenbündel durchflo-
gen, jetzt kann ich wieder schauen und Einzelheiten erkennen. Eine
gewaltige Wasserfläche dehnt sich 8000 Meter tief unter uns. Wir
überfliegen das zweitgrößte Binnenmeer Asiens. Wie der Kaspisee,
der Balchaschsee oder die Sarykamyschsenke liegt auch der inselrei-
che Aralsee über einem geotektonischen Senkungsgebiet. Die alten
Griechen kannten ihn als Mare Hyrcanum. »Aral« heißt im Türkischen
»Insel«, also ist der Aralsee der »See mit den Inseln«. Lange Zeit war er
in Mitteleuropa völlig unbekannt. Mit 64 000 Quadratkilometern ist er
aber der viertgrößte See der Erde, 428 Kilometer lang, 235 Kilometer

breit mit einer mittleren Wassertiefe von 16 Metern (max. Tiefe 68 Meter). Bemerkenswert ist die Fischfauna mit einer eigentümlichen Mischung europäischer und typisch zentralasiatischer Elemente. Im Frühjahr ist der See Rastplatz vieler Zugvögel. Riesig ist diese sich etwa 50 Meter über dem Meeresspiegel erhebende Wasserfläche. Die 1000 Kubikkilometer Inhalt sind ein beachtlich großer Wasservorrat – und ringsum ist dürres Wüstenland, von Hitze und Wind beherrscht. Einem Wunder gleich liegt diese große Menge schwach salzhaltigen Wassers (10 bis 11 Promille) inmitten der Wasserarmut. Nur an den Flußmündungen tritt Süßwasser auf und gelegentlich auch inselartig im See. Unbarmherzig strahlt wie durch ein Brennglas die Sonne auf das Wasser. 600 bis 750 Kilojoule pro Quadratzentimeter beträgt die einfallende Strahlungsenergie. Das Oberflächenwasser besitzt im Juli und August eine mittlere Temperatur von rund 25 °C, in seichten Buchten bis 35 °C. Entsprechend hoch ist die Verdunstung. Etwa 58 Kubikkilometer Wasser verdunsten jährlich im Aralsee, und etwa gleich groß müßte der Zufluß sein, um den See in seiner jetzigen Größe zu erhalten.

Wir überfliegen das stellenweise steile, von Trockentälern und Salzlagunen zernagte Westufer. Es ist der Abbruch des Ustjurt-Plateaus. Alte, über dem heutigen Seeufer liegende Uferterrassen werden sichtbar. Sie gestatten es, die Seegeschichte zu enträtseln. Der Aralsee war einst größer, gelegentlich sogar mit dem Kaspischen Meer verbunden. Die große Übereinstimmung in den Molluskenfaunen beweist das. Die charakteristischen Muscheln Cardium edule, Hydrobia stagnalis, Dreissena caspica und Caspia grimmi kommen in den beiden Seen vor. Die Verbindung verlief über die Sarykamyschsenke, eine tektonische Depression, deren Einsenkung durch Verkarstung mächtiger Gipsschichten des mittleren Miozäns verstärkt wurde, und durch das Gebiet des 550 Kilometer langen Usboitales mit 75 Metern Gefälle. Sicher nachgewiesen ist ein solcher direkter Zusammenhang in Perioden der jüngeren Braunkohlenzeit, vom Miozän bis Ende Unterpliozän, später dann nur noch zeitweilig. Bekannt sind die Spiegelschwankungen zur Eiszeit, die sowohl tektonische wie klimatische Ursachen hatten und die besser als am Aralsee am Kaspischen Meer untersucht wurden. In der letzten großen Kaltzeit, der Weichsel- oder Waldai-Vereisung zum Beispiel, ist eine bedeutende Überflutung mit zeitweiliger Verbindung der Aralokaspischen Senke zum Schwarzen Meer charakteristisch, die man Chwalyn-Transgression nennt. Besonders bewegt ist diese Seegeschichte in der Nacheiszeit, dem Postglazial.

In der Gegenwart sind lang- und kurzfristige Spiegelschwankungen zwischen 3 und 6 Metern über heutigem Niveau gemessen worden. Eine jährliche Periode, oft schnell wieder ausgeglichen, liegt bei einem halben Meter. Über die einzelnen Ursachen wird immer noch gestritten. Lediglich einige Spiegelschwankungen der jüngsten Vergangenheit sind eindeutig zu begründen. Der Seespiegelanstieg um 1860 und 1880 hing mit dem verstärkten Rücktauen der Talgletscher in den mittelasiatischen Hochgebirgen zusammen. Das Nachlassen dieses Anstiegs und schließlich das jüngste starke Absinken stehen in einem eindeutigen Zusammenhang mit dem Bau der großen Bewässerungskanäle am Amudarja und Syrdarja.

Der See unter uns gleicht einem farbigen Aquarell. Unterschiedliche Wassertiefen werden durch Farbabstufungen von Blau zu Grün sichtbar, und diese Färbungen sind streifig angeordnet, mit Vorsprüngen und Buchten. Es sind überflutete Terrassierungen im Flachwasser des Aralsees, alte Küstenlinien von einst tieferen Wasserständen. Kleine Boote stehen wie regungslos über ihnen. Gewiß bewegen sie sich und sind in Wirklichkeit auch nicht klein, denn wir befinden uns in 8 Kilometer Höhe über ihnen.

Beim Weiterflug ändert sich die Färbung des Seewassers. In breiter gebuchteter Front sind die blaugrünen Farben verdrängt durch düstergraue Tönungen. Schwarzgraue Gewitterwolken scheinen im Wasser zu liegen. Innere Strömungen werden durch Helligkeitsunterschiede sichtbar. Dieses dunkle sedimentbeladene Wasser ist bis an das Ufer des Aralsees zu verfolgen. Dort setzt es sich landeinwärts fort, aber in optischer Umkehrung, nicht mehr dunkel, sondern wieder metallisch leuchtend. Es muß ein sich im Gegenlicht spiegelnder gewaltiger Fluß sein, der hier in das Wasserbecken einmündet. Ich schaue auf meine Karte. Es ist der 2540 Kilometer lange Amudarja, der Araxes der alten Griechen (z.B. bei Herodot), der seit Alexander III. Oxus hieß und von den Arabern später Dsheihun genannt wurde. Unter uns liegt das Delta, die Mündung eines der großen Ströme der Erde und zugleich ein Schauplatz seltsamer Naturereignisse. Der Aralsee säuft wie das Unglücksroß Münchhausens, dem das Hinterteil abgeschlagen wurde, Kubikkilometer Wasser aus diesem Zufluß, früher 60 und heute etwa 40 Kubikkilometer im Jahr. Im Sommer fließen etwa 6000 Kubikmeter Wasser in der Sekunde in den See. Aber im übertragenen Sinne strömt es hinten wieder heraus – oder richtiger: Die Sonne Mittelasiens verdunstet und verdampft einen nicht geringen Teil dieses Zulaufs.

Aber nicht nur Wasser wird herangeführt, neben einer geringen Lösungsfracht auch ungeheure Mengen von Sand und Schluff und Ton – etwa 100 Millionen Tonnen im Jahr, die sich in dem Wasserbehälter

24

Aralsee unweigerlich absetzen und ihn gewiß schon zugefüllt hätten, würden nicht gleichzeitige Untergrundsenkungen das Leben des Sees verlängern. Nur das allerfeinste Schwebkorn wird durch das Flußwasser weit in den See hinausgetragen. Aus den grauen »Gewitterwolken« im Stillwasser sinkt dann allmählich ein feiner Ton zu Boden. Schluffe und Sande aber setzen sich früher ab, vergrößern auf diese Weise den unterseeischen Sedimentfächer des Deltas und erhöhen dammartig das Flußbett in Ufernähe.

Das durch aktive Flußarme begrenzte Delta war einst breiter, als nämlich ein Teil des Flußwassers durch die Sarykamyschsenke und den Usboi nicht im Aralsee endete, sondern in das Kaspische Meer floß. Aus geologischen Befunden und archäologischen Quellen wissen wir: Im älteren Quartär floß der Amudarja in ein damals erheblich größeres Kaspisches Meer und bildete bei der Halbinsel Tscheleken ein mächtiges Delta aus Süßwasserablagerungen. Vom mittleren Quartär an, zu Beginn der sogenannten Chwalynzeit, strömte er erstmals wie auch der Syrdarja in den Aralsee, aber immer wieder periodisch durch das Usboital in den Kaspisee ausbrechend. Nach prähistorischen Funden war der Usboi während des ganzen Neolithikums ein wasserführendes Flußtal. Viel später wird berichtet, daß der Usboi sogar schiffbar gewesen sei und seine Ufer bewohnt waren. Der Grieche Aristobulos spricht als erster über den Oxus als Schiffahrtsstraße, auf dem viele indische Waren zum Hyrkanischen Meer (Kaspisches Meer) hinabgeführt wurden.

Andere Quellen besagen, daß der Amudarja vor etwa 2500 Jahren trocken fiel und der Aralsee der Endpunkt des Oxus wurde. Immer wieder brachen zumindest Teilflüsse des Amudarja in der Folgezeit aus und nahmen den alten Weg, wie zum Beispiel im 5. oder 6. Jahrhundert oder etwa 1220 bis 1570. Der berühmte choresmische Geschichtsschreiber Chan Abu'l-Chazi berichtet davon. Zu Beginn des 16. Jahrhunderts sei der Amudarja an Urgentsch vorbei nach Südwesten bis zum Ostrand der Berge von Balchan geflossen, von wo er eine westliche Richtung einschlug und sich schließlich ins Kaspische Meer ergoß. An den Ufern dieses Flusses gab es blühende Felder, Weingärten und Haine. Die Bevölkerungsdichte muß groß gewesen sein. 1573 (nach einer anderen Quelle 1578) aber brach die Verbindung zum Kaspischen Meer erneut ab. Im Jahre 1878 kam es zu einem Durchbruch des Amudarja durch den Kunjadarja bis in die Sarykamyschsenke. Der Wasserspiegel des Sarykamyschsees stieg um acht Meter an.

Wir überfliegen das weitverzweigte heutige Delta, direkt am Seerand 150 Kilometer und insgesamt etwa 300 Kilometer breit. Der Beginn der Flußaufspaltung liegt rund 350 Kilometer vom Aralseeufer entfernt. Der Grundriß gleicht dem griechischen Buchstaben Delta (Δ). Im 5.Jahrhundert v.u.Z. »erfand« Herodot am Nildelta diesen gültigen Vergleich für jene eigentümliche Landschaft, die halb Wasser und halb Land ist, ein Kampffeld einzelner sich ständig verlagernder Flußarme mit weiten Sand- und Schluffflächen, Seen und Sümpfen. Diese große, allmählich nach Norden gewanderte Deltaoase des Amudarja, die man auch die choresmische und später die chiwinische Oase nannte, es ist ein Land mit Feuchtigkeit und Vegetation für den erdgebundenen Menschen, und es ist ein bedeutender kulturgeschichtlicher »Nährboden«. Viele bunte Flicken wie auf einer zusammengenähten Decke liegen unter uns – jeder Flicken ist ein von Aryks umgebenes Feld, und jeder Aryk wird aus einem Kanal oder einem der Flußarme des Oxus gespeist.

Die 1937 begonnene berühmte Choresm-Expedition der sowjetischen Akademie der Wissenschaften unter Professor Tolstow konnte nachweisen, daß sich ein eigentümliches Relikt eines äußerst alten Wirtschaftstyps aus dem späten Neolithikum und der choresmischen Kultur hier fast bis heute erhalten hat. Es ist eine halbseßhafte Komplexwirtschaft, nämlich ein hochentwickelter Bewässerungsbodenbau mit spürbarer Nomadentradition, mit Kleinviehzucht und Fischfang. Zahlreiche, zum Teil schiffbare Kanäle wurden gebaut, daneben auch Staudämme. Festungen schützten das bewässerte Land. Größere Städte entstanden an heute flußauf gelegenen Deltabereichen: Gurgandsch, das heutige Kunja(Alt)-Urgentsch, die alte Hauptstadt des Choresmischen Reiches, nach der Eroberung durch Timur Ende des 14.Jahrhunderts dann durch Chiwa, das neue Zentrum, abgelöst. Professor Tolstow schrieb in sein Tagebuch: »Und überall inmitten der erstarrten Wellen des Dünensandes liegen heute, bald dicht gedrängt, bald vereinzelt wie kleine Inseln, zahllose Ruinen von Burgen und Festungen, von befestigten Gehöften und von ganzen großen Städten.«

Seit dem 18.Jahrhundert siedeln in den Auls und größeren Zentren die Karakalpaken, die »Schwarzmützen«, aus alten turksprachigen Stämmen abgezweigt, die im 10. bis 11.Jahrhundert Petschenegen genannt wurden. Sie wohnen im Winter im rechteckigen Stampflehmhaus, dem Ssaman, haben aber im Hof als Sommerresidenz die Kibitka, die Jurte, stehen. Bis zur Revolution herrschte auch hier der Islam, aber sie verehrten im Masaren-Kult ihre einheimischen Heiligen ebenso wie die »Dsholbars«, die heiligen Tiger, die es im Amudarjadelta gab. In der chiwinischen Oase haben sich Überreste einer alten

Gentilstammesgliederung bis in unsere Tage in Spuren erhalten. Städtenamen wie Kungrad, Mangyt und Kiptschak weisen darauf hin, denn das sind Bezeichnungen alter Stammesverbände.

Ich blicke noch einmal zurück. Der Aralsee liegt wie ein Mare auf dem Mond weit hinter uns, das große Wunder der Wüste und auch die große Frage unserer Expedition: Wie nur ist es möglich, daß dieser Aralsee im Hitzegürtel Zentralasiens nicht austrocknet wie eine Pfütze am Wege? Gewaltig muß der Zufluß aus jener natürlichen Wasserleitung des Flusses sein, der wir nun folgen mit unserer Maschine, zu bedächtig, wie mir in meiner neugierigen Unruhe scheinen will, aber sicher mit etwa 800 Kilometern in der Stunde, welche die Motoren der IL 18 ermöglichen. Doch mir ist das zu langsam, um die Antwort zu erfahren. Ich beschleunige die Reise flußauf. Mit dem Finger auf der Karte bin ich um vieles schneller als das Flugzeug. Vielleicht kann das Atlasbild unsere Frage beantworten. Mein Blick gerät aus gelben Kartenfarben der tiefliegenden Wüste in das zunehmend dunkler werdende Braun der Hochgebirgsflächen Mittelasiens. Der Amudarja schlängelt sich aus diesen Gebirgszügen heraus. Ich verfolge die blaue Linie flußauf, sie gabelt sich, und dann noch einmal – neue Flußnamen muß man sich einprägen. Zu beachtlichen Höhen steilen die Berge dort auf. Längst ist der Pamir erreicht, jener Hochgebirgsknoten, von dem sich bekannte Gebirgsstränge in verschiedene Himmelsrichtungen erstrecken: im Südosten der Himalaja, der Karakorum und der Kunlun, im Süden und Südwesten der Hindukusch und im Norden der Tienschan. Es gibt keine größere Anhäufung von Gebirgen auf unserem Planeten. Dort, wo die insgesamt 2500 Kilometer lange Flußlinie des Amudarja auf dem Atlasbild im Pamir dünn wird, wo längst jene neuen Namen wie Wachsch, dann Surchob und schließlich Muksu zu lesen sind, in den Hochregionen des Pamir treten auf dem Kartenblatt weiße Flächen deutlich hervor. Es sind die Kartensymbole für gewaltige Schnee- und Eismassen, die dort lagern – und in diesen Gletschern liegt der Ursprung unseres Flusses. Tief unter uns wälzen sich in ihm graue bis schokoladenbraune Suspensionen aus Gletscherwasser und den »Hobelspänen« der pamirischen Eisströme Richtung Aralsee, und mit ihnen Sandbänke aus grauschwarzem Oxusschlamm. Das ist der Amudarja, der große Strom Mittelasiens, eine »Quelle« des Lebens in den alten prähistorischen, historischen und heutigen Oasen.

Etwa 600 Kilometer flußauf liegt die Stadt Kerki – und dort ist heute ein großer Wasserteiler in den Amudarja gebaut –in einer flußgeschichtlich bedeutsamen Region. Etwas oberhalb der Stadt nämlich spaltet sich ein alter Talzug vom heutigen Fluß in westliche Richtung ab, der sogenannte Kelifer Usboi. Hier strömten die Wassermassen des Ur-Amudarja in Richtung Kopet-Dag. Sie trafen auf das bis heute aufsteigende Gebirge und wurden von der im Untergrund durch Hebungen und Erdbeben aktiven Kopet-Dag-Trennfuge geradlinig nach Nordwesten geführt. Vom Kopet-Dag selbst und vom Hindukusch kamen größere Zuflüsse. Murgab und Tedshen sind die bedeutendsten. Endpunkt dieser gesammelten Wässer war damals das Kaspische Meer. Aber dann verlagerte dieser urzeitliche Amudarja seinen Lauf. Wie Muschketow und Johannes Walther erkannten, verließ der Amudarja – von gravitativen und tektonischen Kräften gedrängt – im Laufe des Tertiärs zumindest mit großen Teilen seines Wassers das alte Bett am Fuß des Kopet-Dag. Er verlegte seinen Lauf in nordöstlicher Richtung, in einzelnen Rhythmen, die es hinsichtlich der zeitlichen Abfolge noch zu erforschen gilt. Im Jungtertiär schließlich muß es einen Amudarja im heutigen Sinne gegeben haben, der in den Raum des Aralsees floß. Das alte ursprüngliche Tal am Kopet-Dag war zumindest teilweise trockengefallen. Die Flüsse von Süden waren zu wasserarm, um es zu füllen. Murgab, Tedshen und all die anderen Gewässer aus dem Kopet-Dag wurden zu Flüssen ohne Mündung. Sie bildeten deltaartige Verästelungen – und dort verloren sich die Wässer im Sand der Wüste. Wo aber Wasser vorhanden war, entstanden blühende Oasen mit einer hochentwickelten Bewässerungstechnik, belegt z. B. aus der Mitte des 4.Jahrhunderts v.u.Z. an den Ufern des Tedshen. Vor zirka 2000 Jahren lag in diesem Raum das Zentrum des Parther-Reiches. Alt-Nisa bei Aschchabad war die einstige Residenz der Parther-Könige. Merw (heute Mary) im Murgabdelta war bis ins 12.Jahrhundert die große Sklavenhalterstadt Mittelasiens. Vom 12. bis 15.Jahrhundert bildeten sich hier und in der Weite der Karakum jene aus dem Syrdarjagebiet kommenden Völkerschaften, die sich bis heute Turkmenen nennen.

Die geschichtliche Erinnerung an diese alten Oasenkulturen ging nicht verloren, und lange Zeit träumten die Menschen davon, weite Gebiete dieser Regionen erneut künstlich zu bewässern. Und wieder wurde das Gletscherwasser des Amudarja zum »Wohltäter«, indem man es bei Kerki teilweise einleitete in das alte Flußbett. Kurz nach der 1924 erfolgten Gründung der Turkmenischen SSR erörterte man einen alten Plan, dessen Realisierung schließlich 1950 beschlossen wurde. 1954 begann der Bau der größten offenen Wasserleitung der Welt, des schiffbaren »Aryks« Turkmeniens. Es entstand der Karakum-Kanal mit bemerkenswerten Dimensionen. Der erste 300-Kilometer-Abschnitt von Amudarja bei Kerki bis zur Mary-Oase benutzte teilweise das alte Tal des Kelifer Usboi. Von hier über Tedshen bis zur Hauptstadt Turkmeniens Aschchabad, die 1962 erreicht wurde, waren es rund 810 Kanalkilometer. Der jetzt im Bau befindliche Teil von Aschchabad bis Kasandshik verlängert den Kanal auf 1 100 Kilometer. Von dort sollte er später nach Südwesten bis zu dem iranischen Grenzfluß Atrek und in einer geschlossenen Rohrleitung nach Nordwesten bis zur Industrie- und Hafenstadt Krasnowodsk am Kaspischen Meer weitergeführt werden in einer Gesamtlänge von 1 400 Kilometern. Erneut hätte dann das Wasser des Amudarja, welches unterwegs auf den künstlich bewässerten Feldern eine Baumwollernte von jährlich 1,2 Millionen Tonnen ermöglicht, den Kaspisee erreicht. Noch ist dieser Plan nicht aufgegeben, aber es haben sich Schwierigkeiten eingestellt. Eine zu intensive Wasserentnahme aus dem Amudarja gefährdet den Wasserhaushalt, die Schiffahrt und den Fischfang im Fluß und im Aralsee. Erst die Fertigstellung der Talsperrenkaskaden am Wachsch und am Pjandsh im Pamir und Maßnahmen zur Reduzierung von Verdunstung und Versickerung in den Kanälen könnte die sommerlichen Wasserbilanzen verbessern und schließlich gestatten, das gesamte Kanalprojekt zu vollenden.

Bei Kerki strömt das graue schmutzige Gletscherwasser des Amudarja auf der anderen Seite des Kanals in das künstliche und teilweise alte Bett: 1970 waren es fünf Kubikkilometer im Jahr, beim Endausbau sollen es 30 Kubikkilometer sein. 30 Kubikkilometer Gletscherwasser strömen dann hinein in trockenes Wüstenland.

Das schräge Morgenlicht zeichnet noch immer die Einzelheiten der Morphologie ab. Der scharfe Schattenwurf gliedert die Erde unter uns. Ringsum ist Wüste mit Dünen und spinnwebartigen Liniierungen von Wegen und Pfaden, die auf zentrale Punkte zulaufen, auf die wenigen Wasserstellen und Brunnen. Inmitten dieses Wüstenlandes strömt der große Fluß, unübersehbar, schwarz, gewunden und dann wieder gerade, und ich blicke stromauf, wo sich der Amudarja im Dunst verliert.

Unsere Expedition hat bereits hier oben begonnen. Der Sand der Wüste ist von den Flüssen herausgeführtes »Gesteinsmehl« der pamirischen Gletscher. Das dunkle Flußwasser ist das Schmelzwasser der langen Talgletscher. Schon in der Wüste »sieht« man das Eis, erahnt man die langen Eisschlangen der mittelasiatischen Hochgebirge, die das eigentliche Ziel dieser Reise sind.

Auf den Spuren
berühmter Expeditionen

»Wenn man ... drei Tage immer weiter in ostnordöstlicher Richtung wandert, dabei Berg auf Berg übersteigt, gelangt man endlich auf einen Punkt, wo man glauben könnte, daß die Gipfel ringsum das Land zum höchsten der Welt machen ...« – so hätte es in unseren Aufzeichnungen über jene wundervollen Wege stehen können, als wir dem Wegweiser Wasser flußauf folgten, den Gletschern entgegenzogen und unterwegs versuchten, in den freiliegenden Gesteinsfolgen des Pamir das geologische Tagebuch der Erde zu lesen.

Diese Zeilen aber schrieben nicht wir, sondern sie wurden 1298 von dem Venezianer Marco Polo in einjähriger genuesischer Gefangenschaft diktiert und von dem Leidensgenossen Rustichello aus Pisa in französischer Sprache aufgeschrieben. Sie berichten über jene legendäre Geschäftsreise in das ferne China, die 1271 in Venedig begann und erst 24 Jahre später endete, als man Nicolo, Matteo und Marco Polo längst für verschollen hielt. Die zitierten Sätze beziehen sich auf den östlichen Pamir – und wurden berühmt, weil sie die erste Beschreibung dieses hohen Gebirges in Europa darstellen.

Wir wollten den Pamir geologisch betrachten auf unserer Fahrt, denn nirgendwo sonst würden wir Gesteine in ihrem Werden und Vergehen besser studieren können. Geologie heiß Erdgeschichte, bedeutet Enträtselung verwickelter Geschehnisse in vorzeitlichen Meerestiefen und auf urzeitlichen Festländern, bedeutet Verständnis für unvorstellbar lange Zeiträume, die nur in Millionen Jahren ausdrückbar sind. Es hat Jahrhunderte gedauert, bis der forschende Mensch lernte, die Sprache der Steine zu verstehen. Ständig weitervererbtes Wissen und Erfahrungen führten zu einem immer umfassenderen geologischen Weltbild. So hat die geographische und geologische Erforschung der Erde und damit auch Mittelasiens schon wieder ihre eigene Geschichte – eine reizvolle Verschachtelung historischen Geschehens.

Am Anfang der Forschungsgeschichte stand die landeskundlich-geographische Erkundung der zentralasiatischen Hochgebirge. Erste Beschreibungen stammen von chinesischen Händlern und Pilgern. Um die Zeitwende gehörten ausgedehnte Pilgerfahrten zu den heiligen Stätten in Indien, dem Ursprungsland des Buddhismus, zu den erstrebenswerten Zielen. Große Strapazen und Gefahren für das Leben wurden in Kauf genommen. Der berühmte Pilger Hsüang Tsang verließ

629 China und zog mit einer kleinen Karawane durch Mittelasien, über den Tienschan und über den Hindukusch nach Indien. Auf seiner Rückreise überquerte er den Ostpamir – und in seinem plastischen Bericht taucht erstmalig der chinesische Name für dieses Gebirge und speziell für das Hochtal des Pamirflusses auf: »Pomilo zieht sich zwischen zwei schneebedeckten Bergketten hin. Deshalb herrscht hier furchtbare Kälte, und es wehen heftige Winde. Schnee fällt im Sommer wie im Winter ... Weder Körnerfrüchte und Obst können hier gedeihen. Nur selten begegnet man Bäumen und anderen Pflanzen. Rundum breitet sich wilde Steinwüste ohne Spuren einer menschlichen Behausung ...« Pomilo ist das Tal des Pamirflusses, aber auch das Gebirge ringsum, welches die Chinesen nach den zahlreichen dort wachsenden Lauchgewächsen Zwiebelgebirge nannten – Tsung-Ling. In der iranischen Sprache heißt »pa, poi, po« der Fuß. Mehrere Wortdeutungen sind nun möglich. Pa-i mir heißt »Fuß des Königs«, aber auch »Fuß der Berge«. Pa-i mehr ist mit »Fuß der Sonne« zu übersetzen. Pa-i mithra bedeutet letztlich »Fuß des Mithra«, des alten persischen Lichtgottes. Die nüchternste Deutung des Namens Pamir stammt von dem englischen Forscher H. Bailey: Pa heißt im Altpersischen »Berg«, und mira bedeutet soviel wie »weite Fläche, Plateau«. Aus dem klangvollen persischen Bam-e dunge, dem »Dach der Welt«, wird ein schlichtes »Bergplateau«.

Nach Europa drangen diese schriftlichen Zeugnisse nicht vor. Bis zur Mitte des 19. Jahrhunderts vermittelten lediglich Marco Polos Bericht sowie wenige Reiseberichte, wie der des englischen Kaufmannes Jenkison, der 1558 Turan besucht hatte, ein bescheidenes Bild von der Existenz großer Hochgebirge und Wüsten im fernen Zentralasien. Es mutet uns heute im Zeitalter perfekter Satellitenaufnahmen der Erde seltsam an, daß in den ersten Jahrzehnten des vorigen Jahrhunderts so berühmte Naturforscher und Geographen wie Alexander von Humboldt, Peter Simon Pallas und Karl Ritter versuchten, aus kümmerlichen Reiseberichten und theoretischen Überlegungen den ungefähren Verlauf dieser Gebirge festzulegen. Humboldt hegte zeitlebens Pläne für eigene, jedoch nie realisierte Hochasienexpeditionen, um die vielen offenen Fragen zu klären. 1843 schrieb er das berühmte Werk »L'Asie centrale«. Den alten Namen Bolor, von Marco Polo so genannt, gab er einem theoretisch abgeleiteten Gebirge, das etwa im Bereich des Ostpamir von Nord nach Süd verlaufen und die Ost-West ziehenden Tiefdruckgebiete aufhalten sollte. Das Bolor-Gebirge sei verantwortlich für die großen Trockenräume Zentralasiens. Heute wissen wir, daß der »große Irrtum eines großen Naturforschers« so ganz falsch nicht war. Inmitten der vorherrschend Ost-West verlaufenden Kämme gibt es auch meridionale Nord-Süd-Gebirge, die Kette Akademie der Wissenschaften mit dem Pik Kommunismus, das Koh-i-Lah-Gebirge im Nordosten Afghanistans und den Sarykol-Gebirgszug im sowjetischen Ostpamir. Das Kaschgargebirge mit fast 8000 Höhenmetern liegt bereits in China.

Schon kurz danach war die Zeit gekommen, den weißen Flecken der Landkarte Zentralasiens den Kampf anzusagen. Politisch-militärische und ökonomische Interessen der beiden Widersacher Rußland und England rieben sich in Mittelasien. Es begann ein Wettlauf um den Besitz des hohen Gebirges. Schon um 1580 waren russische Kaufleute auf Veranlassung des Zaren bis nach Sibirien und Innerasien vorgedrungen. Es wurde der Grundstein zu dem großen russischen Reich gelegt. 1715 erfolgte ein Einfall in Turkestan. Am »Dach der Welt« traf man sich und sondierte von beiden Seiten das jeweilige Vorfeld. In erster Linie die strategisch bedeutsame Grenzlage zwang zu eingehender geographischer Erkundung und Vermessung. Infolge der leichteren Zugänglichkeit und der Nachbarschaft zu Afghanistan lag der Schwerpunkt zunächst im Südpamir. England tat von Indien aus die ersten Züge in diesem Spiel. Als der britische Leutnant John Wood (1811–1871) 1836 bis 1838 den Pjandsh und den Pamirfluß aufwärts zog, um die Quellen des Oxus zu finden, begann die eigentliche Erforschung des Pamir. 1841 dann erschien in London sein Bericht »A Journey to the Source of the River Oxus«. Es wurden erste richtige Höhenangaben des Gebirges (um 5800 Meter) vermerkt. Indische Gelehrte als geheime Kundschafter Englands folgten. 1862 zum Beispiel überquerte Abdul Medship den gesamten Pamir von Süden nach Norden und erreichte schließlich das Becken von Fergana. Die 1873/74 durchgeführte Expedition des Engländers Douglas Forsyth erbrachte im Ergebnis eine provisorische topographische Karte des südlichen Pamir.

Zur gleichen Zeit breitete sich der Machteinfluß des zaristischen Rußland bis nach Mittelasien aus. 1847 war man am Syrdarja, 1865 eroberte man Taschkent. 1867 wurde das Generalgouvernement Turkestan umgrenzt. Der General K. P. v. Kaufmann führte in Taschkent die Amtsgeschäfte eines Generalgouverneurs. Durch die Unterwerfung der Chanate Kokand und Buchara war der Zugang zum westlichen Pamir trotz vieler anderer Probleme gesichert. Die Erforschung durch russische Gelehrte und Militärs begann. Von Anfang an standen nicht nur topographische Ziele, sondern auch naturkundliche Forschungen auf dem Programm. Neben botanischen, zoologischen, ethnologischen und meteorologischen Erhebungen sind geologische Fragestellungen

Gletscherfluß, Flußterrassen und Hochgebirge – das Surchobtal mit der Peter-I.-Kette bei Chait

Der mittlere Serawschan-Gletscher mit Mittelmoräne und Gletschertischen.
Im Hintergrund der Achun (5273 m)

Riesengletschertisch inmitten von Gletschertischembryonen auf dem mittleren Seraw-schan-Gletscher. Dahinter die Igla-Gruppe (5304 m)

Der heute 27 km lange Serawschan-Gletscher (während der Eiszeit maß er 100 km) gehört zu den langen Talgletschern und zu den bedeutenden Schmelzwasserlieferanten für einen der großen Ströme Mittelasiens, den Serawschan-Fluß, der an seinem Unterlauf die Oasen von Pendshikent, Samarkand und Buchara mit Wasser versorgt

Das Fetthennengewächs Rhodiola semenovii ist eine typische Pflanze an den Ufern fließender Gewässer der alpinen Stufe

Die Pflanzenwelt existiert dort, wo Schnee-
und Gletscherschmelzwasser den Boden
befeuchtet:

Granatapfelblüten und erste Früchte in
Südtadshikistan

Gelbe Wildrosen
in den Hochtälern des Pamir

Wildtulpen auf den Bergmatten

Prachtflechten markieren die Pfade

Gelber Mohn in einem Gebirgsbach
in der Mattscha

Der Charakterbaum der Hochgebirge Mittelasiens ist der Turkestanische Wacholder, die
Artscha. Selten bildet er Talwälder wie hier im Gorum-Kel-Tal in der nördlichen Mattscha

Das Schmelzwasser ermöglicht in den Hochgebirgstälern eine intensive Weidewirtschaft – Lager von Schafhirten im Gorum-Kel-Tal im nördlichen Mattscha-Massiv

von Interesse, denn der Pamir gilt seit alter Zeit als reich an Lagerstätten. 1857 setzten die umfangreichen Erkundungsfahrten des Zoologen und Botanikers Sewerzow ein, zuerst in die Wüstensteppen um den Aralsee. 1871 reiste der junge A. P. Fedtschenko (1844–1873; verunglückt am Mont Blanc), der Turkestan bereits von vorausgegangenen Unternehmungen im Tiefland von Turan kannte, mit seiner Frau vom Ferganabecken in den Alai und von dort ins Alaital. Die Vertreter der Chanatbehörde in der Festung Daraut-Kurgan im Alaital verweigerten ihm die Weiterreise. Er schrieb in sein Tagebuch:»Vor uns dehnte sich jene Landschaft aus, die als Alai schon ein wenig bekannt war, was aber dahinter lag, das wußte niemand.« Die Ketten im Süden nannte er Transalai, einen der Hauptgipfel Pik Kaufmann nach dem ersten Generalgouverneur von Russisch-Turkestan.

1875 drangen erstmals russische Militärtopographen unter Kostenko als Teile der Expedition Skobelew in dieses unbekannte Land vor. 1876 erreichte Kostenko den Paß Ters-Agar auf dem Transalai. Vor ihm lagen die weißen Eiswände zwischen Schilbe und Musdshilga südlich Altyn Masar. 1878 drang der bekannte Mittelasienreisende Sewerzow ein weiteres Mal in den Pamir vor. Er sprach von dem»gewaltigsten Gebirgsknoten des gesamten asiatischen Kontinents«. Das Augenmerk auf die starke Vergletscherung lenkte eine 1878 begonnene Expedition des Geographen und Entomologen V. F. Oschanin in den nordwestlichen Pamir. Die Peter-I.-Kette erhielt ihren Namen. Die Gruppe zog durch die Kysylsu-Schlucht ins Alaital und dann aufwärts, überstieg den Transalai, durchwanderte Teile des Muksu-Tales und entdeckte hinter Altyn Masar die Stirn des Fedtschenko-Gletschers. Dies war der Anfang der Gletscherforschung im Pamir.

1880 zog der Geologe J. V. Muschketow in den westlichen Tienschan, in das sogenannte Mattscha-Gebiet, überschritt den gewaltigen Serawschan-Gletscher von der Stirn bis zum Mattscha-Paß, eine für die damalige Zeit bedeutende Leistung. Zugleich wurden die ersten glaziologischen Untersuchungen im Pamir und Alai ausgeführt. 1881 kam A. Regel aus dem Serawschan-Tal nach Garm, überstieg als erster Europäer die westliche Peter-I.-Kette, bereiste anschließend das untere Obichingou-Tal und gelangte schließlich in das obere Wantschtal. 1883 war Regel erneut im Obichingou-Gebiet. Im selben Jahr beendeten die weiten, aber durch Kriegsereignisse im Süden ein wenig glücklosen Touren der Pamir-Expedition des Hauptmanns und Astronomen Putjata diesen ersten Abschnitt russischer Erkundungsfahrten. Mitglied dieser Reisegruppe war Iwanow, der erste Geologe, der den geologischen Aufbau des Pamir untersuchen konnte. Monatelange Feldforschungen Iwanows im Alaital, im Karategin, in der Peter-I.-Kette sowie in der Darwas-Kette bildeten die Grundlage für die 1888 erschienene »Geologische Karte Turkestans« von Muschketow. Ein weiteres Ergebnis dieser ersten Erforschungsperiode war die vom russischen Generalstab 1886 herausgegebene Karte der Topographen Benderski und Putjata. Die geographische und geologische Erforschung des Pamir hatte begonnen.

Eine zweite Expeditionsperiode, in deren Verlauf die geographische und geologische Feldforschung, insbesondere aber die Erkundung der Gletscher bereits einen größeren Umfang annahm, setzte erneut mit militärischen Operationen ein. Vorausgegangen war 1883 ein von England angeregter Einfall afghanischer Truppen in den östlichen und südwestlichen Pamir, nachdem die Streitkräfte des Zaren unter dem Generalgouverneur Kaufmann um 1880 einen Feldzug bis nach Indien vorbereitet hatten. 1890 und 1891 drang eine tausendköpfige militärische Expedition unter Oberst Ionow in den Ostpamir vor. Sie erreichte 1893 am Oberlauf des Flusses Murgab den danach ständig besetzten, 3 610 Meter hoch gelegenen militärischen Stützpunkt »Schahdschan«, bald in Pamirski Post umgetauft, das heutige Murgab. Vom 19. März bis 7. April 1894 weilte der bekannte Asienforscher Sven Hedin in dieser Station.

1895 legten Grenzverhandlungen die noch heute gültigen Grenzen zwischen Rußland, Indien, Afghanistan und China fest – eine gute Voraussetzung für die weitere Erforschung des Pamir. In den 90er Jahren erschien die 10-Werst-Karte (1:420 000) der russischen Militärtopographen. Der seit 1885 den Pamir bereisende Entomologe Grum-Grshimailo, der 1887 zum Beispiel auch das Quellgebiet des Muksu durchquerte, soll große Anteile an dieser Karte gehabt haben, die in erster Linie die wichtigsten Verkehrswege und die besiedelten Täler darstellt. 1877 faßte der Geograph Friedrich Freiherr von Richthofen (1833–1905) die geographischen Kenntnisse über Innerasien in deutscher Sprache zusammen.

Im westlichen Pamir begannen die Forschungsarbeiten des Geographieprofessors N. L. Korshenewski (1879–1958). 1903 zog er den Muksu aufwärts und entdeckte einen großen Gletscher, dem er den Namen des Geologen Muschketow gab. 1904/05 konnte er diesen Gletscher in seiner ganzen Länge übersehen, und über den Bergen dahinter ragte ein hoher eisbedeckter Gipfel 7 000 Meter hoch. Seiner mitreisenden Frau und Mitarbeiterin zu Ehren nannte er ihn Pik Jewgenia Korshenewskaja. Wie die späteren Messungen ergaben, ist er der vierthöchste Gipfel der Sowjetunion (7 105 Meter).

Jetzt zogen vor allem die langen Talgletscher die kühnen Männer an, die sich die Vervollständigung der Hochgebirgskarten zum Ziel gestellt hatten. 1908 erreichte der Topograph N. J. Kossinenko über das Muksu-Tal den Fedtschenko-Gletscher und stieg auf ihm 25 Kilometer empor. Der Biwak-Gletscher wurde entdeckt, aber der angestrebte Paßübergang ins Wantsch- und weiter in das Pjandsh-Tal war trotz geringer Entfernung unerreichbar. Nach einem mühevollen Weg stand Kossinenko endlich im Bartangtal, wandte sich flußabwärts, um schließlich mit nördlicher Richtung den nordwestlichen Pamir zu durchwandern. Als er schließlich erneut das Alai-Tal erreichte, war erstmals eine Durchquerung des gesamten Hochpamir gelungen, eine für die topographische Erschließung wichtige Tat.

Die geologische Erforschung machte zu dieser Zeit erhebliche Fortschritte. Der russische Geologe J. Edelstein bereiste in den Jahren 1904 bis 1906 zum Teil zusammen mit D. Muschketow die Peter-I.-Kette und die Gebirgszüge der Darwas-Kette. Zusammenfassend ist dieser Forschungsabschnitt folgendermaßen einzuschätzen: Erste entscheidende Kenntnisse über den geographischen und geologischen Aufbau sind erbracht, die Pamirvirgation als zentrale Gebirgsverknotung und ihre Lage zu den zentralasiatischen Hochgebirgsketten ist in den großen Zügen richtig erkannt. Zahlreiche wichtige Teilketten, Bergmassive und Gletscher sind entdeckt und benannt und in ihrer Lage festgehalten worden. Bereits 1895 wurde über die »Pamir Boundary Commission« eine Verbindung des Vermessungsnetzes des Indischen Subkontinents mit dem Triangulationsnetz Russisch-Turkestans angestrebt. Erst die »Indian-Russian-Connection 1912/13« realisiert diese wichtige topographische Korrelation.

Dies wird um so bedeutungsvoller, da jetzt die alpinistische Erschließung der Hochregionen beginnt. Bis dahin war lediglich von einem Russen bekannt geworden, daß er trotz ungenügender Ausrüstung in die Hochregionen der westlichen Peter-I.-Kette aufgestiegen ist. Es war 1903 W. F. Nowitzki. Jetzt aber kommen Bergsteiger aus den Alpen. An erster Stelle ist sowohl zeitlich wie nach der Bedeutung W. G. Rickmer-Rickmers zu nennen, 1873 bei Bremerhaven geboren und durch seine russischen wie englischen Sprachkenntnisse für Reisen in den zentralasiatischen Raum hervorragend geeignet. Nach Reisen in das Hissar- und Fan-Gebirge 1896 und 1898 bricht er 1906 mit seiner Frau und zwei weiteren Teilnehmern zu einer ersten Erkundungsfahrt in den Pamir auf, dringt bis zur Peter-I.-Kette vor, besteigt dort einen Fünftausender, den er Großer Atschik nennt, zwischen Peter-I.-Gletscher und Oschanin-Gletscher. Danach gelangt er in den

Mattscha-Gebirgsknoten und begeht als erster die obersten Teile des Serawschan-Gletschers nördlich des Mattscha-Passes. Auf der Grundlage der ausgewerteten russischen Arbeiten wird 1907 eine Kartenskizze der wesentlichen Gebirgszüge veröffentlicht. Geologische und gletscherkundliche Aussagen werden nicht getroffen – aber der Plan zu einer großen Expedition mit Beteiligung von Geologen und Glaziologen war geboren und reifte in den folgenden Jahren. Der Deutsch-Österreichische Alpenverein übernimmt die Schirmherrschaft und W. Rickmer-Rickmers die Expeditionsleitung. In gutem Einvernehmen mit der Russischen Geographischen Gesellschaft weilt von Mai bis September 1913 eine siebenköpfige Expeditionsgruppe im nordwestlichen Pamir. Die speziellen, von den russischen Geographen erbetenen Zielstellungen waren unter anderem geographisch-kartographische Aufnahmen und geologisch-glaziologische Untersuchungen. Der Zielstellung entsprechend wurden die Teilnehmer ausgewählt. Neben H. v. Ficker als Meteorologen sind W. Deimler als Topograph und R. v. Klebelsberg als Geologe und Glaziologe die wichtigsten Teilnehmer. Über das Surchob-Tal erreicht man die Peter-I.-Kette, forscht speziell im Gebiet des Sugran- und Garmo-Gletschers und verläßt schließlich über das Obichingou-Tal den Pamir. Klebelsberg wird in den Jahren nach der Expedition zu einem der führenden Gletscherforscher der Welt und ist ab 1921 als Professor an der Universität Innsbruck tätig. Dies zu erwähnen ist insofern wesentlich, als durch diesen profilierten Mann die auf der Expedition gewonnenen geologischen und gletscherkundlichen Ergebnisse einem größeren Kreis in Europa und der Welt zugänglich werden und schließlich auch in das 1948 erschienene große Handbuch der Gletscherkunde und Glazialgeologie eingehen.

Klebelsberg gelingt es, in wenigen Monaten ein auf den russischen Arbeiten aufbauendes und an das gut fundierte westeuropäische Alpenmodell angelehntes geologisches Übersichtsbild zu entwickeln und für die westeuropäische Geologie erschließbar zu machen. Die Grundzüge der regionalen wie erdgeschichtlichen Zusammenhänge werden zusammengefaßt. Dem geologisch jungen Pamir wird der alte Tienschan gegenübergestellt. Im Wachsch-Tal wird eine große tiefreichende Bruchfuge in der Erdkruste als Teil der Grenzfuge zwischen diesen so verschiedenartigen Gebirgen erkannt. Die Bindung von Erdbeben und Thermalquellen an diese Bruchlinie ist eine neue wesentliche Erkenntnis. Besonders wertvoll und anregend für die weiteren Forschungen aber sind die gletscherkundlichen Beobachtungen. An der Vereinigung vom Muksu und Kysylsu bei Dombratschi beoachtet

v. Klebelsberg gewaltige Endmoränenbögen, das »Moränenamphitheater von Dshailgan«, und schlußfolgert, daß bis hierher der eiszeitliche, rund 170 Kilometer lange Fedtschenko-Gletscher, den er nach dem heutigen Flußtal Muksu-Gletscher nennt, reichte. Es ist eine erregende Entdeckung, ein damaliger »Weltrekord« auf glazialgeologischem Gebiet. An diesem eiszeitlichen Modellgletscher ist nicht nur das Ausmaß der pleistozänen Hochgebirgsvereisung abzulesen. Auch Fragen der erdgeschichtlichen Zukunft sind zu erörtern, beispielweise das Problem, wie schnell und wie weit bei geringem Temperaturrückgang der Gletscher erneut in das Muksu-Tal vorstoßen könnte. Am Sugran- und Garmo-Gletscher folgen glaziologische Einzeluntersuchungen, die uns noch später lebhaft interessieren werden. So abgerundet diese Untersuchungen auch sind, die Auswertung der kartographischen Aufnahmen verhindert der erste Weltkrieg. Der Topograph Deimler fällt kurz nach der Expedition an der Front. Jahre später erst werden die hinterlassenen Meßergebnisse von O. v. Gruber in einer Karte des Karategin festgehalten.

Nach dem Sieg der Oktoberrevolution kommt es schon bald zu relativ engen Beziehungen zwischen der jungen Sowjetunion und dem Deutschland der Weimarer Republik. Nach dem Rapallovertag 1922 tritt die deutsch-sowjetische Zusammenarbeit auch auf wissenschaftlichem Gebiet in ein fruchtbares Stadium. Die Feierlichkeiten zum 200jährigen Jubiläum der russischen Akademie der Wissenschaften im September 1925 führten zu engen Kontakten mit der »Notgemeinschaft der Deutschen Wissenschaft«. Der von dem wieder in Mittelasien arbeitenden Korshenewski aufgeworfene Gedanke einer gemeinsamen Pamir-Expedition nimmt jetzt konkrete Gestalt an. An den Gesprächen beteiligen sich von sowjetischer Seite M. J. Kalinin, N. P. Gorbunow und der Mineraloge Fersman, auf deutscher Seite der Physiker Max Planck und der Meteorologe H. v. Ficker. Eine feste Arbeitsteilung der 107 Mitglieder zählenden und von Juni bis Oktober 1928 im Hochgebirge unter der Schirmherrschaft der Akademie der Wissenschaften der UdSSR arbeitenden Expeditionen wurde vereinbart. Die deutsche Seite hat die topographischen, geologischen, glaziologischen und linguistischen Forschungen sowie die hochalpinen Besteigungen zu übernehmen, während der sowjetischen Seite die meteorologischen, mineralogischen, geodätisch-astronomischen sowie zoologisch-botanischen Aufnahmen zufallen. Die deutsche Seite überträgt erneut dem asienerfahrenen Rickmer-Rickmers die Leitung. Ihm zur Seite stehen der alpenerprobte Geodät und Glaziologe R. Finsterwalder und sein Mitarbeiter H. Biersack, der Innsbrucker Geologe und

Assistent von Professor Klebelsberg L. Nöth, der Linguist W. Lenz von der Berliner Akademie, der Anthropologe und Zoologe W. F. Reinig sowie die vom Deutsch-Österreichischen Alpenverein benannten Bergsteiger Ph. Borchers, E. Schneider, E. Allwein, K. Wien und der Arzt Dr. E. Kohlhaupt. Es ist die Zeit, in welcher der Alpinismus die ersten festen Bande zur Wissenschaft knüpft.

Der Mineraloge und Petrograph Akademiemitglied D. J. Schtscherbakow leitet die sowjetische Abteilung, welcher der Geographieprofessor an der Taschkenter Universität und bekannte Pamirforscher N. L. Korshenewski, der Astronom von der Sternwarte Pulkowo Beljajew, der mit Finsterwalder zusammenarbeitende Topograph und Geologe J. G. Dorofejew und zahlreiche weitere Wissenschaftler und Bergsteiger angehören. Allein die geowissenschaftlichen Ergebnisse sind so umfangreich, daß eine auch nur annähernd umfassende Berichterstattung hier nicht möglich ist. Besonders bekannt werden in der Öffentlichkeit zunächst die alpinistischen Erfolge, über die von der Presse und im Rundfunk vieler Länder viel früher berichtet werden kann als über die Auswertung des wissenschaftlichen Materials. Höhepunkt ist am 25. September 1928 die Erstbesteigung des Pik Kaufmann, der bis dahin als höchster Berg der UdSSR galt und der später den Namen Lenins erhält, durch Allwein, Schneider und Wien. Bereits am 4. Juli 1928 war die erste Skibesteigung eines Gipfels in Zentralasien erfolgt, des 5700 Meter hohen Kok-su-Kurbaschi nordöstlich des Karakul.

Eine der wesentlichen wissenschaftlichen Aufgaben der Expedition ist die Herstellung einer Karte des nordwestlichen Pamir und des Transalai. Die von Finsterwalder auf das Hochgebirge übertragene Fotogrammetrie allein konnte diese Aufgabe lösen. In wenigen Wochen wird auf einer Vielzahl von Bergrouten ein umfangreiches Vermessungsprogramm von R. Finsterwalder (1899–1963) zusammen mit H. Biersack und J. G. Dorofejew bewältigt. 1930 bis 1932 erscheint die Karte des Pamir-Transalai-Gebirgskomplexes, die ein Gebiet von 15 000 Quadratkilometern umfaßt, in technisch sehr guter Qualität gedruckt, im Maßstab 1:200 000. Die spezielle und besonders exakte Vermessung des Fedtschenko-Gletschers erbringt nicht nur den gesicherten Längennachweis mit 78 Kilometern und damit den Beweis, daß es sich um den längsten außerpolaren Talgletscher handelt. Zugleich wird die Höhe des »Garmo«, der später Pik Kommunismus genannt wird, mit 7495 Metern bestimmt. Damit ist dieser Berg der höchste der UdSSR. Die Darstellung der Meßergebnisse erfolgt auf der vorzüglichen Karte des Gletschers im Maßstab 1:50 000 sowie auf Detailkarten kleinerer Maßstäbe.

Exakte Angaben zur Fließgeschwindigkeit des Eises, zum Strömungsverhalten, zum Eishaushalt und zur Entstehung derartig großer Eismassen vervollständigen das Bild. Finsterwalder erhält später für diese wissenschaftlichen Leistungen die Leibnizmedaille der Berliner Akademie. Der Geologe Nöth absolviert – gelegentlich zusammen mit Korshenewski und dem Taschkenter Meteorologen R. R. Zimmermann – ein bewundernswert umfangreiches Expeditionsprogramm mit einer Fülle an Detailergebnissen, die 1932 in zwei Bänden innerhalb der sechsbändigen Gesamtauswertung der Reise und einer ersten farbigen geologischen Karte des Nordwestpamir im Maßstab 1:200000 veröffentlicht werden können. 1928 war in Leningrad eine weitere verbesserte Auflage von D. J. Muschketows »Abriß der Geologie Turkestans« erschienen. 1932 arbeitete die geologische Pamir-Expedition unter D. V. Nalivkin in dem Hochgebirge. Nalivkin hatte schon zwischen 1910 und 1920 die tektonische Großgliederung des Pamir erkannt. S. J. Klunnikov entwickelte sich zu einem hervorragenden Kenner der regionalgeologischen Zusammenhänge dieses Gebirges.

Bei einer Zusammenfassung aller geologischen Ergebnisse über den Pamir kann jetzt ein befriedigender Zuwachs am Erkenntnissen registriert werden. Die gute sowjetisch-deutsche Zusammenarbeit während der Expedition 1928 hat positive Nachwirkungen. Hinzu kommt, daß die zusammenfassenden Arbeiten der deutschen Professoren K. Leuchs zur Geologie Mittelasiens, insbesondere des Tienschan, und F. Machatschek zur Geomorphologie Mittelasiens auch von sowjetischer Seite mit Aufmerksamkeit und Anerkennung verfolgt werden. Besonders groß ist das Interesse an den weltweit ausgerichteten Analysen zur inneren Architektur unserer Erde durch den inzwischen sehr bekannten Geologen Hans Stille. Die deutschen Geologen Stille, Leuchs sowie A. Born, E. Kaysser, F. Kossmat und L. v. z. Mühlen folgten einer Einladung der sowjetischen Professoren Muschketow und D. V. Nalivkin zur III. Allunionstagung für Geologie in Taschkent im Jahre 1928. Sie knüpften während des Kongresses und auf den Exkursionen enge Bande zu den sowjetischen Kollegen und lenkten anschließend durch zahlreiche rezensierende Publikationen den Blick der progressiven Geowissenschaftler Westeuropas auf Mittelasien.

Dort beginnt in einer weiteren Erforschungsperiode das Zeitalter intensiver Spezialexkursionen und geodätischer wie geologischer Feldarbeiten, verbunden mit einem kolossalen Aufschwung der sowjetischen Alpinistik. Ab 1932 arbeitet die tadshikische Komplexexpedition mit 72 Abteilungen und 700 Teilnehmern in einem etwa 100000 Quadratkilometer großen Gebiet, von 1933 bis 1937 unter dem Namen »Pamir-

Tadshikistan-Expedition« – das wohl größte Forschungsunternehmen dieser Art zur damaligen Zeit. Der Bau von Straßen in das Gebirgsland beginnt. 1932 wird der östliche Pamirtrakt von Osch nach Chorog für Kraftwagen befahrbar gemacht. 1933 entsteht das erste feste meteorologisch-glaziologische Observatorium auf dem Fedtschenko-Gletscher. Dasselbe Jahr bringt den ersten aufsehenerregenden Erfolg des sowjetischen Alpinismus. Jewgeni Abalakow gelingt, zuletzt im Alleingang, die Erstbesteigung des Garmo, der während dieser Expedition in Pik Stalin und später in Pik Kommunismus umgetauft wird. Bis zum Hauptgrat wird der Gipfelsieger von Gorbunow, dem Gesamtleiter der großen deutsch-sowjetischen Expedition von 1928, begleitet.

Auf geologischem Gebiet setzen jetzt Kartierungs- und Sucharbeiten auf abbauwürdige Lagerstätten nutzbarer Mineralien ein, die bis heute in ständig erweitertem und qualitätsmäßig verbessertem Umfang weitergeführt werden, unterbrochen lediglich in den Jahren des zweiten Weltkrieges.

Das Jahr 1946 bringt schließlich auch die Wiedergeburt des sowjetischen Alpinismus. 1953 gelingt die Erstbesteigung des Pik Korshenewskaja. 1956 wird auch der Pik Moskwa bezwungen.

Genau dreißig Jahre nach der ersten gemeinsamen sowjetisch-deutschen Pamir-Expedition nehmen vier Geodäten der DDR an einer Fedtschenko-Expedition der Usbekischen Akademie der Wissenschaften teil. Von Juni bis September 1958 wird unter der Leitung von Dorofejew, der sich unter Finsterwalder bereits 1928 in die fotogrammetrische Arbeitsweise eingearbeitet hatte, der Fedtschenko-Gletscher von den deutschen Teilnehmern erneut vermessen. 1964 erscheint eine umfangreiche Monographie von G. Dietrich, W. Haedicke, R. Mitschke und K. Regensburger mit einer vorzüglichen Gletscherkarte im Maßstab 1:50 000. Die gesamten Veränderungen im Gletscherhaushalt, der Gletscherrückgang, die Verringerung des Eisvolumens konnten exakt erfaßt werden. Der Fedtschenko-Gletscher im Pamir ist nicht nur der längste, sondern nun auch der am besten untersuchte außerpolare Talgletscher. Veränderungen im Gletscherhaushalt der Erde werden in Zukunft stets durch Messungen an diesem Gletscher »geeicht« werden können.

Die letzten zwei Jahrzehnte schließlich sind durch das Erscheinen zahlreicher sowjetischer Monographien zum geologischen Bau Tadshikistans, zur Hydrologie und zur Glaziologie charakterisiert. Die topographischen Karten der Hochgebirge erfahren in jüngster Zeit durch eine neue »außerirdische« Meßtechnik eine erhebliche Verbesserung. Von Erdsatelliten aus sind mit Multispektralkameras und anderen Präzisionsgeräten auch die Hochregionen Mittelasiens vermessen worden. Angaben über Lage der Gebirgskämme und Ausdehnungen der Gletscher erfuhren im Detail vielerlei Ergänzungen und Berichtigungen. Auch der afghanische Pamir wurde in den letzten beiden Jahrzehnten nicht nur bergsteigerisch, sondern auch wissenschaftlich von italienischen, österreichischen, deutschen und polnischen Alpinisten und Naturwissenschaftlern erschlossen. Stellvertretend für zahlreiche Publikationen sei die 1978 in Graz erschienene Monographie »Großer Pamir« eines österreichischen Forschungsunternehmens 1975 genannt.

In den letzten 15 Jahren wurden der Pamir und die angrenzenden Gebirgszüge Exkursionsland für zahlreiche Gruppen aus der ganzen Welt und damit zum Lehrfeld für Alpinismus, Hochgebirgstourismus und Naturwissenschaft.

Zwischenlager am Rande von Duschanbe

Immer tiefer hinein in den großen Kontinent Asien trägt uns das Flugzeug. Wir kommen aus Europa, jener zerfransten »Halbinsel« Asiens mit einer ungewöhnlich intensiven Durchdringung von festem Land und Meeresbuchten, die erst gegen Osten immer mehr Festland wird. Das ist dann der Großkontinent Eurasien – und so fliegen wir nun schon über 6 000 Kilometer Festland, weites flaches Tafelland, nur gelegentlich von Gebirgszügen zergliedert. Kein Fluß erreicht jetzt mehr den Ozean, das »abflußlose« Mittelasien liegt unter uns. Über der Tür zur Pilotenkabine leuchten rote Buchstaben auf in russischer und englischer Sprache: »Bitte anschnallen« ... – der Landeanflug auf Duschanbe beginnt und damit eine geologische Vorführung über den Aufbau der Erde am Rande der asiatischen Hochgebirge.

Im Norden liegt ein schnee- und eisbedecktes Hochgebirge, der südwestliche Tienschan mit den Fan-Bergen und dem Hissar-Gebirge. Das ist heute noch aktives Hebungsland. In wenigen Tagen werden wir es bei ersten Exkursionen durchstreifen.

Im Osten, im Dunst des frühen Tages nicht einmal zu ahnen, aber von der Landkarte her wohlbekannt, liegt der große Pamir mit seinen in den Himmel hinaufragenden Gipfeln, das Dach der Welt. Und dazwischen schiebt sich keilförmig ein bemerkenswertes Landstück, einem nach Südwesten sich öffnenden Füllhorn gleich, weit nach Süden auf über 200 Kilometer Breite geöffnet. Dort ist Afghanistan.

41

Unter uns liegt der Teil Tadshikistans, der nicht Hochgebirge ist, der nördliche Teil der Afghanisch-Tadshikischen Depression, wie die Geologen diesen Abschnitt der Erdkruste nennen. Es ist eine große Durchbiegung zwischen den Gebirgen, eine Zwischengebirgssenke und ein aktives Erdkrustenstück. Erst war es Senkungsland, dem aufsteigenden Hochgebirge benachbart und damit ständiger Sedimentation in gewaltigen Dimensionen ausgesetzt. Dann Meeresraum und erneut trockenes Festland, immer aber ein Müllschlucker der Erdgeschichte, Sammelplatz für den Abtragungsschutt der Gebirge. Eine »Gesteinsdeponierung« ungeheuren Ausmaßes fand und findet hier statt, auf einem heute nur aus Bohrungen bekannten, tief versenkten paläozoischen Fundament lagernd. Rote Festlandsedimente des Perm und der Trias bedecken den alten Boden, und dann folgt die Jura-Formation. Erstmals entstehen Meeressedimente mit Kalksteinen und Steinsalzen. Aber das ist alles nur ein zaghafter Anfang. Die Fahrt in die Tiefe und damit die Absenkung sollte erst so recht beginnen: über 2 000 Meter in der Kreidezeit, als die großen Saurier lebten und ausstarben, und über viertausend Meter in der Braunkohlenzeit, dem Tertiär. Insgesamt fährt dieser »Fahrstuhl« der Erde mit freilich »geologischen« Geschwindigkeiten über zehn Kilometer in die Tiefe, siebzehn Kilometer im benachbarten Afghanistan, und immer wird der sich senkende Raum, die große intermontane Senke, kontinuierlich verfüllt mit dem Schutt aus den benachbart aufsteigenden Gebirgen. Schließlich werden diese mächtigen Sedimente von anderen geologischen Prozessen betroffen. Großräumige Plattenbewegungen lösen eine bedächtige horizontale Bewegung aus. Die weite Senke zwischen den Gebirgen mit den mächtigen Sedimenten wird seitlich eingeengt, der Raum verkleinert. Die geschichteten Sedimentgesteine werden dabei nicht zerbrochen, sondern einer zusammengeschobenen Tischdecke gleich in Falten gelegt. Salzschichten im Untergrund dienen als gleitfähige Unterlage, als »Rollbahn« der entstehenden Faltenstränge. In der jungen Braunkohlenzeit begannen diese Pressungen und Faltungen, und im Eiszeitalter, welches die sowjetischen Geologen Anthropogen nennen, setzen sich diese Formveränderungen bei weitergehender Sedimentablagerung fort. Die oberflächlich keilförmige Grundform der Tadshikischen Depression bestimmt die Architektur und die Lage der Faltenstränge. Aus einem schmalen Zwickel zwischen Pamir und südwestlichem Tienschan im Bereich des Alai-Tales und der Flüsse Surchob und Obichingou quellen diese Sättel und Mulden fächerförmig nach Südwesten hervor. Wie an fast allen Stellen der Erde beeinflußt auch hier der erdinnere geologische Bau die Oberflächenformen. Harte und weiche Gesteine treten nach dem Bauplan der entstandenen Falten in einer festgelegten Symmetrie an die Oberfläche. Die erdäußeren Kräfte der Verwitterung waren sorgfältige Präparatoren. In einem geologisch kurzzeitigen »Arbeitseinsatz« haben sie über den harten Gesteinen Berge (Adyre) entstehen lassen und in den weicheren Gesteinen Täler. Eine nach Südwesten offene und weitständiger werdende Fächerung von langgestreckten Bergrücken und Talzügen prägt die Züge der Tadshikischen Depression.

Zwei Drittel der Bevölkerung Tadshikistans leben hier auf etwa 36 000 Quadratkilometern. Das sind zwei Millionen Menschen, etwa 54 pro Quadratkilometer – eine für Mittelasien ungewöhnlich hohe Bevölkerungsdichte. In den Hochgebirgen, im Pamir zum Beispiel, leben nur 2 Menschen je Quadratkilometer. Dieses Land vor den Hochgebirgen ist altes Siedlungsland. Aber erst in unseren Tagen beginnt eine neue Entwicklung, die Zeit der Gewinnung der Bodenschätze. In den gefalteten Schichten der Tadshikischen Depression lagern Steinsalze, Kalisalze, Phosphate, Erdöl und Erdgas, Baustoffe und Mineralwässer. Die Zeit ihrer Nutzung hat gerade erst begonnen.

Das Flugzeug setzt weich auf. Es ist gut, daß die Rollbahn nicht jenen geologischen Baustil durchpaust, der den Untergrund prägt. Es ist eine glatte Betonpiste wie jene zu Hause in Berlin. Alles Weitere aber ist anders.

Schon auf der Gangway empfängt uns Mittelasien mit dumpfer Hitze. »50 Grad sind es heute«, sagt zur Begrüßung eine junge Tadshikin von der Fluggesellschaft Aeroflot. Auch das ist die Tadshikische Depression. Das ist das sommerliche Klima des zentralen Kontinents. Wie erst würde uns jetzt die Wüste Karakum in Empfang nehmen? Aber wir sind auf dem Aeroport von Duschanbe, der Hauptstadt Tadshikistans, auf gleicher geographischer Breite mit Griechenland, Sizilien oder Sardinien. Doch dort ist das südliche, durch Meeresbuchten zergliederte Europa, und hier sind wir inmitten des Riesenkontinents Eurasien mit den heißen trockenen Sommern und Temperaturen am Erdboden bis 70 °C. Und dieses Klima prägt die Landschaft und den Menschen. Wir sind in Tadshikistan, dem Land der höchsten Berge, der ungestümen Flüsse, der fruchtbaren Täler und des ewigen Eises – einer Region voller interessanter Kontraste.

Die weitläufige Hauptstadt liegt in einem breiten Talsystem vor dem Südabhang des Hissar-Gebirges. Dieser Raum ist zugleich der nördliche Grenzbereich der Tadshikischen Depression – geologisches Grenzland also mit vielen Besonderheiten. Die Geophysiker haben festgestellt, daß die Erdkruste hier stellenweise sehr dünn ist. Es ist ein Gebiet intensiver erdinnerer Aktivitäten, ein Raum langsamer, aber stetiger Senkung, wie es sich für die Tadshikische Depression gehört. Eine weitere »positive« Eigenheit ist bemerkenswert – die Senkungen verlaufen offenbar reibungslos, ohne Ansammlung erdinnerer Verspannungen. Zwar bebt es auch hier, doch sind diese Vibrationen sanfter und zurückhaltender als in anderen Räumen Mittelasiens. Ein dicker Teppich aus Löß schützt zudem vor heftigeren Erschütterungen – so erzählt uns ein tadshikischer Geologe. Aber wird es auch immer so sein?

Die Menschen hier und in der ganzen Stadt sind voller Zuversicht. Sie haben es geschafft, aus dem Dorf Djushambe (= Montag), das montags Markttag hatte und das zusammen mit sechs weiteren Siedlungen durch einige geschichtliche Zufälle »Hauptstadt« wurde, wirklich eine bedeutende Stadt zu machen. In wenigen Jahrzehnten geschah das. 1917 hatte die Ansiedlung etwa 3 000 Einwohner. 1924, als Duschanbe zur Hauptstadt der Tadshikischen Autonomen Sowjetrepublik avancierte, waren es kaum mehr. Und dann wurde gebaut und gebaut, erdbebensicher in weiser Voraussicht. In einem Betonkanal holte man das Warsobwasser des Hissar-Gebirges hierher, zweigte Tausende Aryks ab und pflanzte zwischen die Häuser an geraden Straßen sechs bis acht Reihen Bäume: Ahorn, Pappeln, Platanen. Grüne filigrane Gewölbe umschließen die Hauptstraßen und weite Bereiche der Stadt. In den Rabatten dazwischen blühen Magnolien, Malven und Kleopatranadeln. Einer der 650 000 Einwohner der Stadt sagte, als wir ins Gespräch kamen: »In Duschanbe kannst du im Sommer den Winter sehen« – und damit meinte er das durch die Aryks fließende kalte Schmelzwasser aus dem Hissar-Gebirge. »Und im Winter gibt es bei uns den Sommer« – und er erzählte, daß man trotz des kalten kontinentalen Winters in geschützten Lagen blühende Blumen bewundern kann.

Die Hitze hat uns zum ersten Male geschafft. Pflastermüde sitzen wir im sonnenlichtdurchfunkelten Schatten von Akazien und Platanen. Wir beobachten lebhafte Vögel in den Zweigen, Afghanische Stare, die hier zu Hause sind. Dann huscht auch ein bunter Vogel vorbei. War es ein Bienenfresser, dessen rotbraun, honiggelb, grün und türkisblau gefärbtes Gefieder so auffällig leuchtet? Tage später erkennen wir sie eindeutig, zusammen mit Blauraken, in den Siedlungen der großen Flußtäler. Unsere Füße baumeln im trüben, kühlen Wasser, das durch den engen Aryk hindurchgurgelt. Die Verdunstung verbreitet eine kühlfeuchte Atmosphäre – ein angenehmer Kontrast zu der Glut der offenen Plätze.

Die alte Liebe zu den Melonen wird neu entdeckt, denn der Durst

44

hat sich eingestellt mit Betreten des tadshikischen Bodens. Melonen-
kauf war und ist immer eine feierliche Handlung, ein Kult in Mittelasien. Wir beobachten einen alten Tadshiken, der schon mehr als
10 Melonen emporgehoben, befühlt und schließlich mit größtem Be-
dauern zurückgelegt hat. Die grünen Kugeln werden beklopft, mit den
Fingern, den Knöcheln und mit der flachen Hand. Er hört mit dem
Ohr in sie hinein, als ob er eine leise innere Stimme vernähme, die
zum Kauf rät. Jetzt scheint das der Fall zu sein, denn es beginnt jener
Handel um den Preis, der nicht unwesentlich zur Zufriedenheit der
Menschen beiträgt, Ausdruck einer alten Freiheit, eines Rechts auf
freie Entscheidung. Wir kaufen zügiger, mit europäischer Hast. Hier
wirklich auswählen zu wollen hätte Arbeit bedeutet, denn ganze Gebirge von Wassermelonen und den gelben, ein wenig nach Ananas
schmeckenden Zuckermelonen hätte man untersuchen müssen. Man
beobachtet unsere Unsicherheit in diesem Geschäft. Mit schnellen
kunstvollen Messerschnitten hat ein auf der Erde hockender Usbeke
mit der fast uniformhaften Tjubeteika auf dem Kopf ein spitzpyrami-
dales Stück aus einer großen Melone herausgeschnitten. Rotes saftiges
Fruchtfleisch wird sichtbar. Zaghaft wagen wir es zu begutachten. Das
eigentliche Geheimnis der Durchleuchtung dieser Früchte Asiens aber
bleibt auch diesmal unergründet. Auch das Äußere jenes kultischen
Probierens und Befühlens kann man nur schlecht kopieren. Meine
Wahl aber war trotzdem gut.

Was für ein Zauberwort aus kindlicher Literaturerinnerung – Basar,
Handelsplatz des Orients und Treffpunkt der Menschen fremder Länder. Um uns wogt das bedächtige Treiben eines wirklichen Basars,
eines bunten Schaufensters des Landes Tadshikistan. Käufer wie Ver-
käufer sind das Abbild der hier lebenden Völkerschaften, alteingeses-
sener wie neu hinzugekommener. Der Basar repräsentiert das Land.

Tadshikistan ist mit rund 143 000 Quadratkilometern etwa ein Drittel größer als die DDR. Etwa drei Millionen Menschen leben in dem
vorwiegend bergigen Land. Gering ist die mittlere Bevölkerungsdichte
von 20 Einwohnern pro Quadratkilometer. Die Tadshiken überwiegen
mit 53 Prozent, dann folgen mit 23 Prozent Usbeken und mit 13 Prozent Russen. Die restlichen reichlich 10 Prozent verteilen sich auf Kirgisen, Kasachen, Turkmenen, Karakalpaken, Tataren, Ukrainer, Juden,
Zigeuner und auch Deutsche. In brüchigem Deutsch werden wir von
einer alten Frau mit Kopftuch angesprochen. Seit etwa dreißig Jahren
wohnt die ehemalige Wolgadeutsche hier in Mittelasien.

Tadshikistan aber ist die Republik der Tadshiken. Was das Wort
Tadshik eigentlich heißt, ist nicht gewiß. Nach einer alten Erklärung

soll es vom altpersischen Wort: »Tadsh« abzuleiten sein, und das bedeutet Kranz oder Krone und könnte auf alte Feueranbeter mit rituellem Kopfschmuck hinweisen. Tadshik ist also der »Gekrönte«. Glaubwürdiger allerdings erscheint die Meinung, daß das Wort aus der Zeit der arabischen Eroberung stammt und sich auf die seßhaften Mittelasiaten bezog. Schließlich blieb das Wort mit der iranisch sprechenden Bevölkerung Mittelasiens verbunden. Zweifellos sind die Tadshiken die direkten Nachkommen der alten einheimischen seßhaften Bevölkerung Mittelasiens. Bis zum 10. Jahrhundert stellten die Soghden und Choresmier, teilweise mit anderen Volksstämmen vermischt, die seßhafte Grundbevölkerung dar. Die nationalen Bewegungen gegen die Araber beschleunigten gewiß den Formierungsprozeß eines einheitlichen tadshikischen Volkes. Während der Samaniden-Dynastie bildete sich eine einheitliche tadshikische Sprache heraus, die damals als »Dari« bezeichnet wurde. Sie ist dem Neupersischen (Farsi) ähnlich. In dieser Zeit stellten die Tadshiken in den Städten und Bodenbauoasen Mittelasiens die herrschende Völkerschaft dar. Seit dem 11. Jahrhundert aber wurde diese Vorherrschaft von turksprachigen Gruppierungen angefochten. In geschichtlicher »Erinnerung« an die persische Kultur- und Sprachverwandtschaft sprechen die heutigen Tadshiken des Flachlandes eine Art Neupersisch. Im Pamir dagegen, in den Hochtälern, hatte sich die alte iranische Sprache in altertümlichen ostiranischen Mundarten erhalten.

Bunt wie die Geschichte und ethnische Entwicklung ist auch die traditionelle Kleidung der Tadshiken. Das wichtigste Kleidungsstück ist der Chalat, ein schlafrockähnlicher Kittel aus Baumwolle oder Seide. Er wird mit einfachen Bändern verschlossen. Im Winter wird der leichte Sommerkittel durch den gefütterten Baumwollchalat ersetzt. Bunt sind beide, gewöhnlich farbig gestreift. Darunter trägt man nach alter Sitte ein tunikaartig geschnittenes Hemd und weite Hosen. Stiefel aus weichem Leder sind bis heute beliebt. Die nationale Kopfbedeckung der Männer ist die Tjubeteika, ein kleines quadratisches Käppchen mit Silberstickerei auf schwarzem Grund, das fest auf dem Kopf sitzt und ursprünglich mit der Männersitte verbunden war, sich den Kopf zu rasieren. Die meisten Städter haben heute Chalat und Stiefel abgelegt, aber der Tjubeteika ist jeder echte Tadshike treu geblieben.

In einer Ecke des Basars sitzen auf bunten Teppichen einige alte Männer, aufrecht, würdevoll und weißbärtig, Symbole der kraftvollen Geschichte Tadshikistans, würdige Nachfahren der seßhaften Urbevölkerung mit ihren schmalen, sonnengegerbten, faltigen und weisen Gesichtern. Als Kopfbedeckung tragen sie den Turban, gewunden aus farbigen Stoffstreifen, Relikt aus den vergangenen muselmanischen Jahrhunderten.

Ein großer zweirädriger Karren rollt vorüber, von Rindern gezogen, mit sehr hohen Rädern, eine »Arba«. Sie ist beladen mit Früchten des Landes, prächtig roten Paradiesäpfeln und Pfirsichen. Was für ein schönes Foto könnte man jetzt machen, denke ich bei mir, aber die Hitze lähmt die Tatkraft. So bleibe ich sitzen und beschaue aus respektvoller Entfernung das Basartreiben und die auf der Erde und auf Brettertischen aufgestapelten Produkte der Landwirtschaft und des Obstbaus. Auch hier in der Tadshikischen Depression muß künstlich bewässert werden, etwa 50 Prozent der bestellten Flächen. Der Rest ist Feldbau mit der natürlichen Feuchtigkeit, die hier in den flußdurchzogenen Gebirgsvorländern reichlicher vorhanden ist als in den Steppen und Wüsten Turkmeniens und Usbekistans. Auf diesen Bogarfeldern und den künstlich bewässerten Quadraturen wächst die tadshikische feinfaserige Baumwolle. Bis 1990 soll die Erzeugung von jetzt 840000 auf 1,2 Millionen Tonnen erhöht werden. Ganz ähnlich soll der Anbau von Weizen, Gerste, Mais und Hirse sich vergrößern. Noch schneller aber ist die Entwicklung bei den Gartenkulturen geplant. Die heiße Sommersonne gestattet bei ständiger Bewässerung bis zu fünf Ernten im Jahr. Obst und Gemüse will man dreimal soviel ernten wie bisher, bei Kartoffeln sogar das Zehnfache. Auf großen Transparenten sind überall im Lande diese Ziele aufgeschrieben. Will man das wirklich erreichen, bedarf es neben der planvollen Arbeit des Menschen wieder des Wassers, der Schmelzwässer aus den benachbarten Hochgebirgszügen, welche die Tadshikische Depression durchströmen und dort zum Teil in Stauwerken zurückgehalten werden für eine möglichst ganzjährige Nutzung im großen Stil.

Die Hitze hat es schnell geschafft, unsere europäische Unrast zu vertreiben. Mit wohltuender Bedächtigkeit erschließen wir uns jetzt die Stadt, bei langen Pausen an den Aryks, bei Gesprächen neben großen Wasserrädern mit angebundenen Blecheimern, die das Schmelzwasser aus dem Fluß in höhergelegene Aryks befördern und es von dort in unzählige Gehöfte hineinfließen lassen. Wir verweilen neben dem Grabmal Ainis, sind im Botanischen Garten und dann ganz ungewollt im Zoo von Duschanbe. Es war ein glücklicher Zufall, daß uns der Weg dahin führte. Zunächst ist alles unscheinbar. Die ganze Anlage, in der größere Bauwerke fehlen, wirkt zuerst enttäuschend. Doch dann beginnt ein Land zu leben. Die Tiere der Steppe und des Hochgebirges sind versammelt, die Tierwelt Mittelasiens wohlverwahrt in einem wertvollen Reservat, für einige Vertreter sogar ein Domizil zum Überleben der Art. Wir treffen auf das Nationaltier Mittelasiens, den eleganten, feingliedrigen Bucharahirsch, eine immer seltener gewordene Unterart des Rothirsches. Dann erlebe ich ein Tier, das zu den Charaktertieren des Eiszeitalters bei uns zu Hause in Mitteleuropa gehört. Ein geselliges Tier der Steppe mit jener notwendigen inneren Anpassung, direkt am Rande der Wüste leben und die Sand- und Staubstürme dieser Trockenräume überstehen zu können. Es ist ein Tier mit einer lebenden »Schutzmaske«, mit einem Sandfilter: die berühmte Saiga-Antilope (Saiga tatarica). Fast ausgerottet war dieses bemerkenswerte Tier durch den Menschen. Strengste Schutzmaßnahmen kamen zur rechten Zeit. Heute sind kontrollierte Abschüsse schon wieder erlaubt. An einer anderen Stelle im Park treffe ich auf ein Tier, dem ich schon Tage später in freier Wildbahn begegnen werde, den stolzen Bart- oder Lämmergeier. Hier beachte ich ihn kaum, denn mich interessieren seltene Rassen von Fettsteißschafen, und nicht nur mich. Hier erst bemerke ich die Besonderheit dieses Zoos – es sind die Besucher, Bauern und Viehhirten aus den Kischlaks der Umgebung und ganz Tadshikistans. Der Zoo hat eigene Autobusse, und diese fahren früh hinauf zu den Bergdörfern und hinaus in das Flachland und bringen ein »ganzes« Dorf hierher. Es sind Menschen der Natur, echte Sachverständige der belebten Umwelt, wie es keine besseren geben kann. Noch nie habe ich solche aufgeschlossenen Zoobesucher gesehen.

Unsere Zelte stehen in diesen Tagen außerhalb der Stadt, dort, wo im Norden hinter einer weißgrau nebelnden Zementfabrik der schöne Fluß Warsob die felsigen Berge des Hissar verläßt. Warsob heißt »Hohes Wasser« oder »Hoher Fluß«, was sicher soviel wie »Fluß mit viel Wasser« bedeutet. Es ist schon ländlicher Siedlungsraum dort draußen. Einzelne Dörfer – Kischlaks – liegen verstreut im Haupttal, meist auf Terrassen über dem Fluß. In der Turbasa (Touristenbasis) Warsob, dem inzwischen bekannten Ausgangslager vieler Hochgebirgsexpeditionen, stehen unsere Zelte unter saftig grünen Apfelbäumen. Zwischen den niedrigen Bäumen ziehen sich Aryks hindurch. Diese Bewässerungsgräben gehören zu einem wohldurchdachten System von Wassergerinnen, erst großen, dann kleineren und schließlich jenen ganz kleinen, die das weither geführte Wasser sinnvoll aufteilen auf Plantagen, auf einzelne Baumreihen und einzelne Bäume, oft aber auch auf einzelne Straßenzüge, Grundstücke und Gärten. Während wir in den heißen Mittagsstunden auf den Schaumstoffmatten im Schatten der Apfelbäume liegen, dem leisen Rieseln und Glucksen des wenigen Wassers in den etwas schlammigen Aryks zuhören, erinnern wir uns eines Wesenszuges der Geschichte Mittelasiens. Die Kultur dieser Region basiert auf künstlich bewässerten Landstrichen entlang der großen Flüsse und einiger Nebentäler sowie den Regionen zwischen den großen Wüsten und Steppen und den Hochgebirgsmassiven. So war es vor 2500 Jahren, als die Stadt Samarkand – damals Marakanda genannt – geschichtskundig wurde, und so ist es auch heute noch. Gleich hinter der Turbasa Warsob zieht sich ein großer Betonaryk durch die Landschaft, ein Bewässerungskanal des 20. Jahrhunderts, von einem Stausee des Warsob kommend, der wenige Kilometer flußauf liegt. Etwa so breit wie eine Landstraße und mehrere Meter tief, versorgt dieser Aryk mit seiner enormen Wasserführung infolge des großen Gefälles und hoher Fließgeschwindigkeit nicht nur die Industrie der Hauptstadt mit Brauchwasser, sondern er deckt darüber hinaus einen großen Teil des Bedarfs an Trinkwasser. Außerdem versorgt er die zahllosen Bewässerungskanäle in den Parks und zu den Baumreihen in den Straßenzügen. Der große Aryk ist offen. Nie haben wir gesehen, daß Menschen – auch Kinder nicht – dieses Bauwerk in irgendeiner Weise beschädigten oder verunreinigten. Es ist eine althergebrachte Ehrfurcht vor dem Wasser lebendig, vor dem bedeutsamsten Bodenschatz dieser Region, begründet in dem instinktiven Wissen, daß ohne dieses zugeführte Wasser das Leben im allgemeinen und die Existenz selbst einer so großen und modernen Stadt wie Duschanbe ernsthaft gefährdet wären. Zu Hause in Mitteleuropa ist die Beziehung zu dem ganz selbstverständlich aus dem Hahn fließenden Wasser fast völlig verlorengegangen. In wenigen Bräuchen nur klingen im Unterbewußtsein alte »Erinnerungen« an jene Zeiten an, in denen auch bei uns Quellen und Wasserläufe verehrt wurden und man Opfer brachte – jeder von uns hat schon einmal Münzen in einen Brunnen geworfen!

Der dritte Abend in Mittelasien ist angebrochen. Wir sitzen zwischen den Zelten und trinken arykgekühltes tadshikisches Bier. Wir haben einen Gast, einen alten Bergsteiger und Wandervogel zu Besuch. Nikolai Paganuzzi, den Erschließer der Fan-Berge. Wer je das Gesicht dieses Mannes sah, wird es nicht sogleich wieder vergessen. Es ist von der Hochgebirgssonne braungegerbt und von den zurückliegenden Lebensjahrzehnten zerfurcht. Die Augen aber sprechen von der Vitalität dieses noch immer in den Bergen aktiven, weit über siebzigjährigen Mannes. Seine Vorfahren waren italienische Architekten, die der Zar nach Petersburg geholt hatte. Nikolai Paganuzzi ist ein Freund der Jugend. Am Tage sehen wir ihn meist von jungen Mädchen umgeben. Auch jetzt ist er in der Turbasa Warsob, um auf eine Gruppe junger Bergfreunde zu warten, die er zum Iskanderkul und in die Fan-Berge führen wird. Jahr für Jahr begeistert er Menschen für die Bergwelt Tadshikistans und Kirgisiens. Wir sind schnell mit ihm bekannt geworden; bereits zu Hause hatten wir von ihm gehört. Zudem spricht er ein wenig deutsch, und in der Tat sind wir nicht wenig erstaunt, als wir aus seinem Munde sogar Witze und Anekdoten in unserer Muttersprache vernehmen. Er erzählt von seinen Pionierfahrten in die Fan-Berge, von seinem Buch, welches er Anfang der sechziger Jahre über diese schöne Hochgebirgsregion herausgegeben hat. Diese Aktivitäten Paganuzzis waren es, welche die Fan-Berge zu einem gut erschlossenen und heute von vielen Gruppen aus der ganzen Sowjetunion und dem Ausland besuchten Touristengebirge werden ließen. Bergfahrten dahin gehören zu den technisch relativ leichten, landschaftlich aber großartigen Routen in den Hochgebirgen Mittelasiens. Viele Bergsteiger haben hier ihre Hochgebirgserfahrung erworben. Und unser neuer Freund Paganuzzi zeigt ganz offen seine Freude, wenn man auf dieses Thema zu sprechen kommt. Er weiß, daß sich seine jahrzehntelangen Bemühungen gelohnt haben. Zugleich glaubt man es ihm: So lange er kann, wird er seine Berge besteigen und nicht aufhören, junge Menschen für diese Wunderwelt zu gewinnen.

Inzwischen ist es Nacht geworden. Routinemäßig hatten wir vor drei Tagen die Zelte aufgeschlagen, aber keiner schläft darin. Die Zelte sind Gepäckbehälter, mehr nicht. In den stoffumspannten Räumen ist noch die heiße Luft des gerade vergangenen Sonnentages eingefangen. Hier draußen wölbt sich eine wolkenlose, dunkelblaue Kuppel über das Land. Wir liegen auf den Schlafsäcken, so warm ist es, schauen nach oben und blicken in den faszinierenden Nachthimmel. Die klare Kontinentalluft erlaubt einen Blick in den Weltraum wie durch eine sauber geputzte Fensterscheibe. Eine ungewöhnlich große Zahl von Sternen funkelt auf schwarzblauem Hintergrund. Noch nie bin ich auf einer schöneren Lagerstatt eingeschlafen, zwischen Apfelbäumen, neben leise rieselnden Wasserläufen und unter jenem märchenhaft glitzernden Sternenzelt. Hin und wieder fällt ein Apfel vom Baum.

Erste Exkursionen

Tschaichana Rohat, Bibliothek Firdusi, Geologisches Institut, die Tadshikische Akademie der Wissenschaften … eine Folge von Namen auf meinem Notizzettel verrät den ursprünglichen Plan der Besichtigung Duschanbes. Aber es ging schließlich nicht um Additionen, es ging um

Erlebnisse. Wir haben es oft bemerkt. Ein starrer Plan kann behindern und der Zufall beglücken. Lauter Höhepunkte sind schlecht zu ertragen. So wurde gewaltsam ein Schlußstrich gezogen, das Erlebnis Duschanbe beendet.

Unser Ziel ist das Hochgebirge mit dem Schnee und dem Eis, und gleich hinter der Turbasa Warsob beginnen die Anstiege hinauf in eine fremde Bergwelt. Der Warsobfluß durchströmt das Gebirgsland mit kaltem grünlichem Schneeschmelzwasser.

Noch ist die Nacht nicht ganz aus den Tälern gewichen. Aus der Dunkelheit dröhnt und poltert der Warsob. Feinste eiskalte Wassertröpfchen schweben von unten zu uns herauf, als wir, frierend auf sandigem Pfad, zwischen kubikmetergroßen Granitgeröllen hin- und herpendelnd, den nächsten Kischlak berühren. Es dämmert. Das Dorf liegt geschützt auf einem Terrassenhügel, unerreichbar für die Hochwässer, die gewiß auch hier in regelmäßiger Folge das Tal durcheilen. Wir steigen einen gewundenen staubig-steinigen Pfad empor, den Weg der Wasserträger, auf dem seit Generationen das Trinkwasser in Kupferkannen und Lederschläuchen ins Dorf geschafft wird. Hinter dem Dorf, ein wenig oberhalb, eine Wasserleitung unserer Tage, der große offene Warsobaryk für die Hauptstadt.

Der erste fahle Morgendämmer beleuchtet in geheimnisvoller Art die tadshikischen Gehöfte, Quader aus Lehm ohne Leben jetzt in der Frühe. Es ist immer der gleiche Bauplan hierzulande: ein quadratischer Hof, von hohen Stampflehmmauern umgrenzt. eine einzige Öffnung, die Tür. Nur sehr selten war sie für uns eine Pforte. Unsere Fremdheit, unser hektisches Interesse an allem Neuen und gewiß auch die untrüglichen Anzeichen für einen Ausländer, die Fotoapparate, erwecken neben Neugier vor allem Mißtrauen – und so blieb diese Tür meist verschlossen.

Aber schon zu Hause hatten wir uns eingehend unterrichtet. Die eine Hofseite begrenzt das Wohnhaus, ursprünglich ein Einraumhaus mit starken Wänden aus ungebrannten Lehmziegeln, oft viele Dezimeter, gelegentlich bis einen Meter dick. Mehrere Gründe sprechen für diese festungsartigen Wände. Im Sommer schützen die dicken Lehmmauern vor der großen Hitze und im Winter vor der strengen Kälte. Hinzu kommen die Erdbeben, die dünnwandige Bauwerke zerstören können. Die Hofseite des Wohnhauses ist geöffnet zu einer Art Veranda, dem Aiwan. Das vorgezogene flache Hausdach ruht auf einigen Stützen aus Holz. Dieses Flugdach beschützt das Leben während des Sommers, den Schlaf, die Mahlzeiten und die besinnlichen Stunden beim grünen Tee. Das Dach gewährt den lebenswichtigen Schatten, und so werden auch die hohen festungsartigen Mauern des Hofes verständlich – Schattenspender auch bei der steilstehenden Sommersonne, Schatten für die Pflanzen, die ihrerseits in die sonnigen Bereiche hinausranken und neuen Schatten schaffen für die Menschen.

Es ist noch völlige Stille in den Gassen, ab und zu nur ein Hahnenschrei und der klägliche Ruf eines Esels. Zu beiden Seiten liegen die Mauerquadrate, deren spezielle Bauweise jetzt gut sichtbar wird. Der Fundamentbereich besteht aus größeren Flußgeröllen, aus gerundeten Graniten und anderen Kristallingesteinen des benachbarten Hissar-Gebirges. Auf dieses Geröllmauerwerk sind die Lehmmauern aufgesetzt. Die flachen Dächer tragen oft den winterlichen Futtervorrat für das Vieh, pyramidale Schober aus Jugan und anderen getrockneten Gräsern, die das exotische Dorfbild besonders beleben. Auf der Straßenseite sind hier an der Lehmmauer dunkle Reihen von Dungplatten aufgeschichtet, Kisjakfladen, die an der heißen Tagessonne trocknen sollen. Getrockneter Dung ist ein wichtiges Heizmaterial in einem Land, in dem Holz äußerst selten ist. In den kalten Wintermonaten wird das Dungfeuer in dem großen Innenraum des Hauses flackern, in einer lehmgestampften oder gemauerten Feuergrube in der Mitte des Raumes oder etwas seitlich. Durch das poröse Dach oder eine spezielle Öffnung zieht dann ein Teil des beißenden Rauches ins Freie.

Auf einer schmalen schwankenden Hängebrücke überqueren wir, Hannes, der Gärtner aus Dresden, Peter, ein Weimarer Physiker, und ich, an diesem kühlen Morgen den Warsob. Eine erste Exkursion in das Gebirge soll es werden, ein geologischer Ausflug für mich – denn das Labor des Geologen ist die Landschaft! Das westliche Warsobufer ist in der Tat ein geologisches Ufer mit weichen gerundeten Felsen von gelbbrauner Farbe, die wir bisher nur aus der Ferne sahen und die wir jetzt unter den Füßen haben – verfestigte Kiese und Sande, sogenannte Konglomerate. Die Bankung verrät ihre Herkunft. Es sind Schichtgesteine, klastische Sedimente, der »Abtragungsschutt« aus dem benachbarten Gebirge. Diese mächtigen Schotter sind Indizien für die Kriminalisten der Erdgeschichtserforschung. Wo es steile Reliefs mit Felsen gab, bildete sich grober eckiger Gesteinsschutt, von der Frostverwitterung aus dem Felsverband gelöst, von der Schwerkraft zu Tal befördert und dort vom Wasser aufgenommen, transportiert und abgerollt zu den vorliegenden runden Kiesen. Aber so ein felsreiches steiles Relief gibt es über längere geologische Zeiträume nur, wenn die Erde an dieser Stelle von erdinneren Kräften emporgehoben wird und stetig aufsteigt. Die Abtragung nagt an den Felsen und gleicht die Emporhebung aus, bringt ständig neues Gesteinsmaterial aus der Tiefe ans Tageslicht – eine verwobene Kette geologischer Prozesse an den Rändern aufsteigender Gebirge. Molassen nennen die Geologen diese mächtigen Abtragungsschuttfächer, in denen die Gebirgsfüße ertrinken können und manchmal das ganze Gebirge. Annähernd horizontal bis schwach geneigt liegt die Schichtung zunächst, aber nur zu oft werden die Molassen selbst von den Hebungsvorgängen erfaßt und dabei erheblich schräggestellt, wie hier am Rande des Warsob. Wir übersteigen im wahrsten Sinne des Wortes einige interessante Seiten des Tagebuches der Erde, die man nur richtig lesen und interpretieren muß, um den Inhalt zu verstehen. Wir steigen über das abgetragene Hissar-Gebirge. Stellenweise liegen gelbe lößartige Sedimente darüber, junge Ablagerungen des Windes.

Längst sind die ersten Sonnenstrahlen ins Tal gefallen. Es ist warm geworden in den steilwandigen Konglomerattälern, durch die wir langsam aufsteigen. Ssai nennen die Kirgisen solche Talkerben. Das bedeutet Einschnitt, geschaffen von periodischen Wasserläufen, die irgendwann einmal hier wirklich existierten. Jetzt ist alles sommertrocken, staubig und lebensleer. Nur Schlangen huschen gelegentlich durch das trockene Gras oder in eine dürre Hecke, ohne daß wir sie genau erkennen. Vorsicht ist geboten, denn es gibt hier Klapperschlangen, die turkestanische Kobra (Naja naja oxiana) und die besonders gefürchtete Gjursa, die Levanteotter (Vipera libetina turanica), die in dieser glühenden Hitze stets aktiv und angriffsbereit sind. Man ist gut beraten, einen möglichst großen Bogen um diese an sich so interessanten Reptilien zu machen, die von den Tadshiken »Mor-i-sachdor« genannt werden. Das Gift der Nattern wirkt auf das Zentralnervensystem. Die Folgen bei einem Biß sind Atmungslähmungen und Herzversagen. Die Giftstoffe der Ottern führen zu Gewebeschädigungen, zu Schwellungen und zu gefürchteten Durchblutungsstörungen. Immer wieder hört man Berichte von notwendig gewordenen Amputationen.

Gegen 11 Uhr wird es unerträglich in den windstillen Kesseln der zerfurchten Molassehänge. 55 Grad messen wir im Schatten einer Felsnase, und trotzdem steigen wir weiter. Meine Kräfte schwinden in der schattenlosen windstillen Glut dahin. Ich beginne zu zweifeln, ob ich den Bergen auch wirklich gewachsen bin. Rückerinnerungen gesellen sich dazu, Erinnerungen an den Anfang der ersten Hochgebirgsreise nach Mittelasien …

Fast zwei Jahre sind seitdem vergangen. Ich saß damals in der Mensa der Weimarer Hochschule für Architektur und Bauwesen, und rein zufällig fing ich Gesprächsfetzen vom Nebentisch auf. Von einer Reise nach Asien war da die Rede… man sei gerade aus dem Fan-Gebirge zurückgekehrt ... hätte große Gletscher überstiegen ... Minuten später saß ich bei ihnen, junge Physiker und Ingenieure waren es. Noch braungebrannt von der kräftigen Sonne jenes fernen Landes, berichteten sie begeistert von ihrer Fahrt durch die Bergwelt Tadshikistans. Nachdenklich ging ich an jenem Abend nach Hause. Ich weiß wie heute, daß ich zuvor die wohl schlechteste Vorlesung meiner Weimarer Zeit gehalten hatte, denn ich war einzig und allein erfüllt von jenen Gedanken, die am Mittagstisch in mir aufstiegen – zu einem Wunsch erst und dann zu einem festen Entschluß –, nämlich mitzufahren in diese fernen Gebirge Mittelasiens, sollte im folgenden Sommer eine weitere Expedition sich zusammenfinden. Tags darauf war ich schon frühzeitig bei dem Physiker Dr. Bennert. Er hatte diese erste Fahrt organisiert und geleitet. Ich trug ihm meinen Wunsch vor in der Hoffnung, daß meine fachlichen Interessen als Geologe und meine sicher spürbare Liebe zu den Gletschern ihn zu einer begeisterten Zustimmung bewegen würden. Aber weit gefehlt – Physiker sind offenbar nüchtern und rationell. Eine Bergtour ist eben zunächst einmal Arbeit, eine physische Leistung. Dr. Bennert verwies mit deutlich hörbaren Bedenken auf mein hohes Alter, und ich war erschrocken, denn noch nie zuvor hatte ich bei ähnlichen Überlegungen an mein Alter gedacht. 37 Jahre sollten alt sein? Ich erfuhr, daß die jüngsten Teilnehmer Studenten von 19 Jahren seien, durchtrainierte Sportler dazu. Dr. Bennert sprach von den Strapazen dieser Expedition und von der nicht geringen Geschwindigkeit, die man – durch die Frist des Visums bedingt – zu Fuß erreichen müsse. Und dann kamen peinliche Fragen. Wie oft ich in der Woche regelmäßig Sport treibe, wie schnell ich die 1000 Meter laufe ... mir wurde angst. Die letzte Stoppuhr hatte ich zum Sportabitur gesehen, mit der bangen Ängstlichkeit jener Schüler übrigens, denen sie selten etwas Gutes anzeigte. Aber – und das konnte ich laut aussprechen – schon damals war ich sommers in den Alpen, im Steinernen Meer, im Karwendel gewesen und dann in der Tatra ... aber ich merkte, das zählt nicht. Hier galt nur der jetzige Zustand. So las ich das Urteil von den Lippen ab: Dieser Mensch mag wissenschaftlich gearbeitet haben, aber Sport im wirklichen Sinne hat er nie betrieben. Deutlich war seine Antwort: »Es sind viele Monate Zeit, im März beginnt die Trainingsperiode für die Sommerexpedition, und sind Sie bis dahin fit, dann können wir weiterreden ... und außerdem wird es noch einen sportmedizinischen Test geben ...«

Und dann begann ich zu trainieren, ganz konsequent und zur Verwirrung meiner Familie. Ich lief auf den Ettersberg, nach Buchenwald, nach Belvedere und nach Tiefurt. Es war ein Kampf gegen mannigfache Schwächen, und es dauerte lange, bis sich erste Erfolge einstellten. Eines Tages aber sprach man bei den Beratungen über die Expedition auch von mir als einem bereits feststehenden Mitglied. Jetzt erst begann ich, die geologischen Ziele ins Auge zu fassen.

Heute aber, unter der sengenden mittelasiatischen Sonne, war alles anders, verflog das so mühsam erarbeitete Vertrauen in die eigene Kraft. Plötzlich fuhr ich auf. Ein Schatten, ein schlagendes, seltsam surrendes Geräusch über mir riß mich aus den Gedanken. Ein gewaltiger Vogel mit weiten weißbraunen Schwingen kreiste wenige Meter über mir, stürzte herunter ... ich riß den Eispickel instinktiv nach oben. Der Vogel schoß an mir vorbei, zog wieder hinauf und kreiste erneut. Jetzt erst sah ich ihn deutlich, ein Raubvogel mit riesigen Schwingen war es, einer der verehrten Vögel Tibets und Zentralasiens, der bekannte Bart- oder Lämmergeier (Gypaetus barbatus). Deutlich waren einige Einzelheiten zu erkennen, die schmalen spitzen Flügel, der auffallend lange keilförmige Schwanz, die langen dicht befiederten Schenkel und der schwarze Spitzbart am Kinn. Noch einmal stieß er herunter – und wieder erschreckte ihn der Pickel. Jetzt erst zog er endgültig hinauf in sein alleiniges Reich, in immer weiteren Kreisen den Aufwind nutzend, der hier am Rande einer Paßkante nach oben strömte. Erst viel später erfuhr ich von einem erfahrenen Ornithologen die Erklärung für dieses »seltsame« Verhalten. Ich war in das Revier eines dieser Raubvögel eingedrungen. Vielleicht war auch der aus Reisern und Beuteresten gebaute Horst in einer Felsnische ganz in der Nähe. Als unerwünschter Eindringling mußte ich erfahren, wem dieses Stückchen Erde gehört. Die Lämmergeier sind echte Tiere des Hochgebirges, die bis in höchste Gebirgslagen vordringen. Die »dünne« Luft scheint ihnen wie den Alpenkrähen (Pyrrhocorax p.) und den Alpendohlen (P. graculus) nicht das Geringste auszumachen. Everest-Expeditionen haben Lämmergeier in 7500 Meter Höhe ruhig und majestätisch dahinsegeln sehen. Interessant ist die Methode der Nahrungsbeschaffung. Bevorzugt treiben sie kleinere Säugetiere wie Wildziegen oder Wildschafe über Felswände zum Sturz in die Tiefe, gewiß mit ähnlichen Angriffen, wie ich selbst einen erlebte. Auch Schildkröten und andere Reptilien werden hochgehoben und durch Fallenlassen auf den Felsen zerschmettert. Mit dem kräftigen Schnabel werden Rippen und andere massive Knochen mit Leichtigkeit zerbissen. Kaum auszumerzen sind die Fabeln in den Gebirgsdörfern, daß der Lämmergeier nicht selten auch Kinder raube. War dieser Angriff also doch ernster gemeint, als ich erst glauben wollte?

Die allerletzten Meter des kaum sichtbaren schmalen Pfades am steilen Konglomerathang schleppe ich mich hinauf. Hannes und Peter sind etwas weiter westlich gegangen und gewiß schon weit voraus. Jetzt stehe ich oben auf dem vermeintlichen Paß, der keiner ist, sondern nur eine Unterbrechung des aufsteigenden Gebirges, eine markante Geländekante mit freiem Blick über ein welliges gelbbraunes ausgedörrtes Hochland. In zwei oder drei Kilometer Entfernung steigen braungraue vegetationslose und auch ganz oben schneefreie Felsen hinauf bis auf drei- und viertausend Meter Höhe. Das ist der Rand des Hissar-Gebirges. Die Schneegrenze liegt hier über 4000 Meter. Geologisch altes Gebirge ist es mit vertrauten Gesteinsabfolgen, unseren heimischen Mittelgebirgen in der »Innenarchitektur« und den Bausteinen ähnlich. Das Hissar-Gebirge gehört zu den steinkohlenzeitlichen Faltengebirgen. Im Erdaltertum war hier an gleicher Stelle sinkender Meeresraum, eine Geosynklinale, wie die Geologen sagen. Es entstanden mehrere tausend Meter mächtige marine Sedimentpakete. Aber auch Ablagerungen des festen Landes aus anderen geologischen Zeiten fehlen nicht dazwischen und belegen die wechselvolle erdgeschichtliche Entwicklung dieses Gebirgslandes. Besondere Ereignisse waren das Aufsteigen glutflüssiger Schmelzen, die zum Teil als Granite in der Kruste steckengeblieben sind, andererseits aber in Vulkanen und Spaltenergüssen die Oberfläche erreichten und heute als mächtige Diabase, Andesite und Basalte die felsigen Hochgebirgsregionen vor uns aufbauen. Die im Laufe der geologischen Zeit immer mächtiger übereinandergestapelten Gesteine gerieten durch Horizontalbewegungen von Erdplatten und ihre Kollision in gewaltige erdinnere Bewegungen, die eine seitliche Einengung des ehemaligen Ablagerungsraumes und Faltung der Gesteine bewirkten. Im Karbon geschah das – und es entstand das gefaltete und durch große Deckenschübe kompliziert gebaute steinkohlenzeitliche Gebirge, das wir in Europa das variskische nennen. Doch damit war noch lange nicht der heutige Zustand erreicht. Jüngere Granite drangen in das Faltengebirge ein, und es kam zur Ausbildung von Innensenken, sich absenkenden weiten Talzügen zwischen hohen Bergen. Eine solche intermontane Senke tritt beispielsweise nördlich von Duschanbe am Südhang des Hissar-Gebirges zutage. Sie ist mit mächtigen Gesteinspaketen ausgefüllt. Der untere Teil, die rotliegende Lutschob-Folge, besteht aus roten bis braunroten vulkanischen Gesteinen, aus silikatischen Laven und Tuffen von 650 bis 1500 Meter Mächtigkeit. Darüber liegen 2000 bis 2500 Meter rotgefärbte Sedimente, Sandsteine, Tonsteine und auch Konglomerate – die Chanaka-Folge, die im hohen Perm und während der unteren Trias entstand. Später wurde der ganze

Gebirgskörper durch Verwerfungen und Brüche in größere und kleinere Schollen zergliedert. Eine dieser Großschollen ist das Hissar-Gebirge, die Hissar-Einheit, wie die sowjetischen Geologen sagen; denn noch war es ja nicht Gebirge im heutigen Sinne. Noch steckte es mit allen seinen Bauformen in der Tiefe der Kruste, zugedeckt sogar von Sedimenten jüngerer Meere, zum Beispiel der Jurazeit. Erst in der Erdneuzeit, während der Braunkohlenzeit, wirkte ein anderes erdinneres Bewegungselement. Hebungsvorgänge setzten ein, sehr zaghaft erst und dann sich steigernd, vom Pliozän an aber mit drei bis vier Kilometern von beachtlicher Intensität. Der erdgeschichtliche »Fahrstuhl« fuhr und fährt diese Gebirge nach oben, ließ sie aufsteigen zu Höhen bis 7000 Metern. Das in der Tiefe versunkene alte variskische Gestein wurde zum Hochgebirge mit steilen Felsflanken, an denen Faltenwurf, Überschiebungsdecken, vulkanische Ergußkörper und Plutone wie in großformatigen Ansichtstafeln zu beschauen sind. Das heiße trockene Sommerklima ließ in bestimmten Gebieten mit steilem Relief keine Vegetation zu, und so wurden die Felswände zur Werkstatt der mechanischen Verwitterung. Gewaltige Schuttmassen entstanden. Über solche tertiären Molassen sind wir jetzt aufgestiegen bis an jene Geländeschulter. Vor uns liegt das nackte Hissar-Gebirge, eine entblößte Felswelt in eintönigen Farben, zugleich aber ein großartiges Schaufenster in die Geologie des westlichen Tienschan.

Überrascht bleibe ich stehen vor einem eigentlich nicht erwarteten Bild. Das Gelb und Braun des ausgetrockneten Felslandes wird jäh unterbrochen durch saftiges Grün, durch eine scharf begrenzte Insel üppiger Vegetation, durch eine Siedlungsoase. Zwischen dichter Vegetation, zwischen Pappeln und Obstbäumen liegt ein Kischlak, ein Hochgebirgsdorf, inmitten der Steinwüste des trockenen Hochgebirgsrandes.

»Assalom aleikum« – Friede sei mit euch! Die vier Tadshiken neigen die Köpfe und kreuzen die Hände über der Brust: »Wa alaikum assalom.« Die Alten sitzen am Brunnen. Weißleuchtende Bärte und bunte Turbane sind die Attribute ihrer Würde. Um die scharfen wachen Augen spielen Fältchen. Über den Sitzenden breitet ein Nußbaum seine Krone und spendet Schatten. Auf einem ausgerollten Teppich stehen die Pialen mit dem Koktschoi, dem grünen Tee. Ich lasse mich neben ihnen nieder, sie reden langsam und sehr freundlich auf mich ein. Obwohl ich kein Wort verstehe, weiß ich doch, was sie meinen. Ich hebe die Piale und wünsche ihnen ein langes Leben. Während ich frisches Fladenbrot esse, kraule ich einem friedlichen großen gelben Hund das Fell hinter den abgeschnittenen Ohren. So sitzen wir lange beieinander, Asien und Europa friedlich vereint, und lauschen dem Plätschern des Wassers.

Der Klang des aufschlagenden Wasserstrahls ist die von Leben erfüllte Melodie der Dörfer Mittelasiens. Wie schnell kann dieser Wasserfaden abreißen. Ein einziges Erdbeben kann genügen, geringe Erschütterungen der Kruste, und die Aufstiegsbahnen der Grundwässer können verstürzen. Die großen Bruchzonen im alten variskischen Gebirge, insbesondere die Kreuzungsbereiche dieser Verwerfungen, sind für das menschliche Leben so bedeutsam. Einem unterirdischen Schwamm gleich haben sich in den kluft- und damit hohlraumreichen Störungsbereichen Niederschlags- und Schmelzwässer gesammelt. Langsam und rationell wird das Wasser, oft mit erheblicher zeitlicher Verzögerung, abgegeben und wieder an die Oberfläche entlassen. Wo es zutage tritt, entspringen Quellen. Verstopfen diese unterirdischen Wanderwege des Wassers, müssen diese Quellen versiegen. Die von ihnen gespeisten Aryks würden trockenfallen, und die Vegetation in den Gebirgsoasen müßte vertrocknen. Mensch und Tier wären gezwungen, den Ort zu verlassen. Die Siedlung würde wüst werden. Mittelasiatische Geschichte ist von Anfang an schicksalhaft an das Wasser gebunden. Die Wanderungen der Völker und Stämme sind nicht selten Züge zu den guten »Jagdgründen« gewesen, mit anderen Worten Wanderschaften auf der Suche nach dem lebensnotwendigen Wasser.

Es hat sich herumgesprochen, daß wir da sind. Das Dorf stellt sich vor. Nicht wenige Mädchen und Frauen sind gekommen, mit formschönen verzinnten Kupferkannen, um Wasser zu holen und uns zu sehen. Ohne Scheu lassen sie sich fotografieren. Mit ihren langen schwarzen Haaren, den dunklen Augen in den schönen schmalen Gesichtern sind sie typische Vertreterinnen der tadshikischen Nation, Angehörige einer indo-europäischen Gruppierung mit iranischer Sprache. Aber das ist jetzt nicht das Bemerkenswerte. Beeindruckend ist ihre Offenheit, das Fehlen jeglicher Scheu. Mir scheinen das die Zeichen gesellschaftlicher Entwicklung in einem Land zu sein, in dem noch vor zwei oder drei Jahrzehnten der Islam das Leben beherrschte. In der Öffentlichkeit wirkte allein der Mann. Der Islam verbot der Frau, sich am äußeren Leben aktiv zu beteiligen. Auch wenn die religiösen Riten hier in den Bergen Tadshikistans in Vermischung mit uralten religiösen Naturkulten gewissermaßen abgeschwächt galten, die Gesichtsverhüllung der Frau mit der Parandscha nicht so verbreitet war wie im angrenzenden afghanischen Bergland, so wäre es früher unmöglich gewesen, daß jene Mädchen und jungen Frauen ihre natürliche Neugier so offen wie hier zur Schau stellten. Uns heute seltsam scheinende Gepflogenheiten waren damals ganz selbstverständliche Ereignisse. Die jungen Mädchen wurden mit neun oder zehn Jahren vom Vater an eine andere Familie mit Sohn »verkauft«. Die Frau war eine Ware. Sie wurde nach Zahlung des Kalym – des Brautgeldes – gegenständliches Eigentum des Mannes. Vollständig rechtlos war die junge Frau diesem von den Vätern ausgehandelten und aufgezwungenen Bund ausgeliefert – und rechtlos blieb ihre Stellung lebenslang. Selbst nach dem Tode wurde sie einige Dezimeter tiefer als der Mann bestattet. Heute aber, das beweisen die lebensfrohen lachenden Mädchen vor uns, ruhen die Propheten mit allen erfundenen Gesetzen und befohlenen Ritualen tief in den Gräbern der mittelasiatischen Erde und allenfalls in den Herzen einiger alter Leute. Wir verlassen das Dorf und begegnen einigen älteren Frauen. Mit altgewohnter, traditionell vererbter Handbewegung ziehen sie ein Tuch vor das Gesicht und verschwinden schnell hinter den schützenden Lehmmauern ihrer Gehöfte.

Schon neigt sich die Sonne gegen den Horizont. Mannshohe weiße Malven stehen in trockener, staubiger Erde und werfen lange Schatten. Wir erreichen wieder jene Geländekante, aber an anderer Stelle. Ein schöner Ausblick nach Süden und Südwesten beendet den Tag. Es ist eine Aussicht weit hinein in das große keilförmige Hügelland der Tadshikischen Depression. Der neue Blickwinkel zeigt die Besonderheit: Land zwischen den Gebirgen, Vorsenke im wahrsten Sinne, ein intermontanes Becken. Während des morgendlichen Aufstiegs war die erhoffte Aussicht allmählich verschwunden. Früh noch war es klar gewesen, hatten wir weite Sicht. Aber dann wurde es trübe, ein Nebelschleier zog herauf und verdichtete sich immer mehr. Die ursprüngliche Farbigkeit des beginnenden Tages versank in einem dumpfrötlichen Gelb und Grau. Der Bühnenvorhang war gefallen, ein erster Akt des Tages beendet. Dieses Ende aber war der Anfang eines zweiten, eines geologischen Aktes. Der Afghanez war gekommen, regelmäßig wie fast jeden Tag im Sommer, der heftige Wind aus Afghanistan und vom Oberlauf des Amudarja, der von Südwesten über die Wüsten in großer Turbulenz fährt, der das in den Flußauen, Steppen und Wüsten abgelagerte Feinkorn der Gletscherwässer bei geringer Luftfeuchtigkeit hinaufträgt in große Höhen – ein die Sonne verdeckender Staubnebel. Er wird über das tadshikische Flachland transportiert bis hinauf auf die Gletscher und Hochkämme des Hissar–Alai. Ein rezenter rötlicher Staub lagert sich ab, 0,1 bis 0,2 Millimeter pro Tag im Flachland, aber auch auf dem Firn und den Eisfeldern, die sich rötlich färben. Der große Geograph und Forschungsreisende Ferdinand v. Richthofen nannte diesen Staub Innerasiens Löß und erkannte als erster seinen »äolischen Charakter«. 1911 erweiterte Obrutschew die Lößtheorie. Und als man ein ähnliches Substrat auch in Europa fand, nannte man es zweckmäßigerweise ebenfalls Löß. Es war ein fossiler, ein eiszeitlicher Löß. Als von Norden das skandinavische Inlandeis bis nach Mitteleuropa an die Mittelgebirge vorgerückt war, entstand um den großen Eisschild ein Gebiet mit hohem Luftdruck. Ein Strom kalter schwerer Luft – ein Fallwind – fegte vom Eis herunter über die Sanderflächen vor dem Gletscher und blies das Feinkorn an eine andere Stelle – und dort entstand eben Löß, genau wie hier am Rand der zentralen asiatischen Hochgebirge an heißen Sommertagen durch den Afghanez oder den Garmsil, den Staubwind des Ferganabeckens. Ein Naturprozeß läuft vor uns ab, der sehr lange dem forschenden Auge verborgen blieb, unsichtbar fast bei nur flüchtigem Blick, aber doch mehr als bedeutsam in seiner geologischen Wirkung.

Wir steigen wieder hinab in das Tal des Warsob, über den rötlichgelben Löß, der die tertiären Molassen verdeckt. Noch glüht das Land in Erinnerung an einen heißen Hochsommertag.

Aufbruch Richtung Pamir

Der Beginn des vierten Tages am Rande von Duschanbe besteht nur aus Dunkelheit. Kräftige Kommandos wecken uns gegen drei Uhr. Es gibt kein Frühstück, dafür aber Aufbruchshektik. Die Bewegung tut gut, denn es ist kalt. Vor der Turbasa Warsob steht ein offener Lastkraftwagen. Er soll uns und einige sowjetische Alpinisten in den Pamir bringen. 350 Kilometer Fahrweg sind es, erst Straße und dann immer mehr Feldweg und unmittelbarer Kontakt zur Natur bis zu den Ausläufern des Transalai. Rucksack auf Rucksack wird hinaufgereicht, und der nicht allzu große Wagen ist gefüllt, als das letzte Gepäckstück oben angekommen ist. Jetzt folgt die lebende Ladung, sieben sowjetische Kameraden, die von Chait aus ins Mattscha-Gebiet eindringen wollen, und wir, weitere fünfzehn Mann.

Schon fahren wir durch die weitläufigen Vororte der tadshikischen Hauptstadt, über glatte Asphaltstraßen in östliche Richtung. Der Fahrwind bringt empfindliche Kälte. Wir kramen in dem unter uns festgetretenen Gepäck nach unseren Rucksäcken und in diesen dann nach allen verfügbaren Pullovern, nach Anoraks, Schneebrillen und den dicken Strickmützen. Trotzdem zieht es durch alle Geweberitzen. Ich wickle mir zwei Handtücher um den Kopf.

Die erste Fahrstunde hat uns eingerüttelt. Den unscheinbaren Vororten Duschanbes folgt eine noch schlafende Steppe mit einzelnen Feldern. Ordshonikidseabad, eines der Rayonzentren, haben wir soeben durchfahren, und vor uns liegen erste Schwierigkeiten. In regelmäßigen Abständen rutschen die Sitzbretter von den Seitenplanken. Routinemäßige Kommandos sorgen für Behebung: Aufstehen, Brett einlegen ... immer wieder machen wir das, aber bald weiß jeder, daß es sinnlos ist. Und wieder ein Schlag, wieder bricht das Sitzbrett nach unten, zerdrückt darunterliegende Kraxengestelle. Wir resignieren.

Es ist längst hell geworden. Der Pamirtrakt, der Verbindungsweg von Duschanbe in den Pamir, ist noch immer eine normale geteerte Straße, eintrassiert in jene grasig-felsigen Vorberge, die man Karategin nennt.

Wir passieren Faisabad, eine alte Siedlung. Ringsum ist trockene baumlose gelbbraune Landschaft, schon stark reliefiert, durchzogen von trockenen Wasserrissen, den »Ssais«, und darüber braungraue aufsteigende Felsketten, die bald bis über 4000 Meter aufragen. Langsam öffnet sich der Vorhang zu jener Vorstellung, derentwegen wir die weite Reise unternehmen. Das Hochgebirge stellt sich vor. Wir erreichen nach einiger Zeit die Ortschaft Obigarm. Unvermittelt ist wieder Grün zwischen dem Gelb. Eine Oasensiedlung liegt vor uns. Ein kilometerlanger Aryk schlängelt sich höhenlinienparallel in alle Talbuchten hinein und wieder heraus und bringt Wasser. Der Ort beginnt mit Pappeln, die auch an allen größeren Straßen und Wegen stehen. Die Bremsen quietschen, der Wagen hält. Die Pause ist nötig, denn die Fahrt auf den Kraxen und den schiefen Sitzbrettern war wenig bequem. Wir springen herunter. Nicht weit entfernt kommt ein großes Rohr aus der Erde. Aus der Öffnung fließt Wasser in armstarkem Strahl in einen steinernen Behälter. Am Rande des Brunnens ein schon vertrautes Bild – die »Alten Herren« des Ortes sitzen zu ebener Erde und scheinen in Stille und Sammlung nachzudenken über die vielen Rätsel der Welt. Wir haben Durst, also gehen wir das Stück bis zum Brunnen – und erleben eine Überraschung. Das aus der Erde quellende Wasser ist warm, ist aufgeheizt bis 35 °C. Der Name des Ortes hätte uns das verraten können. »Ob« heißt Wasser im Tadshikischen, und »garm« bedeutet warm. Also »Warmes Wasser« heißt diese große Ansiedlung, ein Ort mit geologischem Namen. Hinter den Häusern steigt das Gebirge auf, der südwestliche Tienschan, ein altes Faltengebirge, das von Bruchzonen in ein Mosaik von Leisten und Schollen zerlegt ist. Täler, Bäche und auch viele Bergrücken verlaufen nicht willkürlich und zufällig. Der innere Bauplan der Erde führt hier Regie, nicht nur an der Oberfläche. Auch in die Keller und Tiefkeller der

Kruste reichen die Störungszonen und Verwerfungen hinunter, und gar nicht selten bewegen sich zwischen ihnen Teile der Erde. Oft streben die erdinneren Kräfte nach oben und mit ihnen die Wärme, die in den größeren Tiefen das Steinreich beherrscht. Hier hat die Erde eine Fußbodenheizung. Die geothermische Tiefenstufe, jene Erdtiefe in Metern, innerhalb der eine Temperaturzunahme von einem Grad erfolgt, weicht hier erheblich vom Normalwert ab. Schon in geringer Tiefe ist es wärmer als an anderen Orten. Auf den Störungsbahnen aber zirkulieren ebenfalls Wässer. Aus dem kalten Grundwasser wird warmes Mineralwasser, wird eben »Obigarm«. Die alten Tadshiken am Brunnen erzählen uns, daß ihre Siedlung mit dem treffenden Namen bald schon ein bedeutender Kurort sein wird.

Während wir alle wieder auf das Fahrzeug steigen, erinnere ich mich einer Exkursion zusammen mit Georg Renner in den Süden Tadshikistans. In der Nähe der Siedlung Schaartus am Fuße des Ak-Tau entspringen die vielleicht berühmtesten Süßwasserquellen dieser Unionsrepublik. Wir waren in Tschilotschor-Tschaschma, »Vierundvierzig Quellen«. Aus einem Kalkberg inmitten einer heute kultivierten, früher wüstenhaften Steppe quillt aus natürlichen und ziegelummauerten Quellen das klare Wasser mit einer Schüttung von 1,5 Kubikmetern pro Sekunde und einer mittleren Temperatur von 17 °C hervor, vereinigt sich zu einem Fluß, der nur ein kurzes Stück in das Tal von Beskent vordringt. Natürliche Versickerung und die Nutzung zur Bewässerung der noch jungen Baumwollkulturen sind die Ursachen. Die Einwohner halten das Wasser seit alter Zeit für heilkräftig. Eine Art Badesanatorium ist entstanden. In dem Quellwasser leben Forellen und giftige Wassernattern, heilige Tiere, die unantastbar sind.

Ein langer Paß und eine Wasserscheide liegt hinter uns, und trotzdem kriecht das Auto schon wieder mit heulendem Motor bergan. Der Obi Ljailak hat die Felsen des Karategin zertrennt, und am Rande dieses tiefen Sägeschnittes hängt die Straße gefahrvoll über den steilen Abgründen der Schlucht. Es geht bergauf und bergab und schließlich nur noch bergab, und auf einmal sind die engen Felsen verschwunden, eine Kurve noch und noch eine, und ganz plötzlich ist vor uns alles frei. Ein breites Tal mit einem großen Fluß, einem Strom mit bräunlichgrauem Wasser, liegt tief unter uns. Die dunkle Farbe und – wie wir später erkennen werden – die etwas dickflüssige Suspension verraten es – das ist Gletscherwasser, ist turbulent talwärts schießendes Schmelzwasser eines der großen Ströme der pamirischen Regionen. Es ist jener große Fluß, der sich etwa 200 Kilometer flußab mit dem großen südlichen Strom, dem Pjandsh, vereinigt zum größten und wasserreichsten Strom Mittelasiens, zum Amudarja. Dieser Fluß da unten ist der Wachsch, der »Wilde, reißende unbezwungene Fluß«, wie der Eigenname in der wörtlichen Übersetzung lauten soll. Aber es gibt auch andere Deutungen des Namens. Nach schriftlichen Quellen aus Indien wird eine Gottheit als »Wachschu« bezeichnet. Man benannte den »göttlichen« Strom – den Hauptwasserbringer Amudarja – als »Oachscho« oder Wachsch, und erst später bezog man diesen Namen nur auf den einen oberen Quellfluß. Das Wort Oachscho taucht erstmals auf baktrischen Münzen im 2. Jahrhundert v. u. Z. auf. Wachschu bedeutet soviel wie »das gesprochene Wort«, und der »Wortfluß« wurde symbolisch für »fließendes Wasser«. Im Mittelalter feierte man am mittleren Amudarja ein Ernte- und Fruchtbarkeitsfest, das sich Wachschgam nannte.

Unter uns strömt das graubraune Wasser. Wir haben das symbolische »Seil« nun auch auf der Erde gefunden, das uns bereits zu Hause und während des Fluges über der Wüste als Wegweiser günstig erschien. Immer flußauf müssen wir uns jetzt halten, flußauf fahren, steigen und klettern, um an den Ursprung des Wassers zu kommen. Der große Strom liegt unter uns, greifbar nahe und bereit, sich näher betrachten zu lassen.

Die Fahrtkameraden sind ein wenig skeptisch. Was ist denn schon ein Fluß? Fließendes Wasser, mehr nicht, also wird nur etwas ganz Alltägliches zu erleben sein. In der Tat liegt hier im Alltäglichen die Besonderheit. Der Bach und der Fluß sind schlicht und einfach Transportwege des Wassers. Nach dem heutigen Kenntnisstand gibt es aber nur auf der Erde fließendes Wasser. Wohin auch immer Weltraumsonden flogen, wo sie auch in der kosmischen Ferne fotografierten und Bodenproben untersuchten, trotz vieler Gleichheiten mit unserer Erde haben sie doch nirgendwo im Sonnensystem Wasser und schon gar nicht fließendes Wasser gefunden. Und dieses irdische Wasser ist ein aktiver Stoff, ein Weltenveränderer. Er fließt und folgt der Schwerkraft, und dabei werden Kräfte entwickelt, die der Erde das Antlitz gaben. Fließendes Wasser transportiert Feststoffe. Es kann große Steine mit sich fortreißen. Dabei nagt und hobelt das Wasser an der steinernen Epidermis unseres Planeten. Auf diese Weise gräbt jedes Rinnsal eine Kerbe in den Fels, furcht jeder Bach ein Tal und jeder Strom einen Talkessel bedeutender Dimensionen aus dem Gebirge. Die Erde erhält ihr charakteristisches Relief. »Wo gehobelt wird, da fallen Späne.« Dieses Sprichwort gilt im übertragenen Sinne auch für die Erde. Die Späne aus der Erdkruste sind Gesteine, von den Prozessen der physikalischen Verwitterung aus dem natürlichen Verband gelöst, eckige Trümmer zunächst, die das fließende Wasser mit sich fortreißt, wegrollt und hinunterschiebt. Jeder Zusammenprall und Aufschlag ist Arbeit, bedeutet weitere Gravur am Gestein. Das eckige Stück wird rund, und während es auf diese Weise die Kanten verliert, reibt es sich zugleich am felsigen Untergrund des Flusses. Vielfältige Prozesse verschmelzen zu einem Geschehen. Das schnell fließende sedimentbeladene Wasser nagt sich in die Tiefe, aus eckigem grobem Gesteinsschutt werden gerundete Kiese und Sande, die schließlich zur Ruhe kommen und sich absetzen, sobald die Transportkraft des Wassers nachläßt.

Das Tal ist hier breit, vielleicht 2 Kilometer oder mehr und voller Kies. An einigen Stellen gurgelt und quirlt graubraunes Wasser in Richtung Westen, Einbahnstraßen gleich, in denen keine Umkehr der Bewegung möglich ist. Ein wenig weiter flußauf weitet sich das Tal noch mehr, ist der Hauptstrom in zahlreiche Flußarme, Bäche und Rinnsale aufgespalten. Das ist der Paradeplatz der Gerölle, die angetreten sind zur Besichtigung, ausgerichtet in Reih und Glied. Die Schubkraft des Wassers hat sie hierher transportiert, hat sie angeordnet wie Ziegel auf einem Dach. Ein Geröll überdeckt das andere, die Flachseite schwach gegen die Strömung geneigt. Das ist die stabilste Lage in der Turbulenz des fließenden Wassers, die noch vor Tagen oder Wochen an dieser jetzt trockengefallenen Stelle wirkte. Nun aber hat sich das fließende Wasser ein wenig verlagert. Wir können die Schotter im Trocknen studieren.

In einer Fahrtpause steigen wir hinunter zum Fluß. Ringsum ist grober Kies, wohin wir auch schauen – zwischenzeitlicher Ruheplatz auf einem langen Weg. Es ist der Pamir in Handstücken. Es ist eine vorweggenommene Exkursion auf das Dach der Welt, aber ohne Strapazen und Mühen. Die Abtragung hat die Gesteine heruntergeholt von den Gipfeln. Enorm ist die Reliefenergie am Anfang des Flusses. Bis 7000 Meter steigen die Gipfel hier empor, und schon wenige horizontale Kilometer davon entfernt fließen die Schmelzwässer in 3000 und bald in 2000 Meter Höhe. Dieses Gefälle gibt Kraft, gibt den Schub für die 4000 bis 5000 Kubikmeter Wasser in der Sekunde, um jene Massen an Schutt und Geröll bis hierher und noch weiter zu transportieren. Trotz einer scheinbaren äußeren Ordnung sind die abgetragenen Gesteine des Pamir durch den turbulenten Wassertransport bunt gemischt wie die Lose einer Tombola. Wir finden Kalksteine mit versteinertem ehemaligem Leben, mit einzelnen Korallen, Goniatiten und Brachiopoden, mit Resten von Seelilien. Es ist eine Fauna des Meeres, eine Lebensgemeinschaft salzwassererfüllter Geosynklinalen. Wir fin-

Buchara ist eine traditionsreiche Oasenstadt, in der die Gletscherwässer des Serawschan-Flusses Leben spenden. Das 1127 erbaute Kaljan-Minarett

Ein großer Aryk ist der Warsob-Kanal im Hissar-Gebirge.
Er versorgt die Hauptstadt Tadshikistans, Duschanbe, mit dem lebensnotwendigen Wasser

Auch in den Aryks der Altstadt von Buchara fließen die Schmelzwasser der fernen Gletscher und münden in große Wasserbecken, die Chaus

Der Leiter der Weimarer Pamirfahrten 1971–1973, der Physiker Dr. Wulf Bennert (rechts), und Dr. G. Völksch (links)

Die deutschen Teilnehmer der sowjetisch-deutschen Pamirexpedition 1928. Hintere Reihe (v. li.): W. Reinig, L. Nöth, H. Biersack, K. Wien, E. Schneider, R. Finsterwalder Vordere Reihe: E. Allwein, W. Rickmer-Rickmers, Ph. Borchers

Das Wachsch-Tal zwischen Obigarm und Komsomolābad ist die Grenzlinie zwischen jungen Faltengebirgen im Süden (im Hintergrund) und den älteren variskischen Gebirgen im Norden (rechts).
An der klammartigen Engstelle entsteht seit 1973 die 335 m hohe Staustufe von Ragun

Der schuttbedeckte dunkle Toteisteil eines langen Talgletschers wie hier am unteren Serawschan-Gletscher ist durch den Thermokarst in ein Buckelrelief mit steilwandigen Eistrichtern zergliedert

Der Serawschan-Fluß (Hängebrücke bei Chairabad) sammelt die Schmelzwässer des Serawschan-Gletschers in der Mattscha-Region. Im Mittelgrund links Baumbewuchs an einem Aryk inmitten der Gebirgswüste

Aus höher gelegenen älteren Randmoränen der Talgletscher und aus Hangschuttsedimenten hat die Erosion nicht selten hochstielige Erdpyramiden wie hier am Jagnob ausgraviert

Vorbereitung zur Übernachtung auf dem Toteis des unteren Serawschan-Gletschers. Gesteinsplatten dienen als Unterlage für das Zelt

den Marmore, Granite, Porphyre und glimmerhaltige Schiefer mit goldenen Würfeln aus Pyrit. Die blinkend goldene Farbe des Schwefelkieses erinnert an schlummernde Schätze im Schoße des Pamir. Das Pamirgold ist bekannt wie der Ljadshuar, der blaue Lapislazuli aus dem Südwesten dieses Gebirges und aus Afghanistan.

Fast alle Flüsse des westlichen Pamir und des Transalai führen wirkliches Gold, in kleinen Mengen zwar, aber sie zeigen den Weg zu den goldführenden Gesteinen. In den kristallinen Schiefern der Hochregionen, in Chlorit- und Andalusitschiefern, in Pyroxeniten und Serpentiniten, aber auch in vielen anderen Gesteinen entstanden Spalten, die sich auffüllten mit sauren pneumatolytischen und hydrothermalen Mineralisationen, also Mineralausscheidungen wäßriger Lösungen von 500 bis 100 °C wie Quarz, Kalzit und Feldspat, aber auch mit goldhaltigem Pyrit oder gar gediegenem Gold. Acht bis zwölf Gramm Gold pro Tonne Gestein sind für einen lohnenden Abbau im Hochgebirge zu wenig. Aber der Fluß kann helfen. Hat er die Gesteine der Gold-Quarz-Formation erst einmal in seiner Gewalt, dann werden auch diese Gesteine zerkleinert und zermahlen, und das Gold wird frei und transportabel. Da dieses seit Menschengedenken gesuchte und begehrte Edelmetall spezifisch sehr schwer ist, bleibt es zurück, wenn alle anderen Gesteine weiterwandern im Sog der talwärts fließenden turbulenten Schmelzwasser. Es reichert sich an in Goldseifen, dem Traum von Goldgräbern und Goldwäschern in vielen Ländern.

Aber hier im Flußbett des Wachsch bleibt es beim Pyrit, obwohl auch wir knien, auf dem Bauche liegen und suchen. Wir finden kein Gold, aber ständig neue Gesteine des Pamir. Wo die Strömung des Flußwassers nachläßt, setzt sich grauer Sand ab. Das feine Korn erlaubt an der Oberfläche dieser Sandflächen eine saubere Registratur der Entstehungsprozesse. Waschbrettartige Wellenmuster modellierte die einstige Strömung. Die Größe der Wellenrippeln entspricht der Intensität der Bewegung, die Symmetrie der Richtung des fließenden Wassers. Der steilere Hang zeigt immer flußab. Wir gehen weiter und entdecken runde Kolke, Ausstrudelungen, die flußabwärts sich verbreitern und ganz allmählich wieder ebene Schichtfläche werden. Es sind Erosionsmarken, sogenannte Strömungskolke oder flut casts, wie sie in der Geologensprache heißen, wichtige Indikatoren bei der Analyse fossiler Sedimente. In allen Größen und Altersstadien sind sie hier zu studieren. Immer wieder hält uns das Detail fest – hier sind es deltaartig verzweigte Rieselmuster, dort Trockenrisse und Einschläge von Regentropfen. Im seichten Wasser kann man Großrippeln von meterweiten Abständen erkennen, subaquatische »Dünenfelder« über einst stehenden Wellen im Strom. Nicht weit davon Spuren der letzten Nacht, nämlich die Gravur scharfer nadliger, inzwischen vergangener Eiskristalle. Auf einer anderen glatten Sandschicht hat ein natürliches Lineal kräftige gerade Linien gezogen, Rillenmarken, auch groov casts genannt. Hölzer drifteten im Fluß und ritzten den Untergrund. An einer Sandbank hat sich ein Rinnsal steilwandig eingeschnitten. Die Schichten der Kiese und Sande werden sichtbar, der dauernde Korngrößenwechsel als Ausdruck sich ändernder Wasserführung. Und dazu die Schrägschichtung, jenes Merkmal einst wechselnder Strömungsrichtung im Fluß, das man auch in fossilen Sandsteinen weltweit und aus allen Erdabschnitten finden kann. Das Flußbett ist ein Lehrkabinett rezenter Geologie.

Klaus und ich, beide Geologen und seit langem befreundet, sind noch lange hier unten, als die anderen längst wieder aufgestiegen sind auf eine höherliegende Uferterrasse. Zu Hause haben wir ganz ähnliche Zeichen gesammelt in den rotliegenden Konglomeraten und Sandsteinen des Thüringer Waldes, der Gegend von Halle, in Ilfeld und Meisdorf am Harz und am Flechtinger Höhenzug. Wir hatten auch dort unsere Beobachtungen gedeutet nach angelerntem Wissen. Aber wir hatten zu Hause kein Hochgebirge und auch keine gewaltigen Ströme, schon gar nicht Flüsse mit einem noch eigenen Leben. Fast alles an unseren Flüssen ist künstlich, denn Talsperren rationieren das Wasser, begradigte Flußbetten und Deiche bestimmen die Wegstrecke, und was dann wirklich noch fließt, ist oft kaum noch Wasser. Also blieben die Bücher als einziger Ausweg, die Vergangenheit richtig zu deuten. Hier nun ist alles ganz anders. Vor uns liegt der gesuchte Fluß in seiner natürlichen Ursprünglichkeit. Kein menschlicher Eingriff hat ihn gestört. In freier natürlicher Arbeit hat er ein eigenes Bett geschaffen, in dem nur das Wasser nach seinen Gesetzen regiert.

Schräg schon scheint die Sonne auf den Fluß. Dunkelgrau sind der Sand und der Kies. Zwischendurch aber ist fließendes Wasser – kleine Rinnsale wie Silberfäden, gewundene Bäche wie glänzende metallene Schmelzflüsse und dann die abgespaltenen Hauptströme wie gewaltige Abstiche aus einem überdimensionalen Hochofen der Natur. Im Gegenlicht glitzert und funkelt eine nie endende Bewegung. Breit ist das Flußbett wie ein gewaltiger Teppich, und das Aderwerk des fließenden Wassers ist das Muster.

Während der Weiterfahrt am nächsten Tag beobachten wir etwas Seltsames. Die in der Fläche sich schlängelnden Wasserfäden drängen zusammen, werden verdrillt zu einem einzigen dicken »Seil«. Aus dem verzweigten Wassernetz wird ein großer Strom, in dem das ganze fließende Wasser sich vereinigt auf engstem Raum zu einer geballten Kraft. Die innere Architektur der Erde, der Bauplan der oberen Kruste, bestimmt die Gangart und die Wegstrecke. Wo weiche Gesteine wie Tone, Mergel und Schiefer den Untergrund bilden, entstanden die Weitungen im Flußtal, die weiten mäandrierenden Pendelungen und das Netzwerk des sich spaltenden Flusses. Es entstehen breite Schotterebenen, die man floot plain nennt. Es sind Absatzbecken für die Fracht, die zu schwer wurde, Ruhestrecken für das Wasser nach geleisteter Schwerstarbeit. Nur in den Hauptadern poltert und rumpelt es weiter, wird der Pamir noch immer zu Tal befördert. Zwischendurch aber immer wieder Stromgeflechte, die typisch sind für stark mit Sedimentfracht beladene Flüsse, die beim Austritt aus reliefreichen aufsteigenden Hochgebirgen gerade mit der Akkumulation beginnen. Doch dann ändert sich die Art des Abflusses. Ein enges Mundstück aus einem festen Werkstoff der Erde, aus Granit, ist plötzlich eingebaut. Dieses Gestein gilt als Symbol der Beständigkeit in der vergänglichen irdischen Hülle.

Ohrenbetäubendes Dröhnen und Poltern dringt herauf aus der Schlucht. Was da an Lebendigem hineingerät in die Kugelmühlen der Klamm, ist rettungslos verloren, wird zerrieben, wie so manches steinerne Geröll dort unten, das zum Sand und zum Schluff wird. Riesige schäumende Wellen und hohe Fontänen lösen sich auf in Milliarden von Tropfen und Tröpfchen, die nach oben getragen werden von einem eisigen Luftstrom. Rhythmisch dringen diese feinen Aerosole bis zu uns an den felsigen Rand und »untermalen« das Geschehen in der dunklen unheimlichen Schlucht.

Wir wenden uns flußauf. Hinter dem breiten granitenen Riegel, einer durchgesägten Talsperre aus Naturstein gleich, erblicken wir erneut eine Talweitung. Nicht der Kies- und Sandteppich mit dem Linienmuster der sich spaltenden und sich vereinigenden Wasserläufe bestimmt hier das Bild. Gewaltigen Treppenstufen gleich steigt das Land aus dem Tal hinauf auf die Schultern der Hänge. Noch fehlt der echte Maßstab, aber bald erkennen wir ihn in Form einzelner Bäume, die wie Punkte auf den ebenen Flächen der Treppe aufsitzen. Ziehende Schafherden sind eingehüllt in Wolken gelben Staubes. Groß muß die Sprunghöhe der Treppen sein, fünfzig, sechzig, ja bis einhundert Meter kann man vorsichtig schätzen. Fünf bis sieben solcher Treppenstufen liegen übereinander, erst dann kommt das aufsteigende feste Gebirge.

Es sind Treppen besonderer Art, mit meist breiten, schwach nach unten geneigten Trittflächen – Flußterrassen bedeutender Dimension.

Und wieder drängt sich ein Vergleich auf. Die Flußtäler der Saale und Ilm sind auch Terrassenland. Aber nur der mitteleuropäische Maßstab kann diese Bezeichnung jetzt noch respektieren. Alles ist kleiner, auf ein Fünftel bis ein Zehntel verkleinert.

Und dann werden Fragen an uns Geologen gerichtet: »Wie ist dieses Treppensystem entstanden und wann?« Jetzt müssen wir antworten. Jetzt wird sich zeigen, ob wir gelernt haben in den vielen Lehrjahren zuvor, die Formen der Erde zu deuten. Also beginnen wir mit der Erklärung: Einst floß der eiszeitliche Wachsch dort oben, wo jetzt die oberste Terrasse deutlich zu sehen ist, in einem breiten Sohlental mit gewiß nicht sonderlich intensivem Gefälle vor der natürlichen Mauer aus Granit. Wie heute kam der Fluß von den Hochregionen des Pamir und seinen Gletschern, beladen wie ein nicht enden wollender Güterzug mit Schotter und Sand und Schluff. Das große Gefälle im oberen Lauf führte zu turbulentem Fließen des Schmelzwassers, und diese Turbulenz ist eine der Antriebskräfte für die außergewöhnliche Transportleistung. Ein Vergleich kann das verdeutlichen. Für das Einzugsgebiet des Wachsch wird eine mittlere Abtragungsleistung von 2600 Tonnen pro Quadratkilometer angenommen. Es gibt eine Bodenfracht, die auf dem Grund des Flusses gleitet und rollt und hüpft, ein Bombardement von Gesteinen untereinander auf dem Boden des Stromes. Und es gibt eine Schwebfracht, eine Suspensionslast, aus Sanden, Schluffen und Tonen, der »Farbstoff« des braungrauen und anderswo schwarzgrauen Gletscherwassers. Besonders das sommerliche Hochwasser bringt viel Turbulenz und Schubkraft, bringt den Gebirgsschutt vom Dach der Welt herunter. Die Geschwindigkeit der Strömung, das Gefälle, die Wassertiefe, die Beschaffenheit des Flußbettes, die Durchflußmenge, das Sedimentsangebot und auch die Sedimentzusammensetzung, alles sind Einflußgrößen der Entstehung neuen Sediments. Verringert sich das Gefälle und damit nicht wenige der anderen Bildungsbedingungen, so wird aus dem Transport Sedimentation, aus der Wanderung der Gerölle wird Stillstand, aus der Hast wird Ruhe. Es entstehen Schotter und Sande in mächtigen Paketen. Es bildet sich eine Flur aus Geröllen, kurz, eine Flußterrasse entsteht.

Dann aber geschieht etwas ganz Seltsames. Der bisher akkumulierende Fluß nagt sich in die Tiefe, Meter um Meter, zehn Meter, fünfzig Meter, einhundert Meter und mehr und beseitigt Teile der zuvor abgelagerten Terrasse. Dann hält er inne, mäandriert, und wieder beginnt das Sedimentieren. Es entsteht die nächstjüngere und nächsttiefere Terrasse des Flusses. Auffällig ist nun eine »Umkehr« der normalen Gesetze. Gewöhnlich liegt bei der Sedimentation das Jüngere über dem Älteren, denn es überdeckt das schon Abgelagerte. Diese Feststellung ist eine Grundregel der allgemeinen Geologie. Aber es gibt eine Ausnahme, die Flußterrassen. Tektonische und klimatische Ursachen veranlassen den Fluß zu plötzlicher Tieferlegung des Bettes. Das nächstjüngere Paket von Sediment wird eine Treppenstufe tiefer abgelagert, in sich natürlich wieder nach dem allgemein gültigen Gesetz. Terrasse auf Terrasse kann folgen, bis eine ganze Treppe aus Terrassen entsteht, so wie hier die Stufenleiter aus Kies des Flusses Wachsch.

Das sind die Vorgänge, nach denen ihr fragtet, sagen wir, doch unsere Freunde fragen zurück: »Aber was waren denn die Ursachen dieser Prozesse?« Auf das »Wie« folgt jetzt das »Warum«. Und wieder überlegen wir und antworten zunächst auf einem Umweg. Bei uns zu Hause ist es die Rhythmik des Klimas, die jene Terrassen an der Ilm, an der Saale und Elbe zur Eiszeit schuf. Während der weitgehend vegetationslosen Kaltzeiten, den »Glazialen«, wirkte der Spaltenfrost, und es entstanden mächtige Frostschutte. Das lose eckige Gestein geriet ins Wasser, wurde transportiert und lagerte sich weiter flußab als Terrasse ab. Während der zwischengelagerten vegetationsreichen Warmzeit, den »Interglazialen«, blieb das Frostschuttangebot aus. Der Fluß war nun kein Sedimentlieferant mehr, sondern wurde zur »Säge«, denn das Wasser war reichlich vorhanden. Er sägte eine Kerbe ins Land, und auf nächsttieferer Stufe konnte sich bei langsamem Klimaumschlag die nächste Terrasse bilden. So sind also bei uns zu Hause die Terrassen der Flüsse das Abbild der wechselreichen Klimageschichte des Quartärs.

»Aber wir sind nicht zu Hause, sondern am Rande des Pamir«, sagen ungeduldig unsere Freunde. Und wir wenden uns nun endlich der Sache zu. Im Hochgebirge gibt es keine Unterbrechung im Angebot an Frostschutt. Jahrein und jahraus brechen die Felsen herunter. Gewaltige Schwemmfächer stoßen aus den Nebentälern hervor und beliefern die Flüsse mit Schutt. Weitere schwerkraftgesteuerte Prozesse kommen hinzu. Steinschlag- und Bergsturzhalden bringen chaotisches Blockwerk. Schlammströme, Muren, welche die Mittelasiaten Sel nennen, sind in der Lage, besonders große Gesteinsblöcke in die Flußtäler zu transportieren. Ich erinnere mich einer Pressenotiz: Bei einem Wolkenbruch in Kalifornien wurde eine große Dampflokomotive aus den Gleisen gehoben, einige hundert Meter flußab transportiert und völlig in den Schottern begraben. Ständig also wird hier in den Hochgebirgen Gesteinsmaterial bereitgestellt zum Weitertransport und zur Bildung von Schotterterrassen. Andere Ursachen muß es also geben, die zur plötzlichen Tiefenerosion führen und zur Ausbildung der Schotterfluren. Eine Überlegung kann uns zu Hilfe kommen. Wäre nicht das ganze Gebirge längst ertrunken im Schutt, wenn nicht etwas Bedeutsames geschähe! Heute weiß man es. Der Gebirgsraum steigt auf, wird gehoben von den Kräften des Erdinnern. In den letzten ein bis zwei Millionen Jahren, also vorwiegend im Quartär, begann diese Hebung, erst langsam, später beschleunigt mit Werten bis zwei und drei Zentimetern im Jahr. Die Geologen sagen: Aus dem in der Tiefe verborgenen »Tektogen« wird das stetig aufsteigende und damit sichtbare »Morphogen«, das Hochgebirge.

Nun ist es nur noch ein kleiner Sprung bis zur plausiblen Erklärung der Terrassen. Rhythmisch erfolgt dieser Gebirgsaufstieg. Die gerade gebildete Terrasse wird emporgehoben, und der Fluß schneidet sich etwa zu gleicher Zeit in sie ein. »Also floß der Surchob gar nicht ganz da oben«, werden wir in scharfsinniger Weise unterbrochen. Offenbar nicht, können wir sagen, denn ganz gewiß ist die riesige Treppe das Abbild eines episodischen Aufstiegs. Und so ist auch jene oberste Terrasse aufgestiegen aus ihrer ursprünglichen tieferen Lage. In der wissenschaftlichen Literatur kann man nachlesen: Dank der jungen tektonischen Hebungen liegen Terrassen aus der Zeit der letzten großen Vergletscherung 80 bis 200 Meter über dem heutigen Flußniveau. Eine 7 000 Jahre alte mittelholozäne Terrasse hat eine mittlere Höhe von 60 Metern über dem Fluß. Das Flußtal vor uns wird zur Schaubühne vergangenen geologischen Geschehens. Versteinerte Bewegung ist sichtbar geworden. In der wissenschaftlichen Literatur finden wir ein äquivalentes Beispiel. In Neuseeland gibt es den Rangitata River. Alles ist dort wie hier. Es gibt Barrieren aus hartem Gestein mit engen Klammen, die das mäandrierende Ausschwingen des Flusses verhindern, die ihn festhalten. Vor der Barriere liegen Terrassen, bis neun übereinander, vorzüglich erhalten wie hier am Wachsch, Abbild der inneren Rhythmik der Erde.

Das Fahrzeug holpert hinunter zum Fluß. Längst ist der Pamirtrakt nicht mehr asphaltiert, einfach eingesprengt in die Gesteine der Talflanke, zerschlagen und zerfurcht von Steinschlägen und Muren, notdürftig geebnet von den ständig hier fahrenden Planierraupen. Bedrohlich neigt sich das Auto, und die äußeren Räder hängen oft frei über dem steilen Abgrund. In den engen Serpentinen schlängelt sich die Straße nach unten, auf der Bergseite immer steile Granitwände. Auf beiden Seiten drohen Gefahren, auf der einen der Steinschlag, auf der anderen der Absturz ins Flußtal. Gelegentlich liegen Autowracks unten am Flußufer.

Aber Angst kommt nicht auf, viel zu sehr sind wir gefangen von den

Eindrücken ringsum. Jetzt sind wir am Fluß. Genau gegenüber, am anderen Flußufer, steigt die Kieswand der untersten Terrasse empor. 70 bis 80 Meter Kies, senkrecht aufgeschlossen, ein seltenes Bild. Die innere Anatomie des Kieskörpers wird sichtbar. Deutlich erkennen wir die horizontale Schichtung, einen Wechsel von feinen und groben Lagen, die groben mit Geröllen von Kubikmeter- bis Hausgröße. Es ist gewiß der versteinerte Rhythmus des Jahrganges, eine Jahresschichtung also. Der Sommer bringt Hochwasser und große Gerölle, und das geringere Winterwasser liefert das feinere Korn. Jetzt könnten wir zu zählen beginnen und die Jahre ermitteln. Aber wir sitzen am Grunde des Tales und lauschen lieber dem Rauschen und Poltern des Flusses und erinnern uns, daß so berühmte Männer wie Charles Darwin und Charles Lyell ganz einfach nicht glauben wollten, daß das fließende Wasser die Erde zernagt. Auch Goethe war dem Glauben an die zerstörende Kraft des Wassers nicht sonderlich zugetan. Ein geheimnisvolles Aufreißen der Kruste war eindrucksvoller als die langsame, bedächtige Sägearbeit des geröllbeladenen Wassers. So wurde erst um 1900 die »kataklysmische« Talentstehungstheorie dadurch überwunden, daß man in die Hochgebirge reiste und das Wasser studierte. Wir sitzen am Fluß und hören das Nagen des Wassers.

Wie ein Schauspiel in mehreren Aufzügen verläuft das Erlebnis am Wachsch mit dem Gletscherwasser. Mehrfach wechselt der Fluß sein Gesicht, mehrfach folgen auf granitene Riegel weite Terrassen und schließlich breite Stromnetze. Es sind die natürlichen Kaskaden des Wachsch, der sich oberhalb der Einmündung des Obichingou Surchob nennt. Als der Mensch hier schließlich eindrang ins Gebirge, beobachtete er mit Erstaunen die riesigen Wassermengen im Tal. 4 000 Kubikmeter in der Sekunde bei Sommerhochwasser waren einfach zuviel, um sie ungenutzt abfließen zu lassen. 20 Milliarden Kubikmeter Wasser im Jahr sind ein Schatz. Energetiker haben ausgerechnet, daß am Wachsch 4 100 Megawatt Elektroenergie gewinnbar sind, also eine Jahresleistung von 40 mal 10^9 Kilowattstunden möglich ist. So entstand gewiß schon frühzeitig der Plan, das Wasser zu stauen, zu nutzen und einzuspeisen in die großen Aryks und in die aufzubauenden Turbinen. Nutzung der Wasserkraft ist optimale Energiegewinnung mit einem Wirkungsgrad über 80 Prozent, ohne Verbrauch eines Rohstoffes und ohne Umweltbelastung. Die Natur selbst zeigt den technologischen Weg. Die klammartigen Schleusen im festen Granit sind ja schon halbfertige Mauern. Nur diese Nadelöhre müßte man verstopfen. Doch in der kanalartigen Bahn tobt das Wasser, und den Bau von Betonmauern verboten die häufigen Erdbeben. Wieder gab die Natur den praktischen Ratschlag. An nicht wenigen Stellen im Pamir hatten riesige Felsstürze die Flüsse versperrt, hatten natürliche Steinschuttdämme große Stauseen geschaffen, die allen Erschütterungen der Erde widerstanden. 1911 bildete sich der heute 500 Meter tiefe, maximal 8 Kilometer breite und 60 Kilometer lange Saressee am Murgab. 1916 entstand im Fangebirge der Große Allosee. Das war also die Lösung. So entstand der gewaltige Plan der künstlichen Kaskaden am Wachsch. 2 700 Megawatt elektrische Energie wird schließlich das Schmelzwasser des Pamir freigeben. Nur die großen Kaskaden Sibiriens an der Angara und am Jenissej werden größer sein mit über 10 000 Megawatt. Es wird billiger Strom sein hier am Wachsch, 0,026 Kopeken pro Kilowattstunde. Das erste Stauwerk geht der Vollendung entgegen. Etwa 90 Kilometer flußab, in der engen Pulisanginschlucht aus gefalteten kreidezeitlichen Gesteinen der Tadshikischen Depression, entsteht jenes Bauwerk der Superlative, schon jetzt unter dem Namen Nurek weltbekannt. Mit Sensationen begann der Bau Anfang der sechziger Jahre. In der Nähe des ehemaligen Kischlaks Tutkaul entdeckte man Überreste steinzeitlicher Kulturen, die vier Horizonten angehören, zwei dem Mesolithikum und zwei der sogenannten Hissar-Kultur, einem urtümlichen »Bergneolithikum«. Doch dann kam der Alltag des Baues. Ein minutiöses Räderwerk der Bauplanung wurde in Gang gesetzt. Alle 17 Sekunden brachte ein großer Lastwagen gesprengte Gesteine, über zehn Jahre lang, insgesamt 56 Millionen Kubikmeter. Und das Ergebnis: ein Dammkörper zehnmal so groß an Masse wie eines der Weltwunder, die ägyptische Cheopspyramide, 300 Meter hoch, am Fuß 1 200 Meter breit und an der Krone noch immer 80 Meter. 1972 begann die erste 300-Megawatt-Turbine zu arbeiten. Neun werden es insgesamt sein, die aus dem Stausee gespeist werden. 80 Kilometer wird er lang sein, 5 Kilometer breit und 240 Meter tief, das sind rund 10 Milliarden Kubikmeter Schmelzwasser von den Gletschern des Pamir.

Tadshikistan beginnt sich zu verändern. Die Metallurgie ist ein neuer tadshikischer Wirtschaftszweig, das Aluminiumwerk Regar machte den Anfang. Die elektrochemische Industrie hat in dem Kombinat Jawan bei Nurek einen leistungsfähigen Betrieb. Dort werden bodenständige Rohstoffe wie Kalkstein, Dolomit und Steinsalz zu Düngemitteln, zu chemischen Halbfertigprodukten und zu Plasterzeugnissen verarbeitet. Besonders wertvoll ist das Wasser aber für die Landwirtschaft. In Südtadshikistan wird die Anbaufläche mehr als verdoppelt.

Der größte Bewässerungskanaltunnel wird gegenwärtig mit 14 Kilometer Länge und doppeltem Metroquerschnitt durch den Wachsch-

Bergrücken vorgetrieben; das Wasser des Wachsch wird dann etwa 100000 Hektar Neuland der Dangara-Hochebene bewässern. Nurek verändert das tadshikische Land. Aber das Unternehmen Nurek ist lediglich ein Anfang, das nächste und größere Stauwerk flußauf ist Ragun, das schließlich 3200 Megawatt liefern soll, Nurek ist nur der Experimentalbau. Viele Beobachtungen gilt es auszuwerten, die fast alle mit geologischen Problemen zusammenhängen. Wie werden die Sperren die hohe Transportfracht von drei bis vier Kilogramm Feststoff je Kubikmeter Gletscherwasser verkraften? Werden die Sperren verfüllt vom abgetragenen Pamirschutt? In Expertisen ist nachzulesen: In kaum mehr als hundert Jahren wird der Nurekstausee mit Schotter aufgefüllt sein. Das ist die eine Meinung. Oder kann sich die unerwünschte Fracht vorher sedimentieren? Modellversuche scheinen die letztgenannte Theorie zu bestätigen. Zunächst wird dieses Problem aber flußauf verlagert durch den Bau weiterer Sperren der Wachsch-Kaskade. Wird der gewaltige Damm auch wirklich die hier häufigen Erdbeben vertragen? Das bekannte Nurek-Beben vom 22. September 1956 hatte die Stärke 8 der Richterskala. Folglich berechnete man die Standfestigkeit des Dammes auf eine Intensität von 9 bis 10. Und schließlich die interessanteste Frage: Wird auch hier wie bei Bombay in Indien oder am großen Kariba-Stausee an der Grenze Sambias zu Simbabwe oder im Vajouttal in den Südalpen die seismische Aktivität sich noch verstärken, wenn der Staudamm mit Wasser gefüllt ist? Werden auch hier die enormen neuen Belastungen auf den Schultern der Erde neue Kräfte entfesseln, deren Erschütterung man dann »man-made-earthquakes«, von Menschen erzeugte Erdbeben, nennen müßte?

Längst rollt unser Wagen weiter auf holperigem Pfad flußauf. Überall ist Staub, in gewaltiger Wolke hinter dem Auto, über uns, auf den Kraxen und auf uns. Er dringt in alle Öffnungen, man spürt ihn zwischen den Zähnen. Auch das ist direkter Kontakt zum Gestein.

In Gedanken sind wir aber unten am Fluß, in der großartigen Werkstatt des fließenden Wassers. In der untergehenden Sonne leuchten erstmals die weißen Gipfel des noch immer fernen hohen Gebirges.

Der Wachschbruch trennt Gebirgssysteme

Ein neuer »geologischer« Tag liegt vor uns. Tief unter uns strömt noch immer der Wachsch, und an beiden Ufern schwingen die Hänge hinauf, sanft bis zu den ersten Felsen, dann steil und herausfordernd bis in den Himmel, nacktes Gestein in wundervoller Farbigkeit und Frische, eine Aufforderung der Natur, sich mit ihr zu befassen.

Wir stehen am rechten – am nördlichen – Ufer, hoch über dem Fluß, und ein felsiger Steilhang fällt ab in das große Tal. Unsere Freunde bringen das Gestein des Hanges, sie haben viele Fragen. An dem grauen Gesteinsstück leuchten die glatten Spaltflächen von Kristallen, rötliche Kaliumaluminiumsilikate, die Orthoklase, dann Silikate aus Kalk und Natrium, die Plagioklase, und schließlich das Charaktermaterial der Erde: fettiger Glanz an muscheligem Bruch, das ist der Quarz, das Siliziumdioxid. Kristall liegt neben Kristall, ungeregelt, richtungslose Bausteine des grauen Granits. Und Granit, so weit wir schauen, Hans Cloos, der große Erdforscher, hat uns gelehrt, diese Gesteine geologisch zu betrachten. Grell leuchten die orangeroten Prachtflechten, fest eingewachsen mit den Myzelen in die Grenzflächen der Feldspäte und Quarze und Glimmer. Braune Verrostungen zeichnen malerisch das Gewirr der Klüfte, und Granit ohne Klüfte gibt es nirgendwo auf der Welt. Die Bilder der Klüftung sind das Wesen »granitischer« Architektur der Erde. Sie vermitteln Auskünfte über jene riesigen geologischen Plastiken der Tiefe, die hier wie anderswo die Erde durchsetzen in großen Räumen, die man Plutone nennt. Viele Kilometer hinter uns und mehrere Kilometer vor uns stoßen wir auf die »Schalung« aus geschichtetem und geschiefertem Erdgestein, auf Schiefer, Kalke und Sandsteine. In dieser gewaltigen Schalung wurde diese unterirdische »geologische Glocke« gegossen. Statt Bronze war es ein silikatischer Schmelzfluß, der aus der Tiefe aufdrang, nicht aus dem glutflüssigen oberen Erdkern in 2900 bis 5000 Kilometer Tiefe, sondern aus einem viel oberflächennäheren Bereich, aus dem Mantel, der eigentlich fest ist. Eng mit der Gesteinsmetamorphose verknüpft kommt es in »Wärmedomen« zu Aufschmelzungen. Diese Schmelzen erleiden eine Dichtetrennung, indem schwere Kristalle wie Olivin und Pyroxen zu Boden sinken. Überlagerungsdruck und Schwächezonen in der Erde führen jetzt ursächlich zu Magmaaufstieg. Dabei verringert sich der Druck im Magma, Gase werden frei und vermindern das spezifische Gewicht der Schmelze. Dadurch wird der Aufstieg aktiviert.

Im kontinentalen Bereich der Erde steigen aus etwa 30 Kilometer Tiefe wasserarme bis wasserfreie kieselsäurearme Schmelzen auf, die die ganz besondere Eigenschaft haben, mit Annäherung an die Oberfläche flüssiger zu werden. Dadurch erreichen diese etwa 1000 Grad temperierten Schmelzen die Oberfläche – das ist der irdische Vulkanismus. Aber um solche Prozesse handelt es sich hier nicht. Die hier zu Stein gewordenen granitischen Schmelzen stammen aus bedeutend geringerer Tiefe, sind siliziumdioxidreich und zudem wasserhaltig, und damit nimmt die Zähflüssigkeit (Viskosität) mit abnehmendem Druck beim Aufstieg zu. Diese nur 700 bis 800 Grad heißen Schmelzen bleiben deshalb bald in der Kruste stecken.

Einem Autoklaven, einer Druck- und Hitzekammer riesigen Ausmaßes gleich, hier 10 und dort 100 Kilometer im Durchmesser, wurden unterirdische Räume gefüllt mit granitischer Schmelze. Hier nun stellt einer der Kameraden die entscheidende Frage: Was für ein geheimnisvoller Raum ist denn diese »eingeschalte« Kubatur in den Tiefen der Erde? Gibt es denn wirklich solche gewaltigen Hohlräume in der Kruste der Erde, die nur darauf warten, wie eine Gußform gefüllt zu werden mit den erdinneren Magmen? Jetzt versagt das Bemühen um bildhaften Ausdruck. Das Beispiel der Glocke, eben noch bestens geeignet, die magmatischen Prozesse der Tiefe verständlich zu machen, wird ungenau oder gar falsch. Und wir beginnen nun zu erklären: Kein Hohlraum war da, keine Schalung, überall war erst einmal Gestein. Aber trotzdem stieg das Magma auf, drängte von unten nach oben und hinein in feinste Spalten und Risse, schmolz das Gestein vor und über sich, bewegte sich auf diese Weise weiter nach allen Seiten, langsam und unaufhörlich, unterirdisch kriechend und fressend und alles assimilierend, was da in den Weg kam. Wie in einem großen Hochofen wurden die »Zuschläge« – das Gestein – vor Ort verdaut, aufgeschmolzen und vermischt mit dem aktiv wandernden Glutfluß. Immer mehr weitete sich dieser magmatische Körper in der Tiefe aus, 10 oder 100 oder mehr Kilometer, dann erlosch die innere Kraft. Das Feuer ging aus, und es blieb der plutonische Raum aus Granit oder Granodiorit und die Grenze zum alten Gestein, die Schalung des Glockengusses der Erde, der gar keiner ist. Noch einmal soll uns der von Professor Hans Cloos geprägte Vergleich mit der Glocke helfen, die geologischen Prozesse bildhaft zu machen. Wie eine gewaltige Glocke kühlte das Gußwerk der Tiefe aus, ganz langsam und bedächtig. Kristalle begannen zu wachsen, und das führte zu einer körnigen Kristallinität, zu einem plutonischen Gestein der Tiefe. Doch bevor alles fest wurde, gab es lokale Bewegungen. Die Glimmer regelten sich ein. Der

Granit wurde faserig wie Holz, meist unsichtbar für das Auge, aber spürbar für Hammer und Meißel. Als alles erstarrte in den Randbereichen und danach auch innen, schrumpfte der »gegossene« Körper zusammen. Er erhielt Risse, geregelte und chaotische Anhäufungen von Trennflächen, die typische Klüftung des Granits.

Das Werk war jetzt vollbracht. Ein Pluton aus Granit war geschaffen, eine geologische Plastik aus einem großen Guß, verborgen aber im Schoß der Erde, unsichtbar verhüllt von den bedeckenden Gesteinen der Schalung. Doch die Bäche und Flüsse nagten an der Verhüllung, hobelten und sägten an ihr und ließen nicht ab, bis der Granit ans Licht kam.

Wir stolpern und rutschen über den Granit des Wachsch, halten an schönen Aussichtspunkten inne. Und wieder stellen unsere Nichtgeologen Fragen, berechtigte und wichtige Fragen: Wie alt ist eigentlich dieser Granit? Sie meinen das absolute Alter in Jahren, während wir Geologen immer erst einmal an das relative geologische Alter denken, nämlich an die Einstufung in die aufeinanderfolgenden Perioden der Erdgeschichte, die alle durch klangvolle wissenschaftliche Namen gekennzeichnet sind. Beide Informationen sind wichtig, können und müssen sich ergänzen, denn erst durch die Zeit wird aus Gesteinen Erdgeschichte. Wie kaum ein anderes Gestein konserviert der Granit die Vergangenheit. In den Kristallen rinnt unsichtbar, aber präzise wie in einer Sanduhr die Erdzeit dahin und wird aufgezeichnet in so alltäglichen Mineralien wie Glimmer und Hornblende. Sie alle enthalten nämlich radioaktive Elemente, und da diese nach bekannten physikalischen Gesetzen zerfallen, geben sie uns eine Möglichkeit in die Hand, das Alter zu fassen. Bei der Erstarrung wird die Zeit auf Null gestellt, zugleich aber erfolgt der Startschuß des radioaktiven Zerfalls. Definierte Mengen elementaren Stoffes wandeln sich um in feststehenden Zeiträumen. In präziser Analytik winziger Mengen von Kalium und Argon in Glimmern kann jetzt der forschende Mensch das Alter der Erstarrung ermitteln.

Auf diese Weise wurde schließlich auch das Bildungsalter der festen Erdkruste mit vier bis viereinhalb Milliarden Jahren ermittelt. Zuvor konnte man über diese Fragestellungen nur spekulieren. Der Bibelbericht legte die Erdentstehung auf das Jahr 4004 v. u. Z. fest. Goethe hielt 6000 Jahre Erdgeschichte für lange genug. Erst in unserem Jahrhundert begann man an Jahrmillionen Erdgeschichte zu glauben. Kurz nach dem zweiten Weltkrieg machte der Physiker Otto Hahn den großartigen Vorschlag, mit eingebetteten natürlichen radioaktiven Substanzen eine Altersdatierung der Gesteine zu versuchen. Die Erdgeschichte wurde mit einer gemessenen absoluten Zeitskala belegt. Mit gleicher Methode ermittelten die sowjetischen Geologen Avzeiko und Atrashenok und andere auch das Alter der Granite am Wachsch und Warsob. Vor etwa 250 bis 290 Millionen Jahren kristallisierten Milliarden von Feldspäten und Quarzen und Glimmern zu den Graniten des Wachsch. Dieses ermittelte Alter drängt einen Vergleich mit den Graniten im Harz, im Erzgebirge und in der Lausitz auf. Nicht nur die Bausteine und das äußere Bild sind gleich, auch der Zeitpunkt der Erstarrung und damit die Zeit des Aufstiegs der großen plutonischen Körper stimmen überein. Zur Steinkohlenzeit erfolgte der Guß dieser granitischen Plastiken, sie haben karbonisches Alter. Noch einmal kann man auf interessante Weise das Ergebnis der geologischen Forschung überprüfen – die Gußform, die Gesteine der »Schalung«, müssen älter als der oberkarbonische »Glockenguß« sein. Wieder überrascht eine Übereinstimmung mit der Geologie Mitteleuropas. Wir finden die alten Gesteine des Schiefergebirges, die Ablagerungen alter Meeressenken in der Umrandung des Granites. Durch Reste einstigen Lebens, durch Fossilien sind diese Gesteine datierbar, und keines ist jünger als der Granit.

Das ist das alte Schiefergebirge Zentralasiens, der südwestliche Tienschan. Die Parallelen zu dem variskischen Schiefergebirge Mitteleuropas sind nicht zu übersehen. Wie im Harz und im Schiefergebirge Thüringens und des Vogtlandes haben erdinnere Kräfte die durchsichtige Ordnung, die sinnvolle Übereinanderstapelung der Schichten, gestört. Faltungen und Verwerfungen, untermeerische Gleitungen und Umstapelungen, gewaltige horizontale Bewegungen, Deckenschübe beeindruckenden Ausmaßes bestimmen die Architektur des Gebirges. Noch vor Jahren sahen es Professor Kuchtikow und seine Mitarbeiter viel einfacher, heute aber hat eine Schar junger sowjetischer Geologen aus Moskau unter Dr. Leonow die zuvor geäußerten Ansichten entwickelt. Das Bild ist kompliziert geworden, doch es beginnt sich harmonisch abzurunden.

Wir stehen – obwohl 5000 Kilometer von der Heimat entfernt – auf geologisch heimatlichem Boden, auf dem großen steinkohlenzeitlichen variskischen Gebirge, das sich von England über Mitteleuropa, über den Ural zum Tienschan und von hier bis an den Ostrand Asiens, bis an das Ochotskische Meer erstreckt in einer Länge von über 10000 Kilometern. Teile davon sind tief unter die heutige Oberfläche versenkt, wie zum Beispiel im Bereich der mittelasiatischen Wüsten, der Turan-Platte. Andere Bereiche wieder wurden schon vor geologisch langer Zeit emporgehoben, wie zum Beispiel der Harz oder das Thüringische

Schiefergebirge. Es gibt aber auch Bereiche, die bis in jüngste Zeit hinein aufsteigen. Diese Gebiete sind heute Hochgebirge, sind altes Faltengebirge und aktiv aufsteigendes Bruchschollengebirge in einer Gestalt. Dazu gehört der Tienschan. Das Nordufer des Wachsch, an dem wir stehen, die Granite mit der sedimentären Schalung, sind der Südrand dieses großen Gebirges.

Das südliche Ufer trägt die gestaffelte Kulisse eines einzigartigen geologischen Bühnenbildes. Bergkette folgt auf Bergkette, in Entfernung, Farbe und Schärfe der Konturen in den Raum versetzt und immer höher aufsteigend bis zum eigentlichen Dach der Welt. Wir schauen weit hinein in das gestaffelte Gebirgsland. Dort hinten, wo die ersten schneebedeckten Gipfel sichtbar werden, liegt der nordwestli-

Der Wachsch-Bruch ist die Überschiebungsbahn des geologisch jungen Pamir auf das alte Gebirge des Tienschan

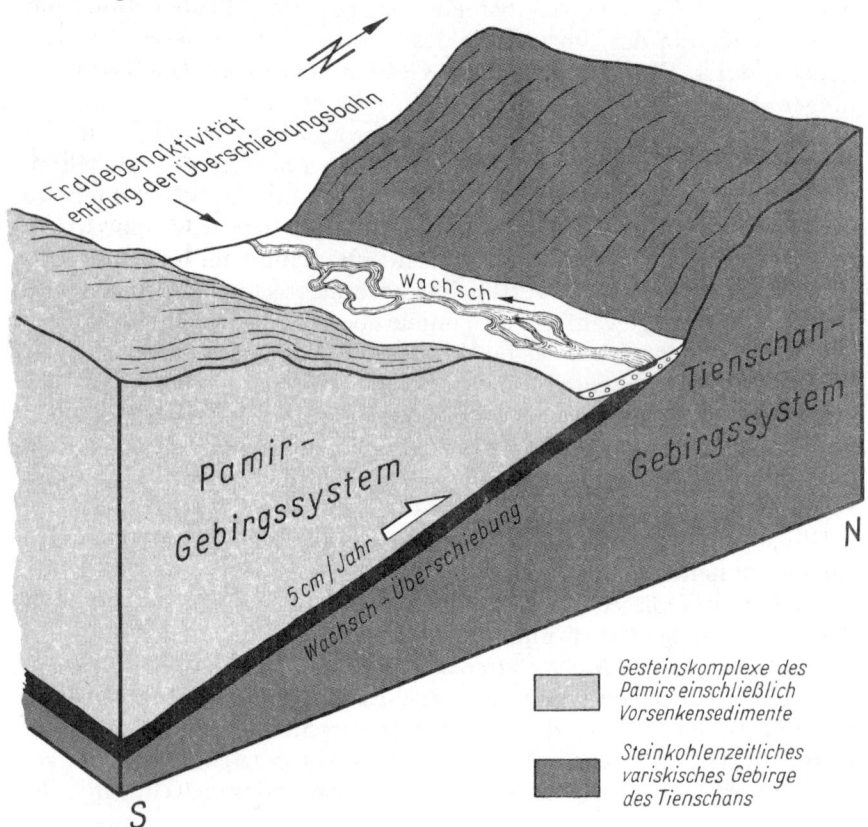

Gesteinskomplexe des
Pamirs einschließlich
Vorsenkensedimente

Steinkohlenzeitliches
variskisches Gebirge
des Tienschans

che Pamir, ein anderes Gebirge, nicht mehr das graue Schiefergestein mit den Graniten. Das Fernglas überbrückt die Entfernung und zeigt das Detail. Schon gegenüber am anderen Ufer ist ein weitschwingender Faltenwurf bunter Sedimente deutlich erkennbar. Die roten und grüngrauen Kalke und Mergel da drüben sind Sedimente jüngerer Meere, entstanden in absinkenden meergefüllten Becken der Kreidezeit, Sedimente des großen Südmeeres, der Tethys, rund 150 Millionen Jahre jünger als die Granite unter unseren Füßen. Auch diese jungen Gesteine wurden zusammengeschoben, in der alpinen Ära, am Ende der Kreidezeit und im Tertiär. Von den Alpen in Südeuropa über den Kaukasus bis in den Himalaja erstreckt sich dieser junge alpidische Faltengebirgszug. Das ist das sogenannte ehemalige Südmeer, gefalteter Meeresraum, emporgehoben bis in jüngste Zeit und deshalb aufgestiegen zu den höchsten Hochgebirgen der Welt. Die Bergkulisse hinter dem Südufer des Wachsch ist ein nördlicher, kompliziert gebauter Vorposten des alpidischen Gebirges, zu dem auch der Himalaja gehört. Direkt vor uns ist geologisches Grenzland, denn zwei geologische Großeinheiten berühren sich, zwei Gebirge nicht überschaubarer Dimension, das alte Nordgebirge von über 10 000 Kilometer Länge und das junge »Südmeergebirge«, fast noch gewaltiger. Meistens liegt ein weites neutrales Land dazwischen. Anspruchsloses flacheres Gebiet mit weniger charakteristischen Zügen vermittelt zwischen den beiden großen geologischen »Rivalen«. Hier nun, genau unter uns, haben Riesenkräfte der Erde den Abstand verringert, haben den neutralen Grenzraum verkleinert auf einen fast übersehbaren keilförmigen Streifen Tadshikischer Depression, der sich nur wenig weiter im Osten fast gänzlich verliert. Der Fluß da unten markiert die Grenze. Der Wachsch und der Surchob sind Grenzflüsse, festgehalten und geführt von Brüchen und Spalten im Untergrund. Als 1913 die Rickmer-Rickmerssche Expedition das Flußtal entlangzog, stand auch der Geologe R. v. Klebelsberg hier oben. Er sah den »geführten« Fluß, sah den hellen Granit auf der einen Seite und auf der anderen den Oberbau aus gefaltetem Schichtwerk. Er sah einen Tiefenbruch im Bereich des Flußtals und erkannte den prinzipiellen Bau. Der 260 Kilometer lange Wachschbruch trennt Gebirgssysteme, begrenzt den alten Tienschan gegen den jungen Pamir. Der Fluß folgt dem zerrütteten Gestein der Verwerfung, folgt dieser Schwächezone der Erdkruste. Diese Bruchlinie im Untergrund ist eine Zone ständiger Erdbeben und auch eine Zone aufgeheizter thermaler Wässer. Aber man erkannte auch, daß die Erde hier noch vieles verschwieg.

Und so begannen die sowjetischen Erdforscher hier zu arbeiten, er-

79

richteten in den fünfziger Jahren geophysikalische Stationen, um den Herzschlag der Erde abzuhören. Sie errichteten Seismometer und Feinnivellements in den großen Flußtälern, neun Meßstellen am Pjandsh, sechs Stationen im Obichingou (Kaftargusor, Tawildara, Sajod, Ichtion, Ljangar) und acht Stationen am Wachsch-Surchob (unter anderen Nowabad, Chait, Dschirgatal). Zentrum wurde die Station in der 1460 Meter hoch auf einer Flußterrasse gelegenen Stadt Garm, früher Sitz eines selbständigen Gebirgsfürstentums und dann Hauptstadt der Begschaft Karategin, wo alle Informationen zusammenlaufen. Das engmaschige Netz der Meßstationen brachte überraschende Ergebnisse. Der Wachschbruch, von den sowjetischen Geologen oft auch Surchobstörung genannt, ist eine flach nach Süden geneigte Bewegungsbahn. Neben bemerkenswerten vertikalen Bewegungen von 5 bis 15 Millimetern pro Jahr liegen die Hauptbewegungen, und das war die große Überraschung, in horizontaler Richtung. Eine Bewegung von Süd nach Nord, eine flache Aufschiebung des Pamir auf den Tienschan, wurde exakt nachgewiesen. Diese Horizontalbewegung ist um ein vielfaches größer als die vertikale und beträgt etwa fünf, vielleicht sogar sechs Zentimeter im Jahr. Die kriechende Fahrt des Pamir hat bisher zu einer Überschiebung von mehreren Kilometern geführt, und die Geschwindigkeiten nehmen zu. Das führt zu Spannungen im oberen Krustenbereich in der Zone der Hauptstörung, es kommt zu Verformungen und Faltungen ganz junger überlagernder Sedimente. Die Regionen maximaler seismischer Aktivität liegen weiter im Süden, denn die Gleitbahn fällt in diese Richtung ein.

Als wir das alles gesagt und überdacht haben, ist der komplizierte Bauplan dieses Erdstückes für alle in großen Zügen durchschaubar geworden. Sie verstehen jetzt auch den Leitspruch der Geologie: Die scheinbar tote Erde kann durch die filigranen Architekturaufnahmen vieler Geologen lebendig werden. Dies ist uns hier am Wachsch gelungen. Wir wollen die soeben sichtbar gewordene Bewegung nicht wieder stillstehen lassen und schließen neue Fragen an. Warum haben sich gerade hier und kaum woanders die beiden Gebirge so stark genähert? Warum ist es gerade hier in Zentralasien zu jener so auffälligen Anhäufung von Hochgebirgen gekommen? Wir müssen den Standort verlassen und die Gedanken genialer Menschen beleuchten, um die Antworten zu finden. Auf diesem Weg zur Erkenntnis ist unsere erste Station der Eisschild Grönlands, das Grab eines Mannes, dem als einem der ersten neben den Amerikanern A. Snider (1855) und F.B.Taylor (1910) Einsichten in nie geschaute Zusammenhänge gelangen. Alfred Wegener, ein vielseitiger Naturforscher auf den Gebieten der Meteorologie, Geophysik und Geologie, sah in den zwanziger Jahren horizontale Bewegung in der Erde. Er schrieb diese Einsichten nieder in einer Theorie von der Drift, der horizontalen Wanderung der Kontinente. Diese Gedanken waren wegweisend, doch sie wurden kaum verstanden. Zu sehr war das Bild der Erde bisher gefügt von Ruhe und Ordnung. Nur vertikale Bewegungen waren zugelassen. Jetzt sollte sich die Erde auch horizontal bewegen, sollten ganze Kontinente wie große Schiffe nach einem geheimnisvollen Fahrplan und mit einer unbekannten Antriebsmaschinerie hin- und herfahren. Alles sollte Bewegung sein. Ein neues revolutionäres Denken war der geologischen Wissenschaft angeboten. Jetzt hätte es der gleichen Beweglichkeit in den Köpfen der namhaften Geologen bedurft, um dieses Angebot anzunehmen. Aber nur wenigen Außenseitern war dies möglich, und als der »Erfinder« Wegener inmitten begeisterter Feldarbeit für diese Idee im grönländischen Inlandeis in Sturm und Kälte sein Leben verlor, wurde es still um diese großen Gedanken. Fast drei Jahrzehnte versanken sie in das Dunkel der Vergessenheit.

Erst die technischen Erfindungen der folgenden Jahrzehnte eröffneten neue Möglichkeiten einer Diagnose der Erde. Das Zeitalter der geophysikalischen Erdanalyse, insbesondere der Meeresgeologie, war angebrochen. Unter dem Eindruck der Titanic-Schiffskatastrophe vom 15. 4. 1912 entwickelte der deutsche Physiker Alexander Behm das Echolot. Von 1925–27 »kartierte« das Forschungsschiff Meteor das Relief des Ozeanbodens. Es wurden gewaltige untermeerische Hochgebirge mit Gipfelhöhen von 4 000 bis 5 000 Metern über der angrenzenden Tiefseesenke bekannt. Nach dem zweiten Weltkrieg untersuchte man die Böden der Ozeane geologisch. Die landgewandten Geologen entwickelten sich zu Seefahrern, in ständigem Kontakt mit dem festen Grund durch Meßsonden, reflektierte Wellen und bald auch durch heraufgeholte Gesteinskerne. Die Suche nach Öl und Erdgas und anderen Bodenschätzen ermöglichte die Finanzierung der kostspieligen maritimen Safaris. Legendär sind inzwischen die Kreuzfahrten des Forschungs- und Bohrschiffes Glomar Challenger, das zum Flaggschiff der alten Wegenerschen und Taylorschen Idee wurde. Das Zeitalter der Paläomagnetik hatte begonnen. Auf dem Grund aller Ozeane und Meere konnte die Lage magnetischer Minerale wie Magnetit oder Magnetkies genau vermessen werden. Noch nach vielen Jahrmillionen zeigen diese Minerale die Orientierung des vorzeitlichen Magnetfeldes genau an, da sie sich während der Bildung nach dem Nordpol einregelten. Dieser Nordpol zeichnete sich durch Wanderungen und durch periodische Umpolungen aus. In völlig unvorhergesehener

Weise wurden Bewegungen der Erdoberfläche faßbar. Die magnetisierten Minerale waren die Fahrtenschreiber. Die Registraturen ergaben streifenförmige Anomalien, Felder mit abweichenden magnetischen Eigenschaften parallel zu den Kammregionen der ozeanischen Schwellen als Ausdruck periodischer Umpolungen der Erde. Also war dieser Meeresboden unterschiedlich alt. Daraus ergaben sich auch eindeutige Aussagen zur Bewegung der Meeresböden, und die große Überraschung war eine fast ausschließliche Vorherrschaft horizontaler Driftbewegungen. So rückte das Gedankengut von Wegener und Taylor wieder, und nun mit sympathisierender Zuneigung, in den Brennpunkt des wissenschaftlichen Interesses. An der simplen und doch so lange übersehenen Paßförmigkeit der Küsten Afrikas und Südamerikas war das einfache Modell Wegeners entstanden. Aus der Vielzahl der magnetischen und anderen geophysikalischen Daten vom Meeresboden, aus einer wahren Flut neuer Informationen entstand als logische Schlußfolgerung ein neuartiges dynamisches Globalbild vom Werden der heutigen Erde. Eine in sich geschlossene erdgeschichtliche Theorie entwickelte sich. Leicht ist es freilich nun nicht mehr, die immer kompliziertere Sprache der Erde und die Gangart irdischer Bewegungen in der Interpretation moderner Geologie zu verstehen. Gelingt dies aber, so wird auch jener große Gebirgsknoten im Herzen Zentralasiens verständlich, der Pamir, der zum Ziel unserer Reise wurde.

Aber wir müssen noch einmal gedanklich hinaus in die weite Welt, müssen noch einmal das maritime Forschungsfeld der Ozeane besuchen, um jene Vorstellungen zu erläutern, die das Weltbild von der Erde in den letzten zwei Jahrzehnten verändert haben. Es sind jene Gedanken einer neuen Globaltektonik der Erde, die man heute Plattentektonik nennt.

Am 15. November 1963 entstand vor der Südküste Islands die neue Vulkaninsel Surtsey. Ganz plötzlich war sie aus der Tiefe des Ozeans aufgestiegen in das direkte Sichtfeld des Menschen. Die Insel markierte wie eine leuchtende und geräuschvolle »Boje« jenen so bemerkenswerten Teil des Ozeanbodens. Längs der zentralozeanischen Rücken verläuft eine Nahtfuge, die den mittleren Atlantik, den Indik und den Südpazifik mit einer Länge von 70 000 Kilometern durchzieht. Diese Nähte sind die Berührungslinien aneinandergerückter gewaltiger Fließbänder der Erde, die in langsamer Bewegung aus der Tiefe neue ozeanische Kruste produzieren. Die Austrittsöffnung dieser »Bänder« sind die Scheitelpunkte der Rücken. Dort fließt der Ozeanboden nach beiden Seiten auseinander, erweitert sich, wird jugendliche Kruste produziert, und zwar Basalte und immer wieder Basalte mit unzähligen magnetisierbaren Mineralen. Nur selten dringen sie hinauf bis an die Oberfläche wie in Surtsey vor Island. Man nennt diesen Prozeß das »Ocean floor spraeding«, die »Spreizung« oder Erweiterung des ozeanischen Bodens. Man kennt heute die Geschwindigkeit der Ausweitung: 0,5 bis 6 Zentimeter im Jahr, im Mittel 2 bis 3 Zentimeter. Das ist ein jährlicher Zuwachs an ozeanischer Kruste von etwa 2 Quadratkilometern. Jetzt kann man rechnen. Bei 5 Zentimeter Öffnungsgeschwindigkeit pro Jahr erfolgt die »Produktion« von 5000 Kilometern Atlantikboden in etwa hundert Millionen Jahren. Das war die postulierte These. Wieder wurde geprüft und gemessen und das absolute Alter der Tiefseeböden ermittelt. Das Ergebnis war überraschend. Keine Probe war älter als 150 bis 200 Millionen Jahre. Die Öffnung des Atlantik begann in der Kreidezeit.

Das war die erhoffte grobe Übereinstimmung. Sie gab Mut für die Fortsetzung der erregenden Forschungen. Auf der Epidermis der Erde bewegt sich ozeanische Kruste und auf ihr und mit ihr Schollen aus starrem Gestein, eisschollenartige Platten, die Festländer der Erde, sechs größere (afrikanische, nordamerikanische, südamerikanische, antarktische, indisch-australische und euroasiatische Platte) und mehrere kleinere (z. B. arabische, ägäische und karibische Platte). Schon 1959 hatte der Geophysiker Benno Gutenberg im oberen Erdmantel zwischen 80 und 150 Kilometer Tiefe jene Erweichungszone entdeckt, die als »Gleitschicht« für die wandernden Kontinente diente. Die Plattentektonik war im Prinzip bewiesen. Aber eine neue Frage stieg auf mit dieser Erkenntnis. Öffnen und erweitern sich die Ozeane, so weitet und vergrößert sich die Erde. Also gibt es die Expansion der Erde, wie es die Professoren Hilgenberg, Egyed und Pascual Jordan behaupteten? Vieles, eigentlich alles spricht dagegen. Doch muß in der Haut unseres Planeten noch etwas anderes geschehen. Irgendwo muß dieses ozeanische Fließband der Erde wieder in die Tiefe fahren, muß die Kruste in dem Maße verschluckt werden, wie in den Rücken neue entsteht. Auch diese Stellen hat man gefunden, an den Rändern der großen jungen Faltengebirge der Erde, wieder 70000 Kilometer lang, vom zirkumpazifischen Gürtel um den Stillen Ozean und den mediterranen Gürtel vom Mittelmeer über Vorderasien bis in den Himalaja. Dort liegen die großen Verschluckungsbereiche der Erde. Damit kehren wir zurück zu den Ufern des Wachsch mit einer Frage: Liegt der Pamir eventuell auch in einer solchen Zone? Doch wie kann das sein, der Pamir steigt doch auf, wie wir wissen. Die Forschung hat die scheinbar paradoxe Antwort gefunden. Indem hier Kruste abtaucht, steigt sie auch auf. Ein Sonderfall liegt vor. Kontinentale Kruste Indiens wird unter die kontinentale Platte Eurasiens gepreßt, und die Kruste verdickt sich dadurch. Ein altes Gesetz wirkt, die sogenannte Isostasie, das Tauchgleichgewicht der Gebirge. Je tiefer die kontinentale Kruste eintaucht in die dunklen Tiefen der Erde, und das sind hier 70 bis 80 Kilometer im Gegensatz zu nur 30 Kilometern in den Vorländern, um so höher muß sie – einem schwimmenden Eisberg gleich – zugleich auftauchen und aufsteigen. Läßt sich daraus der heutige Aufstieg des Pamir und Tienschan erklären? Wir wollen das aus unserer Sicht bejahen.

In den letzten Jahren erkundete man Einzelheiten dieser Theorien. Es entstand ein Modell vom erdgeschichtlichen Werdegang der Plattengrenzen. Das Vorstadium der Zerteilung einer kontinentalen Tafel ist die Entstehung eines gewaltigen Tiefenbruchs, eines Riftsystems mit Einbrüchen von Gräben wie am Baikalsee, in Ostafrika oder am Oberrhein. Die Umgrenzungen der neuen Platten mit kontinentaler Kruste werden sichtbar. Nun folgt das Jugendstadium, in dem die Platten auseinanderdriften, die Grabenbrüche sich verbreitern, erstmals neue ozeanisch-basaltische Kruste entsteht und das Meer diese Depression bedeckt. Das typische Beispiel ist das Rote Meer. Die Granitkruste zwischen Afrika und Arabien ist längs eines lange vorgezeichneten Grabenbruchs zerbrochen, die Klammer kontinentalen Zusammenhalts ist im Tertiär zerrissen. Für Afrika hat die eigene Drift begonnen, um dem seit der Unterkreide westwärts »fahrenden« Südamerika zu folgen. Das Rote Meer ist also ein werdender Ozean, die Drift schreitet voran.

Der begonnene Prozeß geht weiter, die Ränder der Platten driften weiter auseinander, neue ozeanische Kruste wird produziert an den ozeanischen Rücken, das »sea floor spreading« weitet den Meeresboden aus. Passiv bewegen sich die Kontinente in diesem Reifestadium der Platten. Typisches Beispiel dafür ist der Atlantik. Jetzt aber muß etwas Neues geschehen, soll die Erde sich nicht ausweiten, und so beginnt die »Verschluckung« ozeanischer Kruste an den Westküsten Amerikas, in den Inselbögen der Kurilen, Japans, der Philippinen und Indonesiens. Dieses Verschluckungsstadium verkörpert der Pazifik. Der Endpunkt der Entwicklung ist nahe, das elastische Förderband der Erde steht still, es entsteht keine neue Kruste mehr, die Produktion ist eingestellt. Die »Verschluckung« aber geht weiter, der weite ozeanische Raum verengt sich, die Kontinente nähern sich wieder, das Schließstadium hat begonnen, heute vom Mittelmeer verkörpert. Aber unaufhörlich setzt sich dieser Prozeß fort, die kontinentalen Platten stoßen aneinander, pressen schließlich einen gerade gebildeten Senkungs- und Sedimentationsraum zusammen zu einem zwischenkontinentalen Faltengebirge.

Das ist nun die Situation in Zentralasien. Die »schnelle« Indische Platte wandert seit langer Zeit nach Norden, in den letzten 100 Millionen Jahren etwa 5000 Kilometer. Das sind etwa 5 Zentimeter im Jahr. Paläomagnetische Messungen der erdgeschichtlichen Pollagen haben ergeben, daß diese Indische Platte wie die Iranisch-Afghanische Platte vom Rand der großen paläozoischen Süderde Gondwana sich ablöste und mit beträchtlicher Eigenrotation bis an den Südrand der kontinentalen Russisch-Sibirischen Platte driftete. Von der Unterkreidezeit an kam es zu Zusammenstößen, zu einer Kollision von Kontinent zu Kontinent. Diese Plattenberührung erreichte seit dem Jungtertiär beachtliche Intensitäten, bis in die Gegenwart anhaltend. Die Folge waren und sind Faltungen infolge Pressung in den Platten und an den Plattengrenzen. Alter Meeresraum wird dabei zusammengeschoben zu den größten Faltengebirgen der Erde, und da an der Kollisionsfront die Indische Platte unter die Eurasiatische Platte untertaucht, dabei relativ leichte kontinentale Kruste in große Tiefen abtaucht und diese in spezifisch schwererer Materie unter Auftrieb gerät, kommt es dort auch zwangsläufig zu Hebungsvorgängen. Die Faltengebirge wie Himalaja, Kunlun, Pamir und Tienschan stiegen und steigen auf zu den höchsten Gebirgen der Erde.

Wir schauen wieder hinaus in das weite Gebirgsland. Unter uns fließt der Wachsch, und unter ihm taucht die große Fahrbahn nach Süden ein. Der Wachschbruch trennt Gebirgssysteme, er ist symbolisches Zeugnis eines neuen geologischen Weltbildes. Er markiert bei einer generalisierten Betrachtung als ein deutlich erkennbares Element die Grenzregion zweier Großplatten der Erde.

Die Katastrophe von Chait – ein geologisches Ereignis

Wieder ist überall der Staub der Straße. Wir fahren auf dem offenen Wagen in Richtung Osten am granitenen Nordufer des Surchob. Die Trasse ist in die steilen felsigen Hänge gesprengt. Kein Geländer schützt die Straße an der Flußseite vor dem Abgrund, kein Dach vor dem Steinschlag von oben. Kurve folgt auf Kurve. Gegenverkehr kann hier das Ende bedeuten. Plötzlich steht eine Herde auf der Straße –

Rinder, Schafe und Ziegen. Zentimetergenau das Manöver über der fast senkrecht abfallenden Wand. Tief unten strömt der Surchob.

Gegen Abend senkt sich die Straße hinunter ins Tal. Im goldenen Abendsonnenlicht glitzert das Netzwerk des in mehrere Arme gespaltenen Flusses. Eine letzte felsige Kehre und dann eine große Weitung, ein Seitenfluß mündet ein, den eine Brücke überquert. Das schräge Abendlicht zeichnet deutlich das räumliche Bild. Terrassenlandschaft, mittelasiatisch sommerdürr, ab und zu verstreute Obstbäume, ein einsames Haus auf schmalem Kiesriegel – und dann das Denkmal. Das letzte Licht des Tages skizziert eine große Gestalt aus hellem Werkstein, gleich dahinter ist die Dunkelheit der neuen Nacht. Überlebensgroß kniet eine trauernde Frau auf dem niedrigen Sockel, schaut hinaus in das weite und friedliche Land, wo der Rote und der Grüne Fluß sich vereinigen, wo der Obikobud verschmilzt mit dem mächtigen Surchob. Ins Gestein geschlagen wurde die Trauer um verlorene Menschen, ohne Detail, und gerade deshalb eindrucksvoll. 1967 bis 1970 errichtet zur Erinnerung an das Jahr 1949.

Erst seit etwa vier Jahrzehnten besteht die felsige Straße durch das Tal des Surchob, die wir befuhren. Zuvor war hier Einsamkeit und Isolation. Die Menschen des ehemaligen Fürstentums Karategin lebten abgeschnitten von der übrigen Welt und eingebettet in die Berge des Pamir. Als die ersten Forschungsreisenden um die Jahrhundertwende dorthin gelangten, stießen sie auf primitive Lebens- und Wirtschaftsformen. Alles wurde hier selbst produziert, von den Töpfen bis zu den Schuhen. Blättert man aber im Buch der mittelasiatischen Geschichte, so stößt man auf eine überraschende Tatsache. Nicht immer bestand hier die Abgeschiedenheit. Das Tal des Roten Flusses war einst ein wichtiger Handelsweg, ein Pfad des wirtschaftlichen und kulturellen Austausches. Ein Abzweig der großen Seidenstraße führte hier entlang, aus China kommend über das Alai-Tal, das Surchob-Tal weiter in Richtung Westen, nach Babylon und Byzanz. Hierher, an die Einmündung des Grünen Flusses, stieß nach anderen historischen Quellen mit einiger Wahrscheinlichkeit ein Weg aus dem Norden – und an diesem geographisch günstigen Ort entstand die größere Siedlung Chohid, Chait, so genannt nach einer alten Bezeichnung für ein örtliches islamisches Fest. Auch in den Nebentälern waren wegen des günstigen Klimas und der guten Wegverbindungen einige Kischlaks entstanden. Mehrere zehntausend Menschen sollen hier gelebt haben, von der Viehzucht, von einem bescheidenen Ackerbau, von Obstplantagen und auch von der Bienenzucht.

Seit alters waren die Menschen des Karategin auf das engste verbunden mit der Natur. Sie kannten die Eigenheiten der Erde, die in kürzeren und längeren Abständen erzitterte. Die Erfahrungen hatten sich von Generation zu Generation vererbt, die sorgfältige Wahl des Standortes ihrer Siedlungen, die Bauweise der niedrigen dickwandigen Häuser sind Zeugnis dafür. Trotz vieler und starker Beben in der langen Siedlungsgeschichte kam es jedoch bisher zu keinen ernsthaften Schäden. Auch der große Kischlak Chait galt als sicher und ungefährdet.

Aber dann brach mit dem 10. Juli 1949 ein regnerischer Tag an. Eine für diese Zeit ungewöhnlich lange Regenperiode war vorausgegangen. Die Erdschichten waren durchfeuchtet, aber das konnte den Menschen nur recht sein, denn gewiß würde es in dem üblicherweise trockenen Monat August nicht regnen. Mehrere Erdstöße hatten in den zurückliegenden Tagen die Gegend von Chait erschüttert. Dies aber war kein Grund zur Aufregung, war für die Region Chait nichts Besonderes. Alljährlich werden hier über eintausend Beben registriert. Meist sind sie von geringer Stärke, nicht spürbar für den Menschen, wohl aber registrierbar für die empfindlichen Meßgeräte in den heutigen Observatorien. Als daher an jenem 10. Juli die Erde unter den Häusern Chaits erneut zu schwanken begann, nahm davon niemand besondere Notiz. Und doch sollte es zehn Minuten später zu einer Katastrophe unheimlichen Ausmaßes kommen. Für Bruchteile einer Sekunde wankten die Berge, zog es den Menschen den Boden unter den Füßen weg, rüttelte und schüttelte sich die Erde wie in einem epileptischen Anfall. Erschrocken sahen sich die Menschen an, ohne zu ahnen, daß oben in den Bergen das Unheil seinen Lauf nahm, zehn Kilometer von Chait entfernt, an den Flanken des östlich gelegenen Dreitausenders Burgultschak. Eine Kettenreaktion katastrophaler Ereignisse erfolgte in rasendem Tempo. 10^8 Joule bei einer Magnitude von 9 bis 10 rüttelten am Berg, eine riesige Felswand rutschte an einer talwärts einfallenden wasserstauenden Gleitschicht ab. Millionen Kubikmeter Stein wurden in Bewegung gesetzt, mit Dröhnen und Krachen den Gesetzen der Schwerkraft folgend. Dumpf hallten die an tödliche Gefahr gemahnenden Töne zu Tal, vielfach reflektiert und gebrochen an den Felswänden der Talflanken – eine schauerliche Musik, gewiß auch gehört von den Bewohnern Chaits. Aber auch das war ja Alltag, denn wie oft hallte es so oder ähnlich vom Berg herunter. Doch die Felsen zerschlugen und zerteilten sich, und die Kraft verlor sich stets schon weit oben am Hang ... Aber diesmal hatte eine Folge von verhängnisvollen Ereignissen begonnen, die jetzt ablief, ohne daß irgendeine Möglichkeit bestand, sie aufzuhalten. Millionen Kubikmeter Steinmassen stürzten in den bis an den Rand gefüllten See Chaus-Chait unterhalb des Berges. Die Erd- und Gesteinsmassen vermischten sich spontan mit dem Wasser des Sees zu einer tödlich-beweglichen Mixtur, die mit hoher Geschwindigkeit in mehreren Bahnen talwärts schoß, auch durch die Obidarachauschlucht, alles mit sich fortreißend und zudeckend, was sich in den Weg stellte. Die Siedlung Chait lag auf diesem Wege.

Die Mure aus Felsgesteinen aller Größen, Schlamm und Wasser raste über die Häuser hinweg, über die noch ahnungslosen oder schon fliehenden Menschen, über das Vieh, riß vieles mit sich fort und schoß über den reißenden Obikobud. Dann kam der Gegenhang, und mit ungebrochener Kraft fuhr die Mure den Hang empor, überschlug sich und prallte zurück. Wie ein zweites Leichentuch legten sich Massen aus Schutt und Lehm erneut auf den Fluß und Teile der Siedlung Chait. Dann trat Stille ein, nichts regte sich mehr, der Ort Chait mit seinen Bewohnern war verschwunden, zugedeckt von einer 20 bis 30 Meter mächtigen Schlamm- und Gesteinsschicht. Der Ort war ausgelöscht in wenigen Minuten, ausradiert aus der Landschaft und den Landkarten Mittelasiens. Still lag das Tal, alles war begraben, was einst diesen herrlichen Landstrich belebte. 18 000 Menschen hatten hier und in einigen gleichfalls betroffenen Kischlaks ihr Leben verloren, verschüttet von den Steinen, die noch Minuten vorher aufragten in den Hochgebirgshimmel.

Nur wenige Hirten von Chait, die mit ihren Schafherden außerhalb des Ortes weideten, überlebten. Ohnmächtig zu helfen mußten sie zusehen, wie das heimatliche Dorf mit ihren Familien im Gestein versank. Auch einige zufällig anwesende, etwas außerhalb Chaits zeltende Wissenschaftler wie der Geobotaniker Professor K. Stanjukowitsch blieben am Leben. Ihre Erzählungen von dem großen Unglück verbreiteten sich rasch in den Tälern des südwestlichen Alai und des Pamir. Die Katastrophe von Chait wurde für die Bewohner der Berge zu einem symbolhaften Beispiel, wie sehr ihr Leben noch heute verknüpft ist mit den Geschehnissen der Natur. Die Kunde von der Katastrophe von Chait drang aber auch hinaus in die Welt, denn an vielen Orten der Erde hatten die Seismographen das Beben vom 10. Juli registriert. Chait versank im Schutt der Mure, aber erst durch die Vernichtung wurde es überall bekannt.

Das Tal war verfüllt. Über 60 Meter Gestein lagen im Flußbett. Der Obikobud staute sich hinter dieser natürlichen Sperre, überströmte recht bald die Krone, grub sich hindurch und nagte einen klammartigen Durchbruch. Der Stausee lief leer, und noch heute zeigen die steilen Wände des Canyons den Aufbau der tödlichen Mure.

Zwei Kilometer südlich der ehemaligen Ortschaft, unmittelbar neben der Straße in den Pamir, wurde das von dem kirgisischen Bildhauer Kirej Dshumogasin geschaffene ergreifende Denkmal errichtet. Es ist auch ein geologisches Denkmal, denn es mahnt an einen Charakterzug unseres Planeten. Die Erde arbeitet, besonders hier. Mittelasien ist typisches Erdbebenland. Ein kurzer fragmentarischer Blick in die Chronik der seismischen Ereignisse unterstreicht das. Bekannt sind die Beben von Alma-Ata, Taschkent und Aschchabad, die in unregelmäßigen zeitlichen Abständen wiederkehrten. 1868, 1924, 1938 und 1966 kam es zu schweren Zerstörungen der Stadt Taschkent. Während der letzten Katastrophe lag das seismische Epizentrum in nur acht Kilometer Tiefe direkt unter dem Zentrum der Millionenstadt. Aber auch in den Hochgebirgen rumort es. 1907 kam es zu einem schweren Beben im Karategin. Am 17. Februar 1911 stürzten bei einem Erdbeben in der Nähe von Ussoi gewaltige Felsmassen von einem 3 000 Meter hohen Berg in der Jasgulem-Kette mit zwei Milliarden Kubikmetern Gestein in das Tal des Murgab. Der Kischlak Ussoi mit rund 200 Bewohnern wurde begraben. Ein fast tausend Meter langer und 500 Meter hoher Damm staute dann das Wasser des Flusses, 1913 bereits 28 Kilometer lang und 280 Meter tief. Nach einem versunkenen Kischlak wurde der Stausee »Saressee« benannt. 1914 entströmte erstmals am Damm ein neuer Fluß, 1925 mit 80 bis 100 Kubikmetern in der Sekunde ein beachtlicher Strom. 1931 hatte der Stausee eine Länge von 50 Kilometern, kurz danach von 61 Kilometern. Seit 1938 überwacht eine hydrometeorologische Station die Standfestigkeit des natürlichen Steinschüttdammes. Im Mai 1967 kam es zu einem ähnlichen Ereignis am Serawschan. Im Zusammenhang mit einem Beben erfolgte bei Aini ein Felssturz, und das Flußwasser staute sich ebenfalls beachtlich. Bekannt sind auch die Beben von Garm 1941 und Faisabad 1943. In böser Erinnerung ist das Erdbebenjahr 1976. 23 000 Tote in Guatemala, vermutlich Millionen Tote in China. Selbst in der DDR registrierten die Seismographen Erschütterungen. Auch in Mittelasien blieb die Erde nicht ruhig. Am 17. Mai 1976 bebte die Wüste Kysylkum, und die Erdgasstadt Gasli wurde zerstört. Von 13 000 Einwohnern wurden 10 000 obdachlos. Auch in Buchara und Samarkand traten Schäden auf. Das berühmte Kaljan-Minarett erhielt Risse und verlor Teile seiner Rotunde. Im Epizentrum im Süden der Wüste wurden Bebenstärken bis 10 der zwölfstufigen Richter-Skala gemessen. Aus dem darauffolgenden Monat sind über eintausend Erdstöße aus der usbekischen Sandwüste bekannt, die sogenannten Nachbeben. Mittelasien ist ein Schauplatz rezenter Tektonik.

Wir sitzen am Fuß des Denkmals von Chait, sprechen leise über die vielen offenen Probleme zur Physik der Erde. Und noch einmal werden Fragen gestellt: Warum ist Mittelasien und speziell der Pamir und der Hindukusch eine Art Knotenpunkt der asiatischen Erdbeben? Warum laufen die Erdbebenlinien und die jugendlichen Gebirgszüge von Westen kommend hier zusammen, um sich nach Osten in eine Vielzahl von Erdbebenregionen aufzugabeln? Warum sind die Beben im Pamir und Hindukusch oft Tiefenherdbeben, denn innerhalb der mediterran-eurasiatischen Erdbebenzone liegen die Herde meist in einigen hundert Kilometern Tiefe?

Wir erinnern uns an die große geologische Konzeption der Erde. Die Indische Platte mit dem festländischen Subkontinent Indien auf dem Rücken driftet nordwärts nach dem Prinzip der Plattentektonik, etwa 5,6 Zentimeter im Jahr. Spitzenwerte der Driftgeschwindigkeit im Weltmaßstab liegen an der Westgrenze der Pazifik-Platte mit 8,5 bis 9 Zentimetern im Jahr. Der Chaman-Tiefenbruch markiert vom Indischen Ozean über das pakistanische Belutschistan bis zum Hindukusch und Pamir die Spur der nach Norden fahrenden Platten. Die Fahrt dieses gewaltigen »Indischen Erdschiffes« aber wird gebremst durch die Sibirische Platte, ein großes kontinentales Massiv im Norden. Doch der Schub hält an. Nur schwer ist die riesige, einmal bewegte Masse aufzuhalten. Unvermeidlich kommt es zur Kollision. Am Bug der nordwärts fahrenden Indischen Platte taucht kontinentale Kruste ein in die Tiefe. Teilbereiche werden überschoben. Dabei komprimiert sich die Erde. Es entstehen Spannungen bis in tiefste Regionen, die sich ausgleichen in verschiedenster Weise. An Rissen in der Erdkruste kann es zu gleitender langsamer Kriechbewegung ohne seismische Ereignisse kommen. Es entstehen aktive Überschiebungen, Aufschiebungen und meridionale Blattverschiebungen. Aber oft reagiert die Erde nicht elastisch. Spannungen stauen sich an. Spannungen ungeheuren Ausmaßes lauern in den Tiefen der Erde und warten auf Entladung. Es sind Materialprüfungsprozesse im großen Stil. Wird die Widerstandsfähigkeit der Gesteine gegen Bruch überschritten, kommt es zum plötzlichen Lösen der elastischen Spannungen im Gestein.

Mannigfalt sind die sekundären auslösenden Faktoren, oft minimale Ereignisse, da die aufgespeicherten Energien groß sind. Meteorologische Einflüsse wie Temperatur- und Luftdruckschwankungen, Niederschlagsbelastungen, Gezeitenschwankungen des festen Erdkörpers oder die Erdrotation lassen das Fundament der Erde erzittern und erbeben, unüberhörbare Lebenssymptome unseres Planeten. Wir leben auf keinem toten Stern.

Wir sitzen am Denkmal von Chait und blicken in das allmählich in der Dunkelheit versinkende Bergland ringsum. Es ist ein warmer friedlicher Abend. Im Süden liegen die Berge des Pamir und in unserem Rücken, im Norden, der südwestliche Tienschan. Hier, in diesem geologischen Grenzland, berührten sich vor erdgeschichtlich kurzer Zeit erstmals zwei Platten, stießen aneinander und kollidierten. Die Katastrophe von Chait fand statt, weil die Indische Platte noch immer nach Norden »fährt«.

Etwa 70 Millionen Menschen starben bisher durch Erdbeben. Erdbeben gehörten und gehören zu den größten Naturkatastrophen. Sicher wird man eines Tages die seismischen Ereignisse voraussagen können. Werden Spezialisten der Erdforschung die Menschen warnen können vor den erdinneren Gefahren. Wird man den Menschen in den Bergen sagen können, wann die Felswände beben, wann die vereisten Steilflanken die Eislast abschütteln und gewaltige todbringende Lawinen zu Tal donnern werden. Aber noch ist es nicht soweit, derartige Informationen in jedem Falle aus den Observatorien und den Computern zu erhalten. Noch werden die Menschen überrascht, im Schlaf, bei der Arbeit. Erste Hoffnungen aber sind berechtigt, daß es einmal anders wird. Nicht weit von hier, in Garm am Surchob, befindet sich die zentrale geophysikalische Meßstation für die tadshikischen Gebirge. Hier in Chait ist eine Meßstation mit Seismographen seit Jahren in Betrieb. Vielfältige Erscheinungen werden beobachtet und gemessen. Die Bebenstärke, die Amplitude, die Zeitpunkte der Beben, ihre Herdtiefe, aber auch die Veränderungen der Erdoberfläche in horizontaler wie vertikaler Dimension werden genauestens registriert. Eine Gesetzmäßigkeit zeichnet sich deutlich ab hier am Rande des Pamir, aber auch in dem nicht allzu weit entfernten Ferganabecken, im fernen Nordtienschan bei Alma-Ata wie am Kopet-Dag bei Aschchabad. Vor größeren Erdbeben steigt die Erdkruste auf. Es kommt zu meßbaren Hebungen. Nach dem Beben senkt sich die Erde in gleichem Maße wieder, nicht viel, doch meßbar. Der Weg ist gewiesen, auf dem man fortschreiten muß. Gewiß wird eines Tages die Wisssenschaft in der Lage sein, die Fahrpläne erdinnerer Ereignisse im voraus zu kennen. Katastrophen werden dann vermeidbar sein. Die Katastrophe von Chait, das Beben aus dem Jahre 1949, wird jedoch zu jenen Naturereignissen gehören, die in der Geschichte Mittelasiens fest vermerkt sind.

Wir stehen vor der Mure, die Chait begrub. Über ein Vierteljahrhundert ist inzwischen vergangen, aber wir sind erstaunt, wie frisch der Schuttstrom in Form einer strauch- und distelbewachsenen langgestreckten Hügellandschaft vor uns liegt. Man erkennt auf den ersten

Blick die Auflagerung auf die ehemalige Oberfläche, bemerkt noch immer die ehemals turbulente Bewegung, die mitunter hausgroßen Gesteinsblöcke, und man erkennt auch die ehemaligen Fahrbahnen der Muren, die von den Bergen im Osten herunterkamen und jenen unheilvollen Weg über die Siedlung nahmen. Und ganz oben leuchtet am Westhang des Burgultschak eine hellere Felswand; es ist die Abrißfläche des Bergsturzes.

»Kennt ihr das Buch von Vilém Heckel?« wird ganz plötzlich gefragt. »Kennt ihr den tschechischen Bildbericht über die Peru-Expedition 1970? Das war doch jene Gruppe, die ganz am Ende einer erfolgreichen Bergfahrt umkam. War das nicht ein ganz ähnliches Ereignis wie jenes hier?« Wir erinnern uns an die Meldungen der Presse und natürlich auch an die später veröffentlichten Farbbildtafeln des verunglückten Heckel. Auch dort ereignete sich am Huascarán in der peruanischen Cordillera Blanca ein Erdbeben. Zwar stürzten dabei nicht Felsmassen in die Tiefe, sondern »nur« 80 Meter mächtiges Gletschereis. An einem Gletscherbruch riß das Eis in einer Länge von 800 Metern ab, stürzte in einen See, und wieder kam es zu einer verhängnisvollen Mischung von Wasser und Feststoff. Rund 85 Millionen Kubikmeter Eis, Schlamm und Wasser schossen zu Tal und begruben wie in Chait alles Leben, viele Dörfer und auch die Stadt Yungay. 70 000 Menschen fanden den Tod. Die tschechische Expedition hatte das Hochgebirgsprogramm erfolgreich beendet, war wieder abgestiegen in die grünen Regionen, saß auf den gepackten Kisten und wartete auf die Wagen, die sie abholen sollten. Und dieses letzte Lager war falsch gewählt. Wer auch konnte angesichts der Dörfer und des geschützten Tales vermuten, daß sich gerade hier eine derartige Katastrophe ereignen würde. In wenigen Sekunden war das Leben der tschechischen Expeditionsmitglieder ausgelöscht. Erneut hatte die Erde nur für Bruchteile einer Sekunde gebebt, weil eben am Westrand Südamerikas auch wieder zwei Großplatten der Erde sich berühren, der pazifische Meeresboden eintaucht unter den Kontinent Südamerika und seismische Erschütterungen diesen Prozeß umrahmten. Und in Bruchteilen von Sekunden wurde diese unheilvolle Kettenreaktion ausgelöst – eine Parallele zur Katastrophe von Chait.

Wir besuchen heute das neue Chait, das schon bald nach dem Unglück im Tal des Grünen Flusses gleich neben den Schuttströmen entstand. Eine lebende Siedlung mit jungen lachenden Menschen, mit Tieren, Bäumen, Aryks, und unmittelbar benachbart der begrabene und versunkene Ort. Wir gehen nachdenklich durch die Stätte menschlicher Tatkraft. Der Mensch hat sich hier sichtbar behauptet trotz Katastrophe und scheinbarem Ende. Seltsam will uns die Tatsache scheinen, daß man einen Ort des Schreckens neu besiedelt, aber unzählige Male vorher an anderer Stelle war es ähnlich. Eine lange Siedlungsgeschichte, das gute Siedlungsmilieu, das Klima, die Verkehrslage, das vorhandene Wasser ... vielerlei Zusammenhänge werden angeführt zur Begründung. Immer wieder zieht es den Menschen an die alte Wohnstätte zurück. Kein Erdbeben ist zerstörend genug, kaum ein Vulkanausbruch intensiv genug, um die Menschen zur Aufgabe zu bewegen. 1775 vernichtete ein Erdbeben Lissabon. Aber die Stadt besteht an gleicher Stelle bis heute. 1902 verwüstete der Glutausbruch des Mont Pelé auf der Insel Martinique das Land und die Städte, aber die ganze Insel blieb Siedlungsgebiet. Im Jahre 1906 wurde San Francisco in drei Minuten völlig zerstört, aber aufgegeben wurde die Stadt nicht. Und auch Taschkent wurde nach dem großen Erdbeben 1966 schnell wieder aufgebaut. Immer wieder hatte der Mensch die Kraft und den Willen, den Wohnplatz, der schon verloren schien, zurückzuerobern. Kaum hatte im Juni 1973 der Eldfell auf der isländischen Westmännerinsel Heimaey seine vulkanische Tätigkeit eingestellt, kehrten die Einwohner auf ihre Insel zurück, um die Lava und die Asche aus dem Hafen, aus den Gassen, von den Häusern und den Gräbern der Vorfahren wegzuräumen. Ein Pompeji entstand auf Heimaey nicht, und im übertragenen Sinne trifft Gleiches auf Chait zu.

Die wenigen Einwohner, welche die Katastrophe überlebten, zogen auch hier nicht weg, sondern bauten am Rand der Mure die ersten neuen Häuser. Eine berechtigte Hoffnung gab ihnen die nötige Kraft und den Mut dazu. Das schwere Erdbeben hat den Berg gereinigt vom lockeren Gestein, jetzt kann man in der Tat an eine gefahrlose Zukunft glauben hier an den Ufern des Obikobud. Und so ist ein neues Chait entstanden, mit einer Schule, einem Magazin, einem kleinen Kaufhaus, das uns jetzt willkommen ist als ein letztes »Versorgungskontor« vor der großen Tour in die Abgeschiedenheit der Berge.

Ausflug
in die Eiszeit

Noch einmal wird fürstlich gespeist unter freiem Himmel und auf der staubigen Wiese gleich neben der Farm Begissija, einer alten Siedlung mit klangvollem muselmanischem Namen. Begissija heißt »strahlender Fürst«. Doch das »fürstliche Leben« geht ausgerechnet hier selbsterwählt zu Ende. Beginnen soll der lange Fußmarsch mit fünfzig Kilogramm schwerer Last, beginnen eine Zeit mit wundem Rücken und aufgeriebenen Füßen. Es beginnt aber auch eine Exkursion in die Eiszeit.

Anfangs aber sind nicht Eis und Kälte unsere Begleiter, sondern Staub und Hitze. Unter der Julisonne werden die ersten Kilometer zur Qual, bis der Körper sich an die Last gewöhnt hat. Dann folgt die bessere Wegstrecke. Allmählich öffnen sich wieder die Augen und erblicken das prachtvolle Tal der Mirabellen, das Tal des Jarchitsch. Zwischen steilen Bergen zieht es hinauf zur Gebirgsverknotung der Mattscha, mit üppigen Blumenwiesen zunächst, mit Weiden- und Pappelhainen, mit Wildobstdickichten und Ahornbeständen, sogenannten Galeriewäldern, mit alten Nußbäumen. Professor Agachanjanz hat für die Gebirge Mittelasiens etwa 6000 lebende Arten höherer Pflanzen veranschlagt – das ist eine reichhaltige Florengemeinschaft trotz vieler pflanzenarmer Regionen. Unter diesen Pflanzen finden sich viele Einwanderer aus dem Mittelmeerraum wie Mandeln, Pistazien, Christusdorn und auch Einwanderer aus dem monsunbeeinflußten Himalaja. So wundert es nicht, daß viele Pflanzen uns unbekannt vorkommen. Und wenn ein Gänseblümchen, eine Schafgarbe oder ein Weidenröschen vor uns blüht, so ist es, als hätten wir im Getümmel fremder Menschen einen guten alten Bekannten getroffen. Aus dem hier satten Grün von Pappeln und Wildobstbäumen lugen Natursteinmauern und Hausreste, ehemalige alte Siedlungen, die 1949 von einem Erdbeben zerstört wurden. Eine Mure rollte gegen die Farm Jarchitsch Bolo. Kurz nach diesem Ereignis erfolgte die Aussiedlung der überlebenden Bewohner dieses Tales in die sich erweiternden Oasenkulturen des nicht allzu fernen Fergatales und Südtadshikistans. Wir steigen auf staubigem Pfad langsam talauf, unter Bäumen mit reifenden Früchten. Wie goldene Amulette hängen die Mirabellen an den Zweigen vor einem tiefblauen Himmel. Dann folgen Bäume mit kleinen Aprikosen, von den Tadshiken Urjuk genannt, eine geschätzte Frucht des Gebirges. Bucherinnerungen an das Hunza-Volk im Karakorum werden lebendig. Dort lebt man von Aprikosen in mehreren Arten, die nacheinander reifen und das Volk gesund ernähren. In schütteren Obstbaum- und Ahornwäldern stehen bunte Kästen, aufgestellt von den Hirten des Tales, sommerliche Wohnstätten der Honigbienen. Seit der Steinzeit ist die Nutzung des Honigs belegt, im alten Ägypten, in Mesopotamien und im alten Indien, bei den Griechen wie bei den Römern und gewiß auch in Mittelasien. Der Honig war ein hochgeschätztes Nahrungs- und Heilmittel, war Handelsgut und auch würdige Opfergabe. Ringsum summen die Bienen und besuchen die unzähligen Blumen des Jarchitsch-Tales. Auffällig ist die leuchtend gelbe Schafgarbe, Achillea santolina. Nicht selten treffen wir auf Jugan, die Tibetanische Flügeldolde, oder auch Tibetgras, Prangos pabularia mit lateinischem Namen, eine hochgewachsene charakteristische Umbellifere des Gebirgsraumes mit ebenfalls gelben Blüten, vertrocknet zu einem Teil schon zu goldbraunem Gestrüpp hier unten im warmen Tal. Weiter oben werden wir dieser Pflanze wiederbegegnen im noch grünen, gefahrvollen Gewande – sie sondert dann ein Sekret ab, welches das Abweiden durch Tiere verhindern soll und das auch für den Menschen nicht ungefährlich ist.

Aus den Nebentälern am anderen Ufer rieseln blaue Bäche herab, Schmelzwasserfäden von nahen Schneefeldern, die in der Sommersonne zerrinnen. Das reine, klare Wasser ist ein Magnet für die unzähligen Weidetiere im Tal, für Pferde, Rinder, Kamele, Schafe und Ziegen. An paradiesischen Tränkplätzen stehen die Tiere dicht beieinander. Gleich daneben strömt der Jarchitsch mit braungrauem Schmelzwasser der vergletscherten Hochregionen, ein Vorbote aus der Welt des Eises. In langen, sich verbreiternden Schuttströmen gleitet das frostgesprengte Gestein herunter bis in das Flußtal. Alles strebt nach unten – Steine, Felsbrocken, aber auch Pflanzen, Wiesenstücke und Erdschollen mit Bäumen. Am Talfuß häuft sich an, was da abgeglitten ist. Es entstehen Schuttfächer großer Dimensionen. Sie wirken wie gewaltige ausgebreitete Hände aus zerstörtem Fels. Einer kräftigen Aderung auf dem Handrücken gleich winden sich deltaartig gespaltene kleine Gebirgsbäche hinunter zum Fluß. Dazwischen stehen Königskerzen, Verbascum sp., zahlreiche distelartige Korbblütler, die Kratzdistel Cirsium und Vertreter der Onopordon-acanthium-Gruppe, der Eselsdisteln, der zu den Lippenblütlern gehörende Wüstenziest Eremostachys, einzelne Malven und viele andere Pflanzen. In allen Hochgebirgen Asiens sind diese Schuttkegel bevorzugtes Siedlungsland, vor allem in den großen Längstälern. Hier in Mittelasien und auch weiter im Süden, im Karakorum und Himalaja, sind es das saubere Wasser, die hochwassersichere Position über dem Hauptfluß, das besondere geographische Milieu, die natürlich terrassierte Gliederung des Terrains mit guter Bewässerungsmöglichkeit, die Eigenheit des Bodens oder noch ganz andere Gründe, die gerade auf diesen Handrücken der Hochgebirgstäler den Menschen siedeln ließen. Braune Flecken und Streifen an den Ufern der Wasseradern sind lebendig, verändern wie Mückenschwärme Gestalt und Farbe. Es sind sich bewegende Herden. Tausende von Pferden verbringen hier den Sommer halbwild am Gebirgsrand. Sie verkörpern eine uralte Tradition der Bewohner der Hochgebirgstäler, sind Reste einer früher viel weiter verbreiteten eigentümlichen Gebirgsviehzucht mit vertikalem Nomadisieren, einem Pendeln zwischen tiefer Talposition im Winter und Hochregion im Sommer. Die Kischlaks mit einem bescheidenen Bodenbau sind heute weit entfernt. Die einst hier gelegenen Siedlungen wurden nach dem Erdbeben von Chait aufgegeben. Von den Hirten werden die Tiere im Frühsommer in die Hochgebirgstäler getrieben, über schmale Pfade, die einzigen Verbindungswege für Tier und Mensch, die man später versperrt, über provisorische Brücken, die man wieder abreißt. Die Tiere sind in einem weiten freien Lebensraum für die Monate des Sommers eingeschlossen durch natürliche Grenzen, durch unüberwindbaren Fels, durch reißende Flüsse und durch versperrte Wege, und nur wenige Hirten bleiben bei ihnen. Die Herden werden dabei auch auf natürliche Weise selektiert, weil nur starke, gesunde Tiere das Leben in der Wildnis überdauern. Das Ergebnis sind die prachtvollen kirgisischen Pferde, die man in der ganzen Welt schätzt. Sie sind vielen Menschen nahegekommen durch Werke des kirgisischen Dichters Tschingis Aitmatow.

Unser Pfad steigt auf und ab am Rand des Jarchitsch-Tales. Unter uns liegt Bergsturzgeröll, ein Wall aus Gestein, Ruhelage einstiger Bewegung. Zwischen ihm und dem Talhang ein durchsichtiger tiefblauer See mit großen Forellen; fast unwirklich spiegeln sich in ihm die Berge ringsum. Der Blick reicht aber auch hinab bis auf den felsigen Grund des Sees, Blickfang und Anregung zugleich für Gedanken, die in die Erde gerichtet sind. Keine einzige Kräuselung, keine Welle verdirbt das Spiegelbild, das umgrenzt wird von einer saftiggrünen exotischen Ufervegetation. Der Tannenwedel Hippuris vulgaris und das Fetthennengewächs Rhodiola semenovii bilden den schmückenden Rahmen.

Dann fällt unser Pfad ganz plötzlich ab, senkt sich hinab in eine breite Talniederung, wo drei Flüsse sich zusammenschließen zu gemeinsamem Wirken: der Dara Pios (»Zwiebelfluß«) von Nordost, der Nasar Ailok von Norden und der Obi Kamorou von Westen. Auf ebenem grasigem Niederungsland mit einzelnen Tamarisken ragt ein haushoher einzelner Felsblock auf, ein Naturdenkmal, das an einstige Erdbeben erinnert. Augenzeugen berichteten vom Chaiter Erdbeben: »Große Steine rollten über die Hänge, die zu qualmen schienen. Es waren Staubwolken hinter abrutschenden Graspartien.« Dieser Stein hier ist ein solcher heruntergestürzter riesiger Block. Orangerote Prachtflechten leuchten auf ihm wie eine besonders auffällige Wegemarkierung. Der dünne Pfad stößt auf den Dara Pios und endet am rei-

Vom Eis des einst mächtigeren Serawschan-Gletschers wurde eine steile Felsflanke abgeschliffen

Das obere Ende des Serawschan-Gletschers mit einem stark Schmelzwasser führenden Gletscherbach. Im Hintergrund der Kschemysch-Baschi (5282 m)

Die oberen Blankeisbereiche langer Talgletscher sind mitunter eben wie Straßen.
Hier der Serawschan-Gletscher unterhalb des Obryw (5029 m)

Schneelawinen verfüllen kilometerlange Talzüge wie das Tal des westlichen Nasar-Ailok.
Es sind bequeme, wenn auch gefährliche Aufstiegswege

In einem großen Schluckloch verschwindet ein Gletscherfluß. Im Hintergrund der Achun
Von Spalten zerrissenes Gletschereis auf dem Fiturak-Eisplateau

Der wasserreichste Schmelzwasserfluß des Pamir ist der ohne Brücke nicht zu überquerende Muksu, der von den großen Talgletschern der Akademie- und der Peter-I.-Kette gespeist wird

Brücke über den Obichingou. Baumstammbrücke und Hängebrücke zugleich

Im Tal des oberen Surchob. Weite Schotterfluren zwischen sich aufspaltenden Flußarmen sind »Paradeplätze« der Flußgerölle

Das Tal ᵥ ; Muksu an der Einmündung des Sugran-Tales. Dahinter die Kette des Transalai mit gefalteten Sedimentgesteinen

Blick vom südlichen Peschi-Paß auf den oberen Sugran-Gletscher. Rechts der Pik Lipski (5838 m) mit einem Lawinenkessel, aus dem der Lipski-II-Gletscher herunterquillt. Im Hintergrund links das Massiv des Pik Moskwa (6785 m)

ßenden Wasser, an einer vorragenden steinernen Plattform, die noch
vor Wochen eine Brücke trug. Heute fehlt der verbindende Teil aus
Holz, der zum anderen Ufer hinüberführt und dann weiter zu altem
Gemäuer an einem terrassierten Hang, zur ehemaligen Siedlung
Daschti Muchamedshon. Wir befinden uns in 1960 Meter Höhe, wei-
ter aufzusteigen verhindert zunächst die fehlende Brücke. Reißendes
Sommerhochwasser hat sie ausgehoben. Typisches Brückenschicksal in
Zentralasien. Es sind eben »seasonal bridges«, wie sie so treffend im
Himalaja heißen. Wenn man sie braucht, sind sie nicht da, weggerissen
von irgendeiner Hochwasserwelle. Ein Hirt sitzt am Ufer: »Wir werden
sie wieder aufbauen!« Auf die europäisch ungeduldige Frage nach dem
»Wann« folgt die mittelasiatische Auskunft: »Bald, vielleicht morgen
oder übermorgen, ganz bestimmt bald.« Und er wird warten, bis hier
auf diesem und drüben auf dem anderen Ufer sich weitere Hirten ein-
finden, dann werden sie Tee trinken, die hier an diesem Ufer und drüben die am anderen Ufer. Vielleicht werden sie auch ein Schaf schlach-
ten. Eines Tages werden sie dann wirklich die Brücke bauen. Wenn sie
fertig ist, werden sie aufeinander zugehen, sich die Hände schütteln
und wieder Tee trinken, jetzt alle zusammen, entweder auf diesem
oder auf dem anderen Ufer. Bis zu diesem Zeitpunkt aber könnte das
Datum unserer Abreise herangerückt sein, also wünschen wir unserem
Freund am Ufer ein langes Leben und viel Kraft für den Bau der
Brücke und uns selbst Mut und Erfolg für eine Flußüberquerung ohne
Brücke.

Wulf schwimmt am Seil durch den Fluß, dann beginnt die Arbeit
unter der glühenden Sonne, der Bau einer Seilbahn, Improvisation
einer Hängebrücke, an der wir an Karabinerhaken hinüberrutschen
wie zuvor unsere Kraxen und Fotoapparate.

Drüben ist wieder der Pfad, der hinauf- und hinunterpendelt und
hineinführt in das sommerblühende Tal des Nasar Ailok. Wie sehr
wünschte ich mir Pausen, aber es gibt nur staubigen Gepäckmarsch.
Erst am Abend bleibt ein Stündchen für Details. Mit Günther und Peter steige ich auf zu einem niedrigen Berg mit seltsamen Wällen aus
aufgeschichtetem Gestein, ganz oben ein quadratisches Steinhaus, gro-
bes Trockenmauerwerk mit flachem Dach, ein Totenhaus, ein Masar.
Ein Heiliger wurde hier bestattet. Der gewölbte längliche Grabhügel
aus Lehm liegt inmitten des Raumes, daneben Gefäße aus Bronze und
Ton. An den Außenwänden mahnen große Gehörne des Steinbocks
Capra ibex, des »Kijik«, des Wächters des Todes, an die Vergänglichkeit des Lebens. Marca Polo beschrieb im 13. Jahrhundert ganze
Zäune aus Steinbockgehörnen. Der Masarenkult war und ist noch im-

mer weit verbreitet in den Bergen Mittelasiens. Es ist eine Heiligenverehrung einheimischer Prägung mit islamischen Anstrichen. Pilgerreisen zu den Masaren, oft viereckigen Grabbauten mit kuppelförmigen Dächern, sind noch heute von alten Menschen gepflegte Handlungen. Beim Abstieg finden wir einen großen hölzernen Pflug. Hier wurden also nicht nur Menschen begraben und verehrt, hier wurde auch gelebt und gearbeitet.

Die tadshikische Bezeichnung »Nasar Ailok« für das Tal, durch das wir gehen, charakterisiert diese Landschaft gut: Überall erblickt man grüne Sommerweiden, die sich bis an den Fuß der felsigen Berge emporziehen. Wir marschieren durch saftige Wiesen, die oft sumpfig werden und bestanden sind mit prächtigen Einzelpflanzen und bald mit dschungelartigen Wäldern von Bärenklau (Heracleum). Die bis zwei Meter hohen Stengel mit den schirmartigen Dolden rücken eng zusammen. Im Spätsommer und Herbst werden diese Dickichte aus riesigen Doldengewächsen zu Wäldern aus braunen trockenen Röhren, die wie aufgespannte Regenschirme ohne Stoffbezug dastehen und die im Wind zu säuseln beginnen. Geht man hindurch, brechen die dürren Schäfte mit lautem Knall. Jetzt aber sind sie noch saftig grün. Mit dem Eispickel schlagen wir uns schmale Pfade. Inmitten der grünen Stengel stehen im lichtdurchbrochenen Schatten einige Pferde und Rinder. Aber dann hört diese üppige Vegetation auf. Es folgen Geröll aus Granit, Kalkstein und Schiefer, gelegentlich erster Schnee, die Reste alter Lawinen. Und immer wieder lange Wegstrecken über wegrollenden Schutt, auf dem jeder Schritt schwierig und kräfteraubend wird. Doch unsere Mühe wird belohnt. In 3 200 Meter Höhe erreichen wir ein traumhaft schönes Lager. Vom Westen kommt der Gletscherfluß des westlichen Nasar Ailok herunter, von Norden fällt aus einem engen Gletscherkessel der Hauptfluß buchstäblich heraus. Ringsum ragen bizarre Berge aus altem Schiefergestein, aus Kalkstein und aus Granit in einen azurblauen Himmel. Wir sind im steinkohlenzeitlichen Gebirge, im südwestlichen Tienschan. In den Zwickeln der Felsen und in den sandigschluffigen Nischen der kiesigen Ufer blühen farbige Blumen. Neben unseren bunten Zelten schaukeln hochaufragende, leuchtend rote Weidenröschen im Winde. Es ist ein paradiesischer Garten am Eingang zur Welt des Eises.

Wir haben den Rand der Mattscha erreicht, einer Vereinigung dreier Gebirgskämme. Von Osten streicht der 350 Kilometer lange Alai-Kamm herüber, an der 5 310 Meter hohen Igla sich aufteilend in zwei parallel nach Westen strebende Kämme, den Turkestan-Kamm im Norden und den Serawschan-Kamm im Süden, zwischen ihnen eingeschlossen das Tal des Serawschan. Das Einzugsgebiet mit beachtlichen Firnschnee- und Eismassen macht den Serawschan zu einem großen Wasserspender für die trockenen Vorlandregionen, für Samarkand und für Buchara. Tausende Quadratkilometer fruchtbarer Gärten wären ohne den Fluß und die davon ausgehenden Kanäle Steppen- und Wüstenland. Die Schneegrenze liegt hoch hier im Mattscha-Gebirge, am Nordhang des Turkestan-Kammes bei 3 500 bis 4 000 Metern. Das Klima ist gemäßigt kontinental. Das bedeutet starke Sonneneinstrahlung bei 2 500 Stunden mittlerer jährlicher Sonnenscheindauer. Die Sommer sind demzufolge warm, aber ohne drückende Hitze, die Winter kalt und durch starke Fröste gekennzeichnet. Die Niederschläge fallen vorwiegend im Winter, meist von November bis April als Schnee. Da die Berge hier aufragen bis zu Höhen über 5 000 Metern, ist der größte Vereisungskomplex mit langen Talgletschern gerade hier entstanden. Mit 28 Kilometern ist der Serawschan-Gletscher der größte Eisstrom dieses Gebietes, gelegen im Zentrum der Mattscharegion, flankiert von unzähligen Nebengletschern, von eisbedeckten Pässen und Hochkämmen mit bizarren spitzen Gipfeln, wie die schon genannte Igla, der 5 280 Meter hohe Kschemysch-Baschi, der 5 025 Meter hohe Obryw und weiter weg der Pik Pyramidalny (5 510 Meter) und der Pik Skalisty (5 621 Meter).

Unser Lager liegt im Südteil des Serawschan-Kammes, der von Forschungsexpeditionen bisher wenig berührt wurde. Eine erste Nachricht stammt aus früher Zeit. Der letzte Timuride Sahriddin Babur unternahm im 15. Jahrhundert Reisen ins Serawschan-Tal, über die er Aufzeichnungen hinterließ. In den Gebirgsraum ist er gewiß nicht vorgedrungen. 1843 besuchte der Naturforscher Lehmann den oberen Serawschan. 1880 überquerte der russische Geologe Muschketow als erster den Serawschan-Gletscher von der Zunge bis zum 3 986 Meter hohen Mattscha-Paß in fünf Tagen. Viele Namen von Gletschern und Flüssen wurden festgelegt: Obryw, Golowa, Igla, Achun. Es entstand die erste topographische Karte des Serawschan-Gletschers. 1906 besuchte die kleine deutsche Gruppe unter Rickmer-Rickmers den Gletscher erneut und stieg bis zu seinem Ende unter dem Gipfel Obryw. 1934/35 wurde der Serawschan-Gletscher erneut begangen von einer geographischen Abteilung unter Gorbunow. Die Suche nach Lagerstätten, vor allem nach Zinnerzen, führte Geologen auch in die südlichen Regionen. Im westlichen Mattscha-Gebirge kam es zu ersten Gipfelbesteigungen von sowjetischen Alpinisten unter der Leitung der Brüder Abalakow, die den Geologen zur Seite standen. 1940 war eine Expedition der Akademie der Wissenschaften hier tätig. Wichtigstes Ergebnis war folgende Erkenntnis: Kein Gipfel der Mattscharegion übersteigt die 6000-Meter-Grenze. Erst 1955 sind wieder alpinistische Expeditionen hier, aber Schlechtwetter verhindert bedeutende Besteigungen. So bleibt der Mattschaknoten bis fast in unsere Tage ein Gebirge ohne bezwungene Hochgipfel. Doch dann »fielen« sie bald alle auf einmal. 1969 gelangen einer sowjetisch-polnischen Mannschaft 28 Erstbesteigungen.

Von unserem Lager am westlichen Nasar Ailok ist in zwei Richtungen ein weiteres Einsteigen ins Mattschagebiet möglich. Weiter nach Norden, den Nasar Ailok aufwärts, nimmt das Geröll zu, die Blöcke werden größer, bildet das Eis einen grauen Querdamm – die Stirnwand des kleinen Nasar-Ailok-Gletschers. Steigt man weiter das Alteis hinauf, so blickt man oben in einen großen Kessel mit senkrechten felsigen Wänden, mit hängenden Seitentälern und Wasserfällen. Aber wir müssen wieder umkehren, denn es gibt kein gefahrloses Weiterkommen. Also gehen wir in westlicher Richtung, den westlichen Nasar Ailok hinauf. Es wird ein Aufstieg zur Eiszeit werden von Anfang an, eine Marschroute für Geologen. Hinter einer Klamm ist der graue tosende Gletscherwasserfluß nur ein kurzes Stück sichtbar, dann wird er zugedeckt durch ein kilometerlanges weißes Band aus Lawinenschnee. Aus einem dunklen Tor tritt der Fluß wieder ans Tageslicht. Wir schauen hinein in den dröhnenden Eisschneetunnel, sehen ein flachgeschwungenes grünblaues Gewölbe mit seltsamen Taufiguren, mit Nischen und scharfen Graten und darüber eine Decke aus mehreren Metern Firn. Auf der Oberfläche dieser alten Lawine wird unser Weg aufwärts führen zu dem Ursprung des Schmelzwassers.

Gewaltige Schneemassen stürzen im Winter und Frühjahr von den Steilhängen, rasen viele Kilometer hinunter ins Tal. Das Tal wird mit Schnee verfüllt. Dann aber nagen die Schmelzwässer am Grund der Lawine und schaffen einen Tunnel. Von oben leckt die Sonne, taut den Schnee flächenhaft ab, an einzelnen aufliegenden Steinen auch punktförmig, und die Deckschicht wird dadurch mit jedem Tag dünner. Gelegentlich gibt es Durchbrüche, Blickfenster zum Schmelzwasserfluß in die Tiefe. Der Marsch auf der Lawine ist verbunden mit der ständigen bangen Frage: »Wird diese Firnschneedecke uns auch wirklich tragen?«

In Dreierseilschaften stapfen wir bedächtig aufwärts, vorbei an alten Randmoränen, Zeugen eines einst bis hier herunterreichenden eiszeitlichen Talgletschers. Wir sehen riesige Erdpyramiden, die wir später an anderer Stelle noch genauer untersuchen werden, und beobachten erneut eine seltsame Erscheinung. Die Oberfläche des Firnschnees ist rötlich getönt. Jede Trittspur wird rot. Es ist»Blutschnee«, natürlich angefärbt durch zugewehtes Sediment. Ganz Mittelasien scheint ein Anfluggebiet für jene Feinsande und Schluffe zu sein. Die geringe Luftfeuchtigkeit infolge der extremen Kontinentalität begünstigt Staubstürme, die durch besondere Thermik in hohe Luftschichten aufdringen. In der Umgebung von Duschanbe machten wir die Bekanntschaft mit dem Afghanez, einem sommerlich permanenten Staubwind aus südlichen Trockengebieten. Ein gelblicher Löß von 0,06 bis 0,01 Millimeter Korngröße setzt sich ab. Mittelasien erhält so sein gelbes Kleid. Es gibt aber auch rote Staubwinde aus der Wüste Kysylkum und den großen Trockentälern. In der weiteren Umgebung des Ferganabeckens bezeichnet man die sommerlichen Westwinde als Garmsil (tadsh. garm. = warm, sel, sil = Strom). Sie können aufsteigen bis in die Hochregionen des Mattschaknotens, um dort ihre färbende Last abzulagern. So sind die Schnee-, Firn- und Eisfelder geradezu ideale Sedimentations- und Konservierungsräume für diese Luftfracht, der gar nicht selten auch Pollen beigemischt sind. Da zwischendurch immer wieder einmal Schnee fällt, reichert sich dieser gefärbte »Staub« oft lagenweise an. Die Eis- und Schneeforschung hat sich dieses Phänomens längst angenommen, um zum Beispiel eine gesicherte Jahreschronologie im Gletschereis zu ermitteln. In neuester Zeit ist die Umweltforschung an diesen Ergebnissen interessiert. Die Gletscher haben in dem geschichteten Eis die Sedimente von Jahrhunderten konserviert und eingefroren. In den tiefen Lagen ist das Eis völlig rein und sauber, von einzelnen Lößlagen abgesehen. Es ist das Eis des 15. bis 19. Jahrhunderts, als die Umwelt noch rein war. In den Eisschichten der letzten Jahrzehnte sind schon mit bloßen Augen zunehmende Schmutzschichten zu erkennen, etwa in den fünfziger Jahren beginnend und besonders deutlich zu erkennen in den letzten zehn Jahren. Bemerkenswert sind diesbezügliche Analysen, von polnischen Wissenschaftlern im Himalaja in 5 300 Meter Höhe angestellt. Weltweit interessiert man sich für diese neue Richtung der Hochgebirgsforschung. Das Eis der Gletscher wird zum Testfeld aller jener ernsten Probleme auf der Erde, welche das Wachstum der Industrie mit sich bringt. Auch für die Gletscher- und Firnfelder selbst sind diese Prozesse äußerst wichtig. Verschmutzte Oberflächen bedeuten erhöhte Wärmeaufnahme und stärkeres Abschmelzen. Umweltschutz und Gletscherhaushalt stehen somit in einem engen Zusammenhang. Der rote Schnee hier oben im Mattscha-Gebirge aber ist das Produkt eines natürlichen Kreislaufs. Es ist rötlicher Löß.

Als wir schließlich einen etwa fünf Quadratkilometer großen Eis-

101

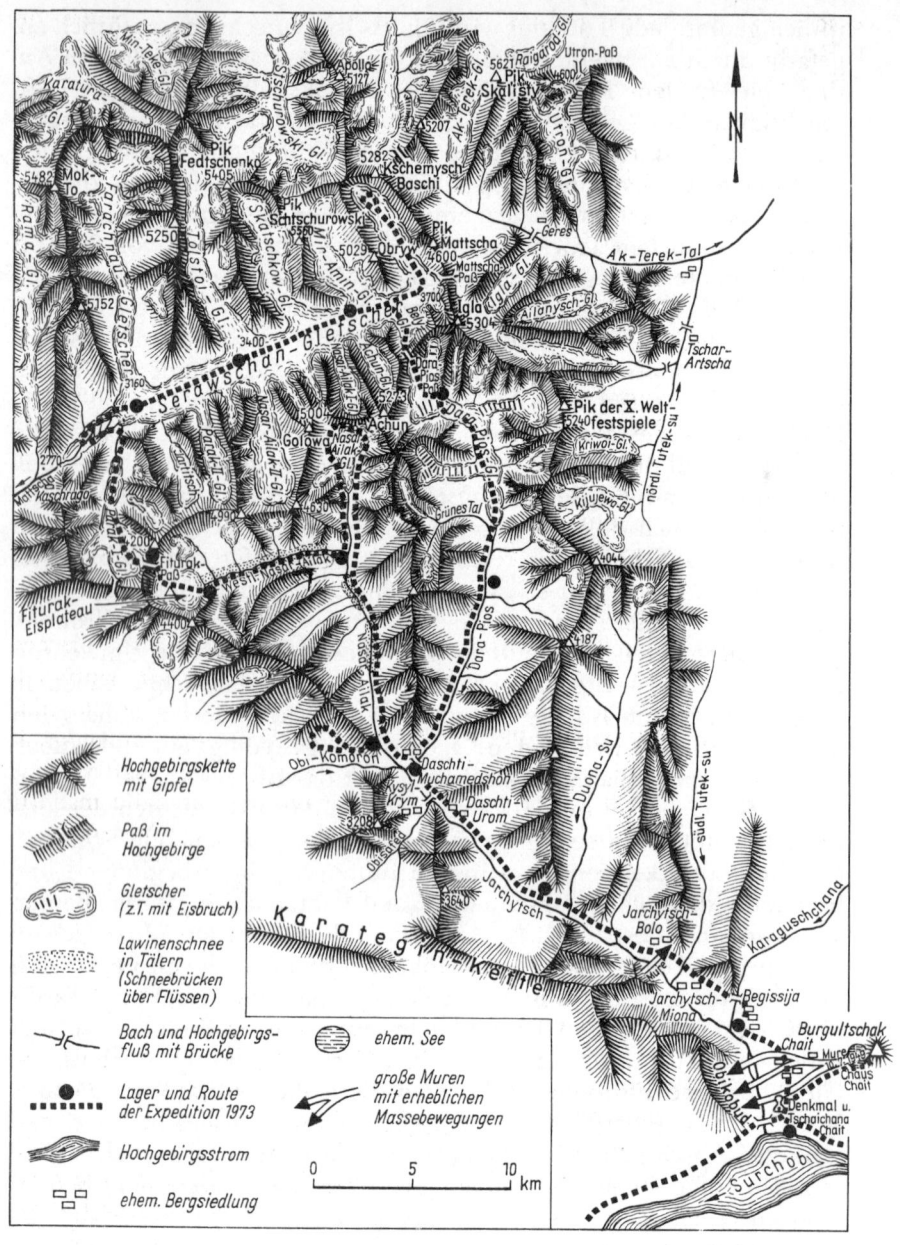

Karte der Mattscha-Region und die Expeditionsroute 1973 zum Serawschan-Gletscher

schild erreichen, das Fiturak-Eisplateau, treten wir ein in die Welt der Eiszeit. Im Abendlicht leuchtet die Stirn der uhrglasförmigen Eiskalotte, ein großer Eiskörper aus mehreren Teilströmen, aber verschweißt zu einer Einheit. Ringsum ist das Plateau von hochaufragenden Felsketten umgeben, die bis etwa 4500 Meter aufsteigen. Da hier die maximalen Niederschläge in Höhen von 4300 bis 4500 Metern fallen, wird das Fiturak-Eisplateau ausreichend mit Schnee versorgt, so daß seine jetzige Größe etwa stabil bleibt. Aus dem Eiskörper ragt ein Felsmassiv heraus, ein Nunatak, wie solche »Zeugenberge« im Eis nach einem Begriff der Eskimo in der Fachsprache genannt werden, unten durch Schliffspuren verziert, oben gezeichnet von der ständigen Frostverwitterung. Bei der Bildung des Eises, das gegenüber dem flüssigen Wasser neun Prozent mehr Raum benötigt, wirkt ein Druck von etwa 14 Megapascal nach allen Richtungen. Bei minus 22 °C beträgt der theoretisch mögliche Ausdehnungsdruck schon 195 Megapascal. Das Felsgestein der Bergspitzen wird an den Kluftfugen zersprengt. Die Berge »ertrinken« im Frostschutt.

Wir sitzen vor unseren Zelten am Rand des Gletschers und versuchen die Eiszeit nachzuerleben. Bekannt ist die Glaziallandschaft des europäischen Nordens. Mehrfach ist damals das Inlandeis Skandinaviens darübergefahren, hat die Berge und Felsen abgehobelt und geglättet sowie Moränenschutt und Schmelzwassersedimente gestapelt. Als es wärmer wurde, ist das Eis einfach weggeschmolzen. Jetzt bedarf es eines hohen Maßes an Phantasie, um in Gedanken das Inlandeis in Thüringen und Sachsen, Mecklenburg und anderswo bildhaft vor sich zu sehen. Bis 3000 Meter war der skandinavische Eisschild mächtig. Selbst in den randlichen Bereichen war eine mehrere hundert Meter hohe Eisstirn vorhanden. Vermutlich ein gewaltiger Anblick für die Menschen des Eiszeitalters.

Das vor uns liegende Fiturak-Eisplateau ist ein reales »lebendes« Modell, ein kleines Muster sozusagen für die heutigen Inlandeiskörper Antarktikas, Grönlands und Islands, die das eiszeitliche Bild am besten wachrufen könnten. Der talwärtige Eisrand liegt unmittelbar vor uns. Es scheint ein stilliegender Gletscherrand zu sein, an dem sich das Abtauen an der Stirn und der Eisnachschub die Waage halten. Die dabei zwangsläufig entstehenden Aufschüttungsmoränen werden von den sommerlichen Schmelzwässern in großem Maße abtransportiert durch das steile Tal des westlichen Nasar Ailok, im doppelten Sinne meist unsichtbar, verborgen nämlich im dunkelgrauen Wasser des Flusses, das zugedeckt von der kilometerlangen Lawine unter den Schneemassen in einem gewundenen Tunnel abwärts schießt. Die Schmelzwassermengen sind groß, weil ein intensives sommerliches Abtauen – eine intensive Ablation – typisch ist für größere Eisflächen.

Über größeren Eisschilden ist die Gesamteinstrahlung aus der Atmosphäre durch eine besondere Thermik und eine höhere Reinheit der Luft etwa zweimal größer als über eisfreien Räumen. So ist es ganz natürlich, daß wir beim Ersteigen der steilen weißen Eisstirn Tausende Schmelzwasserrinnen vorfinden und überqueren, die sich hinunterwinden wie in das Eis gravierte Ornamente. Auf dem schwächer geneigten Plateau selbst stehen Gletschertische, erst kleine, dann größere, bis mannshohe »Wachsoldaten« mit einem Körper aus Eis und einem Helm aus Stein. Einige spreizen die Beine, der Deckstein ruht auf zwei Säulen aus Eis. Wir werden sie später auf anderen Gletschern ausführlicher studieren. Dann kommen Spalten in verschiedenen Richtungen, am Anfang geschlossen, dann in allen Formen klaffend, eine ausgetaute bizarre blauglänzende Formenwelt unter der Oberfläche, die oben heimtückisch verdeckt sein kann durch den frischen Neuschnee.

In der Nähe der großen Felsen im Gletscher erreichen wir einen Eisbruch, ein begrenztes Chaos aus verkippten Eisklötzen mit steilen Wänden bis 50 Meter Höhe, blaues Eis mit rötlichen Lößbändern. Alles ist begrenzt von grundlos tiefen Spalten, sichtbar und deshalb gefahrloser für die Bergsteiger. Hier ist das Eis in Bewegung geraten, aus dem plastisch-fließenden Gleiten des Eises wurde sprödes Reagieren, wurde Zertrümmerung. Die Ursachen liegen in der Tiefe. Ein Knick, eine Steilstufe im felsigen Untergrund paust sich auf diese Weise nach oben durch.

Auf einem nachfolgenden Flachstück des Plateaus finden wir wassergefüllte Wannen im Eis, die wie Linsensysteme wirken und das Licht zu großer Helligkeit bündeln. Wieder ein Stück weiter finden wir Eisdolinen, tiefe steilwandige Kessel von geringem Durchmesser. Einige wärmesammelnde Steine haben sich in die Tiefe getaut. Es sind Formen des Thermokarstes, Lösungsstrukturen des Eises durch die mannigfaltigen Wirkungsweisen der Sonnenstrahlung.

Wir steigen weiter empor. Frostschutt liegt auf dem Eis, ein Teppich aus losem Gekörn verschiedenster Größen. Nun bekommt dieser Teppich ornamentale Muster, erst undeutlich und dann immer kräftiger, hier Streifen und dort rundliche bis ovale Ringe. Die Oberfläche wird auf natürliche Weise geschmückt. Die Entstehung läßt sich leicht erklären. Die schuttbedeckte Oberfläche des Eises steht unter dem permanenten Einfluß der Gefrornis. Es ist ein Phänomen des Dauerfrostbodens, wie er auch am Rande der großen quartären Inlandeisgletscher vorhanden war. Es ist der Periglazialbereich kaltklimatischer Verhältnisse, heute auf der Erde noch in 21 Millionen Quadratkilometern vorhanden, Rest einer einst gewaltigen Ausdehnung im Eiszeitalter. Beachtlich kann die Eindringtiefe des Frostes sein. Eine Bohrung in Jakutien hat in der Nähe des Polarkreises in 1450 Meter Tiefe noch Eis angetroffen, gewiß Relikt aus der Eiszeit. So sehr der Boden auch gefroren sein mag, wie hier auf dem schuttbedeckten Eis des Fiturak, unter der sommerlichen Sonne taut allmählich die oberste Schicht auf, sättigt sich mit Wasser und beginnt schon bei geringster Neigung der gefrorenen Unterlage bedächtig und unmerklich zu gleiten. Dabei werden die Sedimente verformt und verwickelt – das ist das Phänomen der Solifluktion. Zu Hause haben wir diese Strukturen in den Sanden und Kiesen im fossilen Zustand oft untersucht, hier nun können wir die frische jugendliche Entstehung miterleben. Bald gefriert es wieder, das Feinkorn zuerst, das grobe Material wird durch Frostschub seitlich weggedrückt und oft hochkant gestellt, besonders bei den plattigschiefrigen Gesteinen. Auf diese Weise entstehen Strukturböden meist in Form von Steinringen und Steinnetzen von wenigen Zentimetern bis knapp einem Meter Durchmesser. Am stärker geneigten Hang dann gehen diese Ringe durch die Solifluktion, durch das Bodenfließen, in parallele Schuttstreifen über. Es entstehen die Streifenböden. Dort, wo der feinkornreiche Schutt stark unterkühlt wird, tritt durch das Wachsen der Eiskristalle eine Austrocknung, ein Volumenschwund ein. Es reißen schmale, oft tiefe Spalten ähnlich den Trockenrissen auf, Wasser dringt ein, gefriert und erweitert den Riß. Es entstehen Eiskeile, die sich beim Wegtauen der Eisfüllung mit Sediment füllen können. Strukturböden und Keilspalten sind die charakteristischen Phänomene in den Sedimenten fossiler Periglazialbereiche, in den oberen Schichten der Dauerfrostregion der Erde in früherer Zeit und heute noch.

Hoch aufgestiegen sind wir bis an den verschneiten oberen Rand des Eisplateaus. Wir blicken zurück in das eisgefüllte Becken und erahnen dabei die einstige Größe dieses Gletschers, sehen seinen eisigen Arm unten im lawinenschneegefüllten Tal. Wir sehen den Tienschan und den Pamir im Eiszeitalter und erfassen etwas Wesentliches: Erdgeschichte ist oft Temperaturgeschichte. Und zugleich entstehen Fragen. Warum neigt die Erde in periodisch wiederkehrenden Abständen, nach etwa 250 bis 300 Millionen Jahren, dazu, bei extrem kontinentalem Klima so stark abzukühlen, daß es zu Eiszeiten kommt? Gibt es eventuell eine Beziehung zum galaktischen Jahr, das bekanntlich einer Umdrehung des ganzen Milchstraßensystems entspricht, das sind ebenfalls etwa 250 bis 300 Millionen Jahre? Außerirdische Einflüsse haben immer wieder zur Erklärung herhalten müssen. Da ist in jüngster Zeit zum Beispiel ein neues Bild der Sonnenentwicklung entstanden auf der Grundlage der erweiterten Erkenntnis der Elementarteilchenphysik. Die Forschung hat Schwankungen der Neutrinostrahlung der Sonne entdeckt, und so schält sich ein Denkmodell heraus, das es in Zukunft zu prüfen gilt. Die Sonne ist kein gleichbleibend starker Dauerbrenner. Etwa 300 Millionen Jahre heizt sie auf nuklearer Basis, um dann den nuklearen Reaktor abzustellen, etwa 20 bis 30 Millionen Jahre lang. Die Folge ist dann eine merkbare Verringerung der auch der Erde zugeteilten und übermittelten Strahlungsenergie. Es konnte durch merkbares Temperatursinken zu Eiszeiten kommen. Die lange, 300 Millionen Jahre umfassende Epoche zwischen den Eiszeitperioden ist charakterisiert durch eine höhere mittlere Jahrestemperatur als heute. Betrachtet man die weltweiten erdgeschichtlichen Forschungsergebnisse, so können die von der Astrophysik ermittelten Erkenntnisse recht gut mit der jungpräkambrischen, der jungpaläozoischen und der pleistozänen Vereisungsperiode der Erde verglichen werden. Diese werden getrennt nach geologischen Befunden durch etwa 250 bis 300 Millionen Jahre umfassende Perioden mit ausgesprochen warmem Klima. Professor Treder von der Berliner Akademie der Wissenschaften ist optimistisch, daß die weitere Forschung zum solaren Neutrino diese Theorie wird stützen können.

Neben der Änderung der primären Sonnenstrahlung werden aber auch andere außerirdische Einflußgrößen immer wieder zur Erklärung herangezogen, nämlich Schwächung der Sonnenstrahlung durch interstellare Nebel, besondere periodische Bewegung des Milchstraßensystems und Änderung der Erdbahnelemente. Auch phantastisch anmutende Thesen wurden von ernst zu nehmenden Wissenschaftlern mutig ausgesprochen und gar nicht selten von verschiedenen Massenmedien aufgegriffen und verbreitet: Die Sonne verschlinge in Abständen von etwa 250 bis 300 Millionen Jahren einen ihrer Planeten, absorbiere ihn und vermindere dadurch ihre Strahlungsintensität, was auf der Erde zur Entwicklung von Eiszeitperioden führe. Während sich also eine Gruppe von Forschern durch ernsthafte Analysen und Phantasie in ihren Gedanken bis zu astronomischen Katastrophen vorwagte, glauben andere mit rein irdischen Vorgängen erklärend auszukommen. Wieder begegnen wir hier dem neuen tektonischen Weltbild mit driftenden Platten und der etwa 200 bis 300 Millionen Jahre andauernden Tendenz, große Festländer oder gar nur einen großen Landblock zu bilden. Dieser »geokrate« Zustand bedeutet dann natürlich extrem festländisches Klima und soll gleichbedeutend sein mit der Entstehung von Eiskörpern.

Die normalen Temperaturen an der Erdoberfläche schwanken in der Nähe des Nullpunktes, so daß geringe Temperaturerniedrigungen eine über längere Zeit stabile Umwandlung von Wasser zu Eis bewirken können. Das entstandene Eis wirkt nun als lokaler Kühlschrank. Man nennt das Rückkopplungs- und Selbstverstärkungseffekte. Relativ bescheidene Anlässe können auf diese Weise große Wirkungen haben. Eine Eiszeitperiode kann beginnen, deren Klima durch völlig andere, weitgehend unbekannte Ursachen rhythmisch oder zyklisch hin- und herschwingt zwischen Kalt- und Warmzeiten. Die Kaltzeit, das Glazial, ist eine Erdgeschichtsperiode mit charakteristischen, immer wiederkehrenden Entwicklungen. Auf das einleitende Anaglazial folgt eine Zeit deutlicher Kontinentalität, größter Kälte und extremer Trockenheit – es ist das Hochglazial, das Peniglazial. Allmählich klingt schließlich die glaziale Zeit ab, es wird feuchter, und dadurch dehnen sich die Gletscher aus, es ist die Periode des Kataglazials. Die Erwärmung geht weiter, die Kaltzeit wird durch eine Warmzeit getrennt, die man Interglazial oder Thermal nennt, in der es merklich wärmer und zudem feuchter wird.

Durch einen derartigen Wechsel von Kalt- und Warmzeiten ist auch das quartäre Eiszeitalter in Mittelasien charakterisiert, das vor etwa zwei Millionen Jahren begann und das die sowjetischen Forscher in der Regel das »Anthropogen« nennen. Noch ist die Erforschung dieser Periode nicht beendet. So gibt es über die Anzahl der Kaltzeiten und über viele Details unterschiedliche Auffassungen. Es scheint jedoch sicher zu sein, daß die Vergletscherung des Pamir und des Tienschan nicht das Ausmaß der kaltzeitlichen Alpenvergletscherungen erreicht hat, hauptsächlich infolge geringerer Niederschlagsneigung. Riesig allerdings war die Zone der Dauerfrostböden und Kältesteppen an der Peripherie der Hochgebirge. Hier entstanden bemerkenswert ausgedehnte und mächtige Lößaufwehungen. In China wurden am Nordabfall des Kunlun-Gebirges bis 350 Meter mächtige Löße bekannt.

Erst in neuester Zeit ist es sowjetischen Quartärforschern wie A. A. Nikonow, M. M. Pachomow, A. W. Penkowa und anderen gelungen, im Pamir und im südwestlichen Tienschan vier Eiszeiten und drei Zwischeneiszeiten sicher auszuscheiden. Wie man durch Untersuchungen der Sauerstoffisotope in Inlandseisbohrkernen von Grönland und der Antarktis weiß, muß man mit noch mehr Vereisungen rechnen, mit sieben Eiszeiten zum Beispiel in den letzten 700 000 Jahren Erdgeschichte, denen im frühen Quartär weitere Eisvorstöße vorangegangen sein können. Dabei wird immer wieder darauf hingewiesen, daß die Vereisungen der Hochregionen nicht unbedingt mit Klimaschwankungen, sondern ursächlich mit der jungen tektonischen Hebung der Gebirge in einem direkten Zusammenhang stehen. Der Pamir »wuchs« rascher, als er abgetragen wurde. In der letzten Million Jahre ist deshalb das Gebirge um zwei bis drei Kilometer aufgestiegen, im Durchschnitt also in drei Jahren um einen Zentimeter. Dies mußte zwangläufig zu Vereisungen führen, rhythmischer Aufstieg zu rhythmischen Eisvorstößen. Und so wundert es auch nicht, daß der Pamir in früheren Perioden des Eiszeitalters relativ gering vergletschert war, als er noch nicht zu den »eiskritischen« Höhen aufgestiegen war.

Eine ältere Vereisung ist zur großen Überraschung in den letzten Abschnitt der Braunkohlenzeit zu stellen, ist also pliozänen Alters und etwa mit unserem europäischen Villafranchium zu vergleichen. Ein kaltzeitliches Analogon in Europa und speziell in den Alpen gibt es nicht, so daß es uns nicht leichtfällt, sich mit dieser »Entdeckung« anzufreunden. Eine folgende Warmzeit, das sogenannte Kokbai, wird mit 1,9 bis 3 Millionen Jahren datiert und entspricht damit in großen Zügen der sogenannten Oldoway-Zeit, einer frühen Phase des Eiszeitalters, die benannt ist nach einem berühmten Fundort in Afrika. Der nun folgende Kaltzeitkomplex ist mit einem Alter von einer Million bis 500000 Jahren offenbar ganz sicher datiert. Die Gletscherablagerungen werden mit dem oberen Apscheron und dem unteren Baku verglichen, das entspricht der europäischen Günz- und der Mindel(Elster)-Vereisung. Auf das warmzeitliche Adshar-Interglazial, das dem europäischen Holstein entspricht, folgt die Hauptvereisung der Hochregionen Mittelasiens, die Tuptschak-Vereisung, mit den maximalen Vorstößen der Talgletscher in der Zeitspanne von vor 300000 bis 120000 Jahren, und das entspricht der europäischen Riß (Saale = Dnepr)-Vereisung. In Mittelasien ergibt sich eine Parallelisierung mit dem Unteren Chasar. Der heute 78 Kilometer lange Fedtschenko-Gletscher erreichte in dieser Zeit eine Länge von 170 Kilometern, der heute rund 28 Kilometer lange Serawschan-Gletscher die respektable Länge von 105 Kilometern. Eine in Europa als Eem-Periode bekannte Warmzeit, das Altyndara-Interglazial, eröffnet das Jungpleistozän, das in der etwa vor 40000 bis 27000 Jahren stattgefundenen vorläufigen letzten Vereisung einen kaltzeitlichen Höhepunkt erreicht. Sie wird gelegentlich als Ljachsch-Vereisung bezeichnet. Die starke Vergletscherung hier entspricht der Würm(Weichsel = Waldai)-Vereisung in Europa. Heute leben wir in der holozänen Warmzeit, hier in Mittelasien wie in Europa gut zu belegen an dem in der Regel noch immer anhaltenden Gletscherrückgang. So hat erst in neuester Zeit das geologische Bild vom Eiszeitalter in den Hochregionen Mittelasiens eine bemerkenswerte Abrundung erfahren. Der Kreis der geologischen Ereignisse ist in sich geschlossen, die Hochregionen des Pamir und des südlichen Tienschan haben ihre eiszeitliche Geschichte in groben Zügen verraten. Wir werden versuchen, so manche interessante erdgeschichtliche Beobachtung aus den Tälern und den Gipfeln in dieses geologische Geschichtsbild einzupassen.

Ein steiler Anstieg führt uns auf den 4200 Meter hohen Fiturak-Paß. Nach einer bizarren Wächte folgt ein kleines Hochplateau, ein geschwungenes Schneefeld mit einigen steinig-felsigen Partien aus glimmerglänzenden kristallinen Gesteinen, Gneisen und Glimmerschiefern. Wir stehen auf einer Wasserscheide, an der Grenze zwischen den Flußregimen des Amudarja auf der einen, der Anstiegsseite, und dem Einzugsgebiet des Serawschan, des »goldführenden« Flusses, auf der anderen Seite. Ein hoher »Steinmann« weist auf einen guten Lagerplatz, und da das Wasser gar nicht besser sein kann, schlagen wir zwei Zelte auf, obwohl die meisten unserer Kameraden schon wieder abgestiegen sind auf der anderen Seite. Ringsum verzieren undeutliche Steinringe mit hochgestellten Schieferplatten den Boden, und in den Feinkorninseln sprießt pflanzliches Leben: Steinbrecharten wie Saxifraga sphenophylla und Saxifraga hirculus, Korbblütler der Pyraetrumgruppe, der Hundskamillen ... leuchtend bunte Blüten an niedrigen geduckten Sprossen. Der Fiturak-Paß ist ein botanischer Garten des Hochgebirges, ein Paß der Gebirgsblumen. Hinter einer goldbraunen Felswand steht auf blauem Himmel ein großer fahlgelber Spätnachmittagsmond (Foto Vorderseite Schutzumschlag).

Gegen 4 Uhr früh kriechen wir aus den Schlafsäcken. Es ist noch dämmrig ringsum und sehr kalt, minus 15 °C. Der Himmel ist schwarzblau und zeigt noch die Sterne der Nacht. Wir stapfen hinüber zur Wächte. Die Gipfel ringsum tragen aber schon goldene Mützen, die sich ständig vergrößern. Die Morgensonne verwandelt die Felsen in gleißendes Gold.

Unser Blick schweift nach Osten, zum eigentlichen Ziel unserer Reise. Es ist ein Glückstag heute. Dunkle Schatten liegen in den Tälern, an die Spitzen aber malt die Sonne leuchtende Farben. Wir erkennen das Tal des Surchob und des Muksu, dahinter die eisbedeckten Berge der Peter-I.-Kette des Pamir. Am Horizont, 150 Kilometer von hier entfernt, ragen wie Panzerplatten auf dem gewölbten Rücken eines großen Landsauriers die höchsten Berge der Sowjetunion in den Morgenhimmel. Es sind die Spitzen der Akademie-Kette und benachbarter Bergzüge, der Pik Korshenewskaja mit 7105 Metern, der Pik Kommunismus mit 7495 Metern, der Pik Garmo (6595 Meter), der Pik Moskwa (6785 Meter) und viele andere berühmte Gipfel. Wir blicken auf das Dach der Welt.

Das Tal des Muksu
Tor zum Pamir

Der erste Ausflug ins hohe Gebirge ist vorüber. Wir sind abgestiegen in das Tal des Surchob. Eine kilometerlange Staubfahne kennzeichnet wieder den Weg unseres Lastwagens. Längst ist die 350 Kilometer lange Strecke von Duschanbe in den Pamir hinter der Kreisstadt Dschirgatal, die sogar einen Flugplatz hat, und hinter Dombratschi zum besseren Feldweg geworden. Die Trasse verläßt das Flußtal, steigt in Kehren hinauf zu den westlichen Ausläufern des Transalai und wieder hinunter. Vier Kischlaks sind hier zum Sowchos Ljachsch vereinigt. Der Fluß im Tal heißt inzwischen Muksu. Aus ihm und dem Kysylsu bildet sich wenig unterhalb der große Surchob. Der Kysylsu, der Rote Fluß, strömt heraus aus einem engen klammartigen Tal zwischen den Gebirgszügen Alai und Transalai. Dieses Tal nennt man weiter oberhalb Alai-Tal, ein großes Gletschertal mit Vor- und Rückstoßmoränen auf alter tektonischer Bruchstruktur. Es ist 190 Kilometer lang und 25 bis fast 40 Kilometer breit, ein saftiggrünes Tal im Frühjahr, mit Primeln, Tulpen, Schwertlilien, aber auch mit Wermut und Gräsern auf einem leicht asymmetrisch nach Norden geneigten Talboden. Diese Neigung ist bedingt durch die höheren Berge, die stärkeren Gletscher und die kräftigeren Flüsse im Süden. Weiter oben dann leuchten weiße Eisriesen vom hohen Transalai herunter: Pik Lenin 7134 Meter, Pik Dsershinski 6719 Meter, Pik Kysyl Agyn 6679 Meter, Kurumdy 6610 Meter – Ergebnisse der kräftigen Hebungen in geologisch junger Zeit.

Der Muksu, der Trübe Fluß, mit dem schwarzgrauen Gletscherwasser, markiert den Weg zum nordwestlichen Pamir, im Norden vom immer höher aufsteigenden Transalai und im Süden von der Peter-I.-Kette und der Akademie-Kette begrenzt. Der Muksu fließt zwischen den beiden Gebirgen inmitten des sich hebenden Landes, und das prägt den Charakter des Tales. Das Muksu-Tal ist gekennzeichnet durch ein starkes Gefälle, eine aktive Erosionsarbeit und somit steile, oft klammartige Talhänge.

Aber so weit sind wir noch nicht. Der Lastkraftwagen rumpelt und holpert mit heulendem Motor nach Osten, hinein in das enger werdende Tal. Plötzlich aber wird die Fahrt gestoppt. Sascha, unser Expeditionsbegleiter aus Duschanbe, springt aus dem Fahrerhaus. Ein einziges Wort ruft er uns zu, und wir verstehen: Konez, das ist das Ende des befahrbaren Weges. Die Fahrspur vor uns verliert sich im Schutt aus Gestein. Ein Erdbeben hat vermutlich auch hier am Berg gerüttelt und den Fahrweg begraben. Nur noch durch eigene Kraft werden wir weiterkommen, nur unsere Begeisterung für die Berge und unser Interesse am Kreislauf der Gesteine und des Wassers wird uns helfen, 200 Kilometer über Gletscher und Pässe zu steigen und dabei die schweren Kraxen zu tragen.

Das Abladen des Gepäcks bringt zunächst eine unangenehme Entdeckung. Die holpernd schlagende Fahrt auf den letzten zwanzig oder dreißig Feldwegkilometern und das Gewicht der 15 Mann darüber haben die Kraxen am Grund der Plattform verdreht, zerdrückt und verbogen. Der Staub ist hineingekrochen in alle Ritzen und Fugen. Mit Arbeit und Reparatur beginnt der Marsch in den Pamir.

Dann überqueren wir auf einer halbfertigen Hängebrücke den dröhnenden Muksu. Schwarzgraues wildes Gletscherwasser wirbelt empor, dessen eisige Kälte man bis hier herauf deutlich fühlt. Immer wieder klingen harte knallende Schläge aus dem Flußbett, die Kollisionen der großen Geröll, die für uns unsichtbar schiebend und rollend am Grund talwärts hinuntergleiten. Noch nie haben wir einen so kraftvollen Fluß gesehen. Gar nicht sehr breit ist er, aber an Turbulenz, Fließgeschwindigkeit, Geröllfracht und gewiß auch an Tiefe beeindruckend. Dieser enge Fluß unter uns ist das Abflußventil des größten Talgletschers der Welt. Mit 7070 Quadratkilometern ist das stark vergletscherte Einzugsgebiet des Muksu das abflußintensivste des ganzen Pamir. Es ist nach Durchflußmenge und Transportleistung ein Schmelzwasserstrom der Superlative: 1500 Kubikmeter pro Sekunde wurden in der Station Dewshar am Muksu gemessen. Es ist zugleich ein Fluß mit einem Übermaß an Gefahr. Wer in diese Fluten hineingerät, ist rettungslos verloren, wird zum Spielball der hinabschießenden Suspensionen aus eiskaltem Wasser, Sand, Geröll und aus größerem Gestein, wird zermahlen und herumgewirbelt in Strudeln.

Ein schmaler Pfad zieht das Muksutal hinauf. 55 Kilogramm Last drücken uns nieder in der Hitze des werdenden Tages. Die immer gleichen Zweifel zu Beginn einer großen Tour durch die Berge stellen sich ein: Werde ich auch wirklich diese große Last auf die Paßhöhen um 5000 Meter hinauftragen können? Wird die Ausrüstung und vor allem die Gesundheit diesen ungewöhnlichen Belastungen standhalten? Wie wird sich die Gruppe in der wochenlangen Abgeschiedenheit der Berge bewähren? Eines nämlich haben schon die zurückliegenden Tage gezeigt: Jeder der Gruppe ist anders, jeder hat seine eigenen Anschauungen, andere Rezepte, die Probleme des Lebens und auch die unseres Marsches zu lösen. Trotz dieser Verschiedenartigkeit werden wir auf dichtem Raum in den Zelten zusammenleben müssen und gemeinsame Entscheidungen fällen. Wir werden Anweisungen unseres Expeditionsleiters akzeptieren müssen, von denen das Gelingen der Fahrt und von denen sogar die Gesundheit und das Leben abhängen können. Die Isolation in den Bergen, die unterschiedlichen Interessen an den Erscheinungen der Natur, die spartanische Ernährung, unterschiedliche psychische und physische Kraft, die differenzierte Wertschätzung von Physis und Psyche und viele andere im normalen Alltag oft untergeordnete Fragen können hier entscheidenden Einfluß haben auf Harmonie und Gelingen des ganzen Unternehmens.

Alle aber sind optimistisch. Schließlich hat uns eine Idee zusammengeführt, der große Wunsch nämlich, auf unwegsamen Pfaden in die abgeschiedenen Gletscherkessel vorzudringen und von dort aufzusteigen auf das Dach der Welt. Natürlich tauchen immer wieder Fragen nach dem Wert solcher Unternehmungen auf. Wir haben den Urlaub geopfert, der eigentlich der Familie vorbehalten war. Wir haben wochenlang die Freizeit für Training und vielerlei andere Vorbereitungen benutzt. Und wofür? Die Skeptiker und Pragmatiker könnten sagen: für unnütze Gefahr und für Schinderei. Aber da ist auch eine andere Stimme. Ist es nicht für den modernen Menschen geradezu notwendig, wieder einmal Kontakt zu haben mit der unberührten Natur? Ist es nicht notwendig, zu überprüfen, ob das Zusammenleben des Menschen mit der Natur ohne moderne Technik überhaupt noch möglich ist? Will der Mensch nicht ab und zu wissen, ob er trotz des Lebens in der Stadt und in der Zivilisation seine physische Leistungsfähigkeit behalten hat? Ist es für einen Geologen nicht notwendig, zu testen, ob er die Sprache und die »Dialekte« der Erde an jenen Stellen, wo diese wirklich vernehmbar sind, schnell und richtig verstehen kann? Wo besser als in dieser ebenso schönen wie gefahrvollen Einsamkeit könnte der rechte Ort für eine solche Überprüfung sein.

Deshalb steigen wir weiter, Kilometer um Kilometer, und nähern uns immer mehr dem ersehnten Gebirge. Angelesene Fakten werden in Erinnerung gebracht. Im nordwestlichen Pamir sind bis zu 25 Prozent der Fläche des Gebirges mit Eis bedeckt. Wir steigen dem eisigen Ziel entgegen, hinauf zu den riesigen Kühlschränken und den großen

Wasserspeichern Mittelasiens. An den Flanken des gesamten Muksu-Tales liegen Moränen, die sich mit mächtigen Schuttfächersedimenten verzahnen. In unterschiedlicher Höhenlage über dem Talboden liegen die leuchtend hellgrau bis blaugrau gefärbten, oft durch Erdpyramiden gekennzeichneten Eisablagerungen. Hier etwa 1000 Meter, weiter talauf in Altynmasar rund 800 Meter über dem Tal. Im mittleren Fedtschenko-Gletscher nähert sich die Oberkante dieser alten Moränen der heutigen Gletscheroberfläche. Hier im unteren Muksu-Tal glitt also einst das Eis eines großen Talgletschers. Seinen Anfang nahm er auf den Firnfeldern des heutigen Fedtschenko-Gletschers, dort, wo sich die Akademie-Kette mit den beiden Siebentausendern Pik Kommunismus und Pik Korshenewskaja nach Süden windet und sich mit der Darwas-Kette am Pik Garmo (6595 Meter) und der Wantsch- und Jasgulem-Kette im Bereich des Pik der Revolution (6974 Meter) vereinigt. Dort nimmt noch heute der längste Talgletscher der Erde seinen Anfang, der 78 Kilometer lange Fedtschenko-Gletscher. Er endet in einem abschmelzenden Toteisfeld am Seldara südlich Altynmasar am oberen Muksu. Seine Süd-Nord-Erstreckung verdankt er einer tektonischen Bruchlinie, welche die Ost-West-orientierten Gebirgszüge rechtwinklig durchschlägt wie die Störung von Chait. Vor 120000 bis 300000 Jahren aber, während der europäischen Saale-Vereisung, die man in Mittelasien das »Untere Chasar« nennt, war an diesem heutigen Ende am Seldara noch nicht einmal die Mitte des gewaltigen Gletschers erreicht. Bei Altynmasar war das heutige Muksu-Tal mit mindestens 800 Meter mächtigem Eis gefüllt, das von allen Nebentälern, vor allem aus der Peter-I.-Kette, ständig neuen Eiszufluß erhielt. Ein besonders großer Eiszufluß erfolgte aus dem heute weitgehend eisfreien Balandkiik-Tal. So füllte der Eisstrom bald das ganze etwa 95 Kilometer lange Muksu-Tal. Die Eisstirn verweilte schließlich am Zusammenfluß von Muksu und Kysylsu im Raum der heutigen Siedlungen Ljachsch und Dschirgatal längere Zeit. Mächtige Aufschüttungs- und Stauchendmoränen liegen noch heute bogen- und girlandenförmig auf dem Talboden, die selbst auf Satellitenaufnahmen aus 300 bis 800 Kilometer Höhe großartig sichtbar sind. Als 1913 der deutsch-österreichische Glaziologe Professor v. Klebelsberg im Rahmen der Rickmersschen Alpenvereinsexpedition auf dem Wege ins Sugran-Tal hier vorbeikam, erkannte er sofort dieses »prächtige Moränenamphitheater« in 1900 Meter Höhe und deutete es als die »Endmoränen« des eiszeitlichen Fedtschenko-Gletschers, den er Muksu-Gletscher nannte. Nach dieser offenbar mehrphasigen Stillstandsperiode nennt man diesen kaltzeitlichen Abschnitt des Eiszeitalters gelegentlich auch Ljachsch-

Vereisung. Trotz dichter Rasenbedeckung ist jetzt noch der gewaltige natürliche Sperriegel deutlich zu erkennen. Dieses unübersehbare Moränendreieck markiert das Ende des rund 170 Kilometer langen Talgletschers, der hinaufreicht in einer schier endlosen Eisschlange bis zum Nährgebiet des Fedtschenko-Gletschers, um im Bereich der Hochkämme einem »Inlandeisgletscher« ähnlich zu werden. Nach allen Seiten flossen von dem gewaltigen Eiskuchen Teilströme talwärts. Über den heutigen Kleinen Tanymaseislappen floß ein mächtiger Arm nach Osten. Nach Südwesten strömte das Fedtschenko-Eis ins Jasgulemtal und nach Westen ins Wantschtal in einem ebenfalls 70 Kilometer langen Teilgletscher. Es kann angenommen werden, daß zu dieser Zeit der maximalen Vergletscherung im Kernbereich des nordwestlichen Pamir ein zusammenhängendes Eisstromnetz bestand, wie zur gleichen Zeit im Hindukusch, im Karakorum und im Himalaja. Doch dann schmolz das Eis, stieß erneut vor, wenn auch nicht mehr so weit. In geologisch jüngster Zeit verringert es sich erneut. Der geradezu kümmerliche Rest des einstigen Muksu-Gletschers ist heute immerhin noch der längste Talgletscher der Welt.

Ein schmaler steiniger Pfad zieht das Muksu-Tal hinauf, die »Heerstraße« vieler Pamirexpeditionen, sportlicher wie wissenschaftlicher. Wie viele Geologen, wie viele jener »Landstreichergelehrten«, die nur draußen in der freien Natur die Lagerstätten nutzbarer Gesteine suchen können, mögen hier dieses Tal hinaufgezogen sein? Über uns brummen Hubschrauber am blauen Himmel. Weiter oben beginnt am Pik Kommunismus die Internationale Alpiniade zu Ehren des 55. Jahrestages der Gründung der UdSSR, eine symbolische Massenbesteigung von Auswahlmannschaften des Gastgeberlandes und aller sozialistischen Länder. Mit der AN 2 wurden die Alpiniadeteilnehmer bis Dschirgatal geflogen, und jetzt schweben sie im Hubschrauber hinauf über uns zur 4000 Meter hohen Sulojewwiese. Ein wenig neidisch schauen wir nach oben. Wie wird es uns ergehen, wenn wir nach mühevollen Tagen die 4000 Meter erreicht haben werden?

Kurz danach schon sind wir froh, zu Fuß in den Pamir zu wandern. Wir errreichen das Gebirgsdorf Muk hoch über dem Muksu. Muk heißt Feueranbeter, und das erinnert an alte religiöse Riten des Hochgebirges. Hier wohnen hundert oder wenig mehr von jenen etwa 100000 ansässigen Bewohnern des Pamir, jeden Sommer vermehrt durch ein paar tausend Expeditionsteilnehmer, Kraftfahrer, Touristen und Alpinisten. Muk ist ein altes Bergdorf, ein Kischlak, ein Winterdorf am Fuß der Hänge, die zur schneebedeckten Peter-I.-Kette aufsteigen. Gelbgrüne Sommerwiesen werden von Terrassen- und Hangschuttsedimenten getragen. Glitzernde und murmelnde Aryks bringen klares Wasser her, versorgen einzelne Weiden und Obstbäume, die sich durch ein kräftiges Dunkelgrün abheben, und dazwischen liegen geduckt die aus Lehmquadern gebauten eingeschossigen Wohnhäuser. Flache Dächer sind aus Stämmen und Gestrüpp zusammengefügt und mit Lehm verschmiert. Ihre ungleiche wellige Form harmoniert mit den steileren, aber trotzdem weichen Schwingungen der Wiesenhänge, die hinaufführen zu den immer dunkelgrüner werdenden Vorbergen. Hier unten ist gelbbrauner Sommer, dort oben aber Frühling mit saftig grünem frischem Pflanzenwuchs im harten Kontrast zu den kulissenartig versetzten Felszacken des Hochkammes, die bis tief herunter verschneit sind. An diesen grasigen Hängen liegen die Weideplätze des Sommers für die Schafe und für die wenigen Yaks.

Unten auf dem terrassierten Siedlungsland wird im bescheidenen Umfang ein Bewässerungsfeldbau betrieben, um die Selbstversorgung mit Kartoffeln, Gerste und Weizen zu sichern. Man muß in den sommerlich semiariden Tälern künstlich bewässern. Oben auf den Hochkämmen liegt Schnee, denn dort fallen bis 1500 Millimeter Niederschlag im Jahr, und von dort kommen die Schmelzwässer.

Kinder mit dunklen Augen laufen uns entgegen, dann einige Frauen in leuchtend bunten Stoffgewändern, mit kirgisischen Gesichtszügen, freundlich und zurückhaltend zugleich. An einer schattigen Ecke sitzen einige Männer mit länglichen Köpfen, schmalen Kinnbärten und Turbanen, es sind Tadshiken, Menschen ohne streng festgelegte Pflichten hier oben zwischen den Bergen, nicht getrieben von unabänderlichen Terminen. In ihrer würdevollen Ruhe wirken sie kraftvoll und exotisch zugleich. Sie leben nach uralten traditionellen Regeln, die weitgehend von der Natur bestimmt werden. Tagesgang und Lauf der Jahreszeiten prägen das Leben der Gemeinschaft und des einzelnen. Es ist kein leichtes Leben hier oben. Vor allem die strengen Winter bringen beständige Gefahren. Dann nämlich ist jeder Zugang nach außen unterbunden, dann ist das Leben in den kleinen Bergdörfern ganz nach innen gekehrt. Aber jetzt ist Sommer, und der Lebensraum ist weit. Unterwegs ritt eine junge Kirgisin an uns vorüber. Hier sehen wir sie wieder. Sie besucht ihre Eltern in Muk. Sie ist Ärztin geworden und verlebt ihren Urlaub im heimatlichen Dorf. Das ist das neue Leben in den Bergdörfern des Pamir.

Wir können uns hier nicht aufhalten, müssen weiter hinauf im Tal des Muksu, und so fragen wir nach Trageseln. Der Dorfälteste Kasakejew, der Rais von Muk, hört uns an, berät sich mit den männlichen Dorfbewohnern und schweigt lange Zeit, dann sagt er: »Es ist Erntezeit, wir brauchen jetzt alle Esel. Habt ihr denn nicht in der Zeitung gelesen, was die Genossen in Moskau gesagt haben? Die Ernte muß eingebracht werden. Bleibt hier und helft uns, und es wird euch gut gehen in unserem Dorf.« Alle ringsum sitzenden Tadshiken und Kirgisen bekräftigen durch würdevolle Kopfbewegung diese Aussage, und wir wissen, wie ernst sie das meinen. Sie kennen nicht den Drang in die Berge, schon gar nicht unsere Begeisterung. Sie haben aus altüberlieferter Kenntnis Respekt vor den eisbedeckten Bergen, eine innere Zurückhaltung, ja eine Andeutung von Furcht sogar. Das ist verständlich, denn alles Mißgeschick der Vergangenheit kam von den Bergen – Muren und Lawinen, Schnee und gefahrvolles Hochwasser. So bereitet es uns Mühe, mit Anstand und in guter Freundschaft dieses Bergdorf zu verlassen, natürlich ohne Esel, wieder mit der drückenden Last auf dem eigenen Rücken.

Beinahe aber wären wir doch noch nach Muk zurückgekehrt, unfreiwillig und besiegt von der Natur. Vielleicht zwei Kilometer sind wir weitergestiegen, als der gerade begonnene richtig heiße Sommer uns anhält an einer landeseigenen Schranke aus schwarzgrauem Schmelzwasser, der polternde und dröhnende Schagasisu, ein eigentlich unbedeutender Bach, der kaum einer hier durchziehenden Gruppe bisher Hindernis war. In diesen Tagen aber muß es oben am Schagasi-Gletscher und der Bergumrahmung mit dem 5833 Meter hohen Pik Tyndall kräftig getaut haben. Einer der schneereichsten Winter der letzten Jahrzehnte war vorausgegangen, gefolgt von einer längeren Sonnenscheinperiode. Ein schwer überwindbares, tosendes Wasser liegt zwischen den beiden Ufern. Jetzt muß mittelasiatische Ruhe über uns kommen, denn wir müssen warten, hier unter freiem Himmel übernachten und auf eine kalte Nacht oben am Gletscher hoffen. Dann wird der Wasserspiegel sinken, und in der Frühe werden wir den Fluß durchwaten können. So wenigstens hoffen wir die ganze Nacht. Doch früh um vier Uhr, als wir geweckt werden, kommt die Ernüchterung. Der Fluß dröhnt und poltert noch immer, nicht anders als gestern. Als es dämmert, sehen wir, daß der Wasserspiegel des Flusses nicht wesentlich gesunken ist. Jetzt haben wir keine Wahl. Sascha und Wulf ziehen sich aus, seilen sich an und gehen gesichert und ohne Gepäck durch den reißenden eiskalten Fluß. Sie erreichen auch wirklich das andere flache Ufer. Am gespannten Seil sollen jetzt Mann für Mann mit den Kraxen folgen. Eckard, unser stärkster Mann, macht den Anfang. Erste unsichere Schritte mit 55 Kilogramm Last, hilfloses Balancieren – er kehrt um. Es folgen weitere vergebliche Versuche von Hans und Jürgen. Sascha auf der anderen Seite wird unruhig, gestikuliert und fordert uns auf, doch endlich zu kommen. Eine Wortverständigung ist nicht möglich. Viel zu laut dröhnt der Fluß, und so gestikulieren wir hilflos. Der unruhige Sascha steigt erneut ins Wasser und kommt zurück. Wieder geht es gut, er zieht sich auf unserer Seite Hosen und Schuhe an und will mit seinem 30 Kilogramm schweren Rucksack ein Beispiel geben. Er klinkt den Karabinerhaken ein. Er lacht, also ist er optimistisch. Zügig geht er durch den Fluß, jetzt ist er gleich in der Mitte ... und dann geht alles ganz schnell. Mitten im Fluß wird er weggerissen, er wirft die Arme hoch und ist auch schon in den gurgelnden und tobenden Wassermassen verschwunden. Ein Geröll hat ihn getroffen, wie er später erzählt. Es gibt einen starken Ruck am Seil. Sechs Mann auf unserer Seite können es halten. Wulf aber ist drüben allein, der Anprall reißt ihn aus seiner Verankerung zwischen den großen Geröllen. Die rhythmischen Schläge des Seils ziehen ihn zum Ufer. Hilflos müssen wir zusehen, wie Sascha ohne Erfolgsaussichten im Wasser kämpft, auf- und untertaucht, und wie Wulf noch immer keinen Halt finden kann. Wir fühlen, daß wir zwei Mann im tobenden Wasser nicht halten können, ahnen, daß eine Katastrophe bevorsteht, wenn nicht ein Wunder geschieht. Im allerletzten Augenblick kann sich Wulf hinter einem großen festliegenden Stein verklemmen. Jetzt gelingt es, Sascha an unser Ufer zu ziehen. Der Fluß hat ganze Arbeit geleistet. Die reißende Strömung hat Sascha entkleidet, alle Sachen unterhalb des Gürtels sind verloren. Es war gut, daß Sascha seine Tricounis, die schweren Bergschuhe mit der randlichen Benagelung, so benannt nach dem italienischen Erfinder, vorher ausgezogen und im Rucksack verpackt hatte. Schlecht verschnürt hätten auch sie verlustig gehen können. Nun erst wird uns die ganze Gefahr bewußt. Hier hing menschliches Leben am seidenen Faden. Wenig unterhalb mündet der Schagasisu in den Muksu, in dem jedes Leben rettungslos verloren ist. Wir hatten Glück im Unglück.

Trotzdem ist die Situation mißlich genug. Wulf sitzt frierend am anderen Ufer. Sascha ist völlig unterkühlt. Er hat wichtige Sachen im Wasser verloren, und alles im Rucksack ist naß. Wir massieren ihn und kleiden ihn ein. Dabei erzählt er von aufgeblasenen Hammel- und Ziegenbälgen, den sogenannten Tursuk, mit denen die Bergtadshiken früher reißende Flüsse durchquerten. Bald lacht er auch wieder, und nicht grundlos, denn ein Tadshike kommt mit Pferd und Kamel das Muksutal herab und durchquert mit seinen Tieren scheinbar mühelos den Fluß. Sofort ist Sascha auf den Beinen und beginnt die Verhandlung. Das Gespräch ist echt mittelasiatisch, weitschweifig und umständlich, ehe man zur Sache kommen darf. Erst dann wird bedächtig die Bitte

117

vorgetragen. Nun beginnt die Verhandlung um den Preis – und drüben friert Wulf und wartet ungeduldig auf eine Entscheidung. Als sie schließlich zu unseren Gunsten fällt, fassen wir alle wieder Mut, gehen dem Tadshiken zur Hand beim Beladen des Kamels. Es ist ein asiatisches Trampeltier, ein Vertreter jener zweihöckerigen Kamele, die von China über die Mongolei bis Turkmenien bekannt sind und dort den Verbreitungsraum der einhöckerigen Kamele, der gezüchteten Dromedare, berühren. Vielleicht ist es ein Bastard, denn die Kreuzungen zwischen turkmenischen Dromedaren und verschiedenen Trampeltierrassen übertreffen die reinrassigen Formen an Größe und Arbeitsleistung und vor allem im Ertragen extremer Temperaturschwankungen zwischen Tag und Nacht in der Wüste und im Hochgebirge (bis 4000 Meter Höhe). Kamele sind wundervoll den verschiedenen Klimazonen angepaßt, wobei jedoch das baumlose Terrain mit einer Steppenflora von Beifuß und Wermut, Tamariske und Saxaul bevorzugt wird. Unser Hochgebirgskamel stand die ganze Zeit friedlich da, wiederkäuend, mit grimassenschneidenden Bewegungen der stark behaarten Nasenlöcher und der herunterhängenden Oberlippe, mit langem gewölbtem Hals, mit beinahe schlaffen Fetthöckern und dichter zottiger Behaarung, die stellenweise fehlt. In dem Augenblick aber, als die erste Kraxe auf dem Rücken des Tieres verstaut wird, beginnt es angstvoll zu schreien, mit heraustretenden Augen und schaumigem Speichel am Maul. Ist es Angst vor dem Fluß oder Scheu vor der Last? Und es wird schwer beladen, um das Risiko durch möglichst wenige Durchquerungen auf ein Minimum zu verringern. Acht Kraxen sind rund 450 Kilogramm. Mit Stockschlägen treibt der Tadshike das Tier durch den Fluß, die untersten Kraxen tauchen ein. Doch dann ist das erste tote Inventar auf der anderen Seite. So geht es hin und her. Den einzigen Zwischenfall verschulde ich selbst. Zu dritt steigen wir auf das niederkniende Trampeltier. Als ich das Aufstehen vorn zuerst erwarte, erhebt es sich nach der Art der Kamele hinten. Wie von einem Katapult geschossen, falle ich vornüber, schlage mit dem Kopf auf die harten Gerölle am Ufer und bleibe ein wenig benommen liegen. Ich höre Gelächter und »liebevolle« Kommentare. Das ist recht so, denn für Mitleid ist bei einer Expedition kein Raum. Ein derber Spaß ist stets die wirksamste Hilfe.

Nach zwei Kilometern etwa wird die letzte ganzjährig bewohnte Siedlung erreicht. Es ist Dewschar. Letztmalig essen wir genußvoll frisches duftendes Fladenbrot, trinken gegorene Stutenmilch. Für Wochen werden wir hier zum letzten Male Frauen und Kindern begegnen. Morgen werden wir noch einmal auf Hirten treffen, aber schon übermorgen sind wir für zwei bis drei Wochen völlig allein zwischen den Bergen und Gletschern, Dewschar liegt auf einer ebenen Terrassenfläche, die nach Norden steil abfällt zum tief unten strömenden Muksu. Wir stehen an der Talkante. Nackter aufgerissener Erdkörper, so will es scheinen, die Muskeln und Organe sind die Gesteine, in die der Fluß sich wie ein Skalpell eingeschnitten hat. Hier beginnt die Klamm des Muksu, ein 70 Kilometer langer Korridor aus steilen Wänden und Wasser, eingesägt in die alten Moränen und Schotter der eiszeitlichen Talverfüllungen, sichtbarer Ausdruck der rezenten Hebungen des Untergrundes. Durch diese Schlucht muß sich unter oft unmenschlichen Strapazen und Gefahren hindurchkämpfen, wer zu Fuß den Pik Korshenewskaja und den Pik Kommunismus von dieser Seite, von Westen aus, erreichen will. Und dann geht der Blick nach oben, ein nicht enden wollender steiler, felsiger Anstieg aus der Tiefe der Klamm zu den Gipfeln des Transalai-Kammes, einer Felswand von zwei Kilometer Höhe bis zur Grenze des ewigen Schnees in über 4000 Meter Höhe. Es ist die aufgeschnittene Erde. Rote Schluff- und Sandsteine der Kreidezeit sind die Bausteine der Berge. Hämatit färbt die Gesteine rot.

Sedimentpaket auf Sedimentpaket liegt dort drüben, ein Buch der Erdgeschichte mit Tausenden von Seiten. Jede Schicht verkörpert Zeit, Jahrhunderte, Jahrtausende und mehr. Die Schichtgrenzen dazwischen können alte Landoberflächen gewesen sein, auf denen die Saurier der Kreidezeit lebten und starben. Die Wand gegenüber ist ein Tagebuch der Erde, in dem als einer der ersten der russische Geologe Muschketow zu lesen begann. Frühzeitig hatte er erkannt, daß Alai und Transalai ganz verschiedene geologische Gebirge sind. Der Alai ist das alte alpinotyp verformte variskische Gebirge mit einem intensiven, nach Süden gerichteten Gleitdeckenbau, zum großen Zug des Tienschan gehörend. Am Alai-Tal liegt das schon bekannte geologische Grenzland mit gewaltigen Überschiebungslinien. Der Transalai ist ein Vermittler zu den jungen Gebirgen des Südens, zum Pamir, zum Karakorum und zum Himalaja, es sind die östlichsten Ausläufer der Tadshikischen Depression. An den alten variskischen Alai wurde vor allem im Tertiär und im Quartär der junge alpidische Pamir angefügt, ursächlich bedingt auch hier durch das plattentektonische Herandriften des Indischen Subkontinentes aus dem Süden.

Auf ausgetretenem schmalem Pfad erreichen wir das 2200 Meter hoch liegende Dewschar. Am Weg stehen einige Yaks mit einem zerrupften Sommerfell, Wildrinder, die man auch Grunzochsen nennt, ein wichtiges Nutztier der zentralasiatischen Hochgebirge vom Himalaja über Tibet bis hierher. Seit alters wird der Yak als Haus-, Reit- und Lasttier verwendet, weil er bis in Höhen von 4000, ja bis 6000 Metern lebens- und leistungsfähig ist, weil er den Bewohnern der Gebirge fast alles liefert, was sie zum Leben benötigen. Die Nak (weibliche Form des Yak) gibt eine fettreiche Milch, die zu Käse, Airan und anderwärts auch zu Butter verarbeitet wird. Die Tiere besitzen ein wohlschmeckendes fettarmes Fleisch. Aus den Haaren fertigt man Teppiche, Stoffe und Seile, der Dung liefert in den baumlosen Höhen Brennmaterial. Der langbehaarte Schwanz mit buschiger Quaste war begehrt als religiöses Zeichen der Heiligenverehrung und als Schmuck. Am Heiligengrab in Altynmasar beispielsweise hängen neben Steinbockgehörnen noch heute an Stangen und Steinen diese Schwanzenden. Unter rauhen Bedingungen fühlt der Yak sich wohl. Eis und Schnee machen ihm nichts aus. Große Wärme hingegen setzt ihm arg zu, da seine Haut nur wenig Schweißdrüsen besitzt.

Dewschar ist ein Erlebnis. Es ist ein typischer Kischlak der Berge mit niedrigen quadratischen Häusern aus dicken Wänden von Stampflehm (Pachsa) oder getrockneten Ziegeln (Ssaman), oft ohne Fenster, gelegentlich mit runden »Bullaugen«, die man im Winter mit Lehm verschmiert. Die Türen sind mit Matten aus Reisig verhängt, die man von oben herunterläßt und von einer Seite her zuzieht. Im Sommer bleiben sie offen, meist einzige Lichtquelle des rechteckigen Raumes, der Nischen in den Lehmwänden und in der Mitte ein Podest aus Lehm hat, mit einer Vertiefung, der Feuerstelle des Winters.

Das Dorf vermittelt den Eindruck einer territorial isolierten politischen wie ethnischen Einheit. So ein Hochgebirgsdorf ist keine zufällige Ansammlung von Einzelfamilien, sondern fast immer eine historisch gewachsene Gemeinschaft mit lokaler und oft unumschränkter Autonomie. Es besteht oft aus einer eigenständigen ethnischen Gruppe. Hier leben Menschen mit kirgisischem Einschlag und nicht weit von hier, südlich des Obichingou und südlich des Wantsch, im autonomen Gebiet Bergbadachschan, sind es Bergtadshiken, die sich in ihren Lebensgewohnheiten von den Flachlandtadshiken mehr unterscheiden als diese von den Usbeken. So gab es früher neben dem prinzipiell gültigen Vaterrecht auch Überreste eines Mutterrechts, ganz im Gegensatz zur untergeordneten Stellung der Frau bei den Flachlandtadshiken. Die Frau war hier aktiv am gesellschaftlichen Leben beteiligt. Deshalb verhüllte sie auch nicht das Gesicht. Verschmelzungsprozesse zwischen den einzelnen Gruppen, wie den Jasgulemen, den Schugmanen, den Wachanen und anderen, verliefen – wenn überhaupt – durch die Abgeschiedenheit der Berge sehr langsam. Diese ge-

genseitige Absonderung wurde durch Stammesendogamie verstärkt, denn es gab keine Ehen zwischen den einzelnen Dörfern. Bestes Beispiel einer lange andauernden Isolation waren die etwa 2500 Jagnoben mit einer eigenen Sprache, in der man die Reste einer alten soghdischen Sprache vermuten darf. Die Bergdörfer verteidigten ihre Freiheit und gerieten nur zeitweilig in Abhängigkeit von feudalen Staaten in Afghanistan und Mittelasien. Im 16. Jahrhundert gelangten die Bergdörfer des Karategin und Darwas für kurze Zeit unter die Herrschaft Bucharas. In der zweiten Hälfte des 19. Jahrhunderts bestand eine lose Abhängigkeit von afghanischen Herrschern.

Bemerkenswert war die bis vor Jahrzehnten beobachtete religiöse Betätigung der Bergvölker. Formal herrschte auch hier der Islam, jedoch vorwiegend in Form von Sekten, verbreitet war der Ismailismus vor allem im Süden. Hier im Norden stand die muselmanische Geistlichkeit in keinem hohen Ansehen. Vielmehr hatten sich hier Reste älterer Religionen, zum Teil auch des Zoroastrismus erhalten. Noch heute ist der Name Zoroaster alten Bergtadshiken bekannt. Sie wissen, daß ihre Vorfahren einst »Feueranbeter« waren. Der Ortsname Muk wies bereits darauf hin.

Wir erleben Dewschar im Sommer. Seit alters ist es üblich, daß die meisten Männer um diese Zeit ausziehen mit dem Vieh auf die Sommerweiden oder auf höher gelegene Almen. So sehen wir hier kaum Männer, um so mehr aber Frauen und Kinder. Anfangs sind sie noch scheu, werden bald aber neugierig und zugänglich und lassen sich fotografieren. Eine junge Frau im leuchtend roten Chalat, mit weichen Lederstiefeln und einem zweijährigen Sohn auf dem Arm erinnert mich an die anthropologischen Forschungen von L. W. Oschanin, der nachwies, daß diese Bergvölker des Pamir zu jenem europiden »Pamir-Fergana-Typ« gehören, der durch einen vorderasiatisch-armenischen Einschlag gekennzeichnet sein soll. Seltsame Brückenschläge sind das zum fernen Armenien und nach Europa. Wir erinnern uns an Reiseberichte aus dem südlichen Hindukusch, aus der Landschaft Kafiristan. Dort war man auf große und gelegentlich blonde und blauäugige Menschen gestoßen, die sogenannten Kafiren. Sie selbst erzählen nach uralter Überlieferung, daß sie aus Arabien eingewandert seien. Andere Theorien besagen, daß sie von den Warägern oder den »Weißen Hunnen«, den Kushanen, abstammen sollen. Andere wieder meinen, sie seien die Nachfahren abgesprengter Heeresteile von Alexander dem Großen, aber schon die altgriechischen Geschichtsschreiber berichteten von blonden Bergbewohnern im Hindukusch. In diesem Zusammenhang ist eine Information des bekannten Moskauer Ethnologen Profes-

121

sor S. A. Tokarew nicht ohne Interesse. Eine kleine Volksgruppe im Pamir nannte sich Makedoni. Sollte es doch Nachfahren der makedonischen Eroberer hier im Gebirge geben? Gewiß werden die Antworten darauf spekulativ bleiben. Wichtig allein ist die Tatsache, daß die Mehrzahl der bergtadshikischen Völker weiter im Süden die vermutlich direkten Nachkommen der alten Urbevölkerung Tadshikistans darstellen. So ist es ein ganz besonderes Erlebnis für uns, mit Resten alter Stammesverbände aus dem Pamirgebiet zusammenzutreffen. Es sind Menschen auf der »Durchreise« von der Tradition zur neuen Gesellschaft. Noch leben sie in vielem wie vor Jahrhunderten, noch fertigen sie fast alles zum Leben Notwendige selbst. Sie betreiben Weberei und Töpferei, sie schmelzen und schmieden Metalle in bescheidenem Umfang und bearbeiten Holz, sie besticken die Kleidung und Strümpfe mit geometrischen und figürlichen Ornamenten, und noch beobachten wir alte Männer, die sich freitags Richtung Mekka verbeugen und ihre Koransuren dahermurmeln. Aber es landen auch Hubschrauber hier und bringen Zeitungen und andere Informationen. Die Isolation ist gebrochen. Die Kinder werden in Internatsschulen nach Dschirgatal geflogen. Der Weg in die neue Zeit steht offen.

Wieder steigen wir drei oder vier Kilometer Weg bergauf und stehen in etwa 2500 Meter Höhe plötzlich vor einem Kartoffelfeld mit Furchenbewässerung. Im Himalaja wird die Kartoffel sogar bis 4500 Meter Höhe angebaut. Zwischen die aufgehäufelten Reihen rieselt das Wasser der Aryks. Also muß es hier Menschen geben, die anbauen und ernten und die jene empfindlichen Bewässerungsgräben in Funktion halten. Die saftig grünen Gebirgsfelder liegen vor einer hellen Steilwand aus grobem Moränenschutt mit Erdpyramiden, Sedimenten des eiszeitlichen Muksu-Gletschers. Ein stark gerundeter Felsvorsprung ist vom ehemaligen Gletscher abgehobelt und geschliffen worden. Auf ihm stehen geduckt eine Hütte, daneben die Reste weiterer steingeschichteter Häuser und steinerne Einzäunungen für Schafe. Wir hören Stimmen. Der Ailak Irget, die letzte Siedlung, ist erreicht. Ailaks sind im Gegensatz zu den ganzjährig bewohnten Kischlaks Sommerdörfer, zeitweilige Wohnstätten der Hirten und Feldbauern auf den Hochalmen und der Jäger. Es sind Wohnflecken immitten vollkommener Ruhe und Abgeschiedenheit. Wir kommen zur Heumahd und sind sofort herzlich aufgenommene Gäste. Auf einem würzigen Artschafeuer kocht eine herrliche Schurpa, eine Hammelfleischsuppe. Das flackernde Licht beleuchtet bald die braunen Gesichter der Bergbauern. Neben uns sitzen ein schmalköpfiger Tadshike und vier Kirgisen. Sie spielen auf einer zweisaitigen Kyják, einem alten Volksinstrument der Berge, fremdartig-melancholische Melodien, vermischt mit den dünnen Tönen einer Hirtenflöte, der Tschoór. Diese kirgisische Musik begleitet mich in den Schlaf. Als ich am anderen Morgen unter freiem Himmel erwache, dringen leise gemurmelte islamische Gebete an mein Ohr. Ich blicke hinüber und mache in der Dämmerung des neuen Tages die tiefgebeugten Rücken unserer neuen Freunde aus Irget aus, das gelegentliche Aufrichten ihrer Körper und wieder das Niedersenken der Köpfe bis hinunter zur grasigen Erde.

Der neue Tag bringt Strapazen, den ersten Paßaufstieg und einen schlechten Start. Wir brechen zu spät auf und geraten schon bald in die Hitze der Mittagszeit. Mühsam steigen wir Schritt für Schritt hinauf, der Schweiß rinnt und beißt in den Augen. Verschwommen haben wir das gewaltige Bild der südlichen Steilwand des Transalai zur Linken, rote und jetzt auch grüne Gesteine mit deutlicher Schichtung und mit Verwerfungen. Gelegentlich sind alte Aryks an grünen Liniierungen nachgezeichnet, alte verfallene Grabensysteme, in denen sich aber noch immer Wasser hält und eine grüne Vegetation aus Büschen und saftigen Gräsern ermöglicht. Es sind Spuren alter Siedlungs- und Weideplätze, die Täler des Pamir und die Hänge waren altes Siedlungsland. Aus dem Ostpamir sind Steinzeitfunde und solche aus jüngeren Perioden aus größerer Höhe bekannt geworden. Im Markansu-Tal zum Beispiel hat Professor Ranow in 4000 Meter Höhe Wohnplätze von Jägern gefunden. Holzreste von Lagerfeuern in einer heute baumlosen Gegend erlaubten die Datierung mit Hilfe des radioaktiven Kohlenstoffisotops C_{14}. Vor 9500 Jahren hatte man sich zur Rast niedergelassen. Gründe für die frühe Besiedlung waren die relativ gute Erschließbarkeit von Osten her und das damals gewiß bessere Wasserangebot infolge höherer Niederschläge und noch vorhandener Gletscher. Erst in jüngster Zeit ist der nordwestliche Pamir beschleunigt emporgestiegen, und diese neuen Hochketten fangen seitdem die Niederschläge ab. Aber auch die Täler des nordwestlichen Pamir, und dazu gehört der von uns durchwanderte Raum, waren während der Steinzeit, vermutlich auch während der Bronzezeit, sporadisch vom Menschen aufgesucht worden. Altsteinzeitfunde am Zusammenfluß von Muksu und Kysylsu belegen das. Im Alai-Tal sind von Professor Ranow mesolithische und bronzezeitliche Funde sicher nachgewiesen worden. Bei Nurek ist durch altmesolithische Funde und durch die neolithische Hissarkultur ebenfalls die frühe Anwesenheit des Menschen belegt. Am Warsob ist die früheste Besiedlung bronzezeitlich. Die Besiedlung des Muksu-Tales erfolgte wahrscheinlich viel später, erst während der arabischen Invasion, wie die vielen arabisch-islamischen Ortsnamen zeigen. Es dürfte sich um Fluchtorte gehandelt haben, wobei sich auch Teile der Flachlandbevölkerung hierher zurückzogen. Von dieser Zeit an ist eine kontinuierliche Besiedlung nachweisbar.

Unerträglich ist unser Durst geworden. Der Vorrat an Trinkwasser in den Feldflaschen ist verbraucht, und an dem grasig-felsigen Paßhang besteht kaum eine Hoffnung auf Quellen. Plötzlich aber wirft Sascha den Rucksack vom Rücken und sucht abseits des Pfades zwischen den Steinen. Er kennt diesen Paß, und wir sehen, wie er sich bückt und uns Zeichen gibt, zu ihm zu kommen. An einer grünen Stelle im gelbbraunen Hang entspringt eine winzige Quelle, ein Rinnsal nur. Wir stellen die Trinkbecher darunter und sehen, wie sie sich langsam füllen.

Der Paß Bel-Kandou ist 3300 Meter hoch, eine Bergnase, die aus der Peter-I.-Kette vorspringt an den Rand des Muksu-Tales. Genau gegenüber lag der inzwischen unbewohnte Kischlak Kandou, und dazwischen klafft die tiefe Kerbe des gewaltigen Gletscherflusses Muksu mit der Klamm. Nicht weit von hier wurde jenes Stahlseil über den Fluß gespannt, das so mancher Gruppe den Weiterweg den Muksu aufwärts ermöglichte. Wir werden hier oben das Muksu-Tal verlassen, werden abbiegen nach Süden und hinuntersteigen in das Tal des Sugran. Wie zur Belohnung für diese seltene Route werden wir begrüßt von prächtigen Blumen auf der Rückseite des Passes. Hunderte von mannshohen Kleopatranadeln schaukeln leise im Wind. Eremurus, die bis drei Meter hohe mehrjährige Steppenlilie, sendet dickfleischige seesternartige Wurzeln in die harte Erde und kann lange Trockenperioden und auch harte Winter überdauern. Im Frühjahr treibt aus der Mittelknospe eine üppige Blattrosette, aus der sich der lange mannshohe Schaft mit der schlanken Blütentraube entwickelt. Hunderte von blaßgelblichen Blüten blühen hier oben in über 3000 Meter Höhe relativ spät nacheinander auf. Erst jetzt, Anfang August, stehen die schlanken Kerzen auf den Hochgebirgswiesen und Pässen in voller Blüte. Da die Steppenkerzen Feuchtigkeit lieben, stehen sie oft dort, wo sich im Winter größere Schneemengen angehäuft haben. So wird es auch hier gewesen sein. Auf der Rückseite des Passes lag eine Schneewächte. Wir gehen zwischen den schwankenden Stengeln hindurch, vorbei an gelbblühenden Heckenrosen und saftiggrünem Jugan, und steigen ab, »fahren« ab, einen langen Schutthang aus roten Schiefertonen hinunter in das tiefe Sugrantal. Nun liegt der direkte Weg zu den Gletschern des Pamir vor uns.

Der Sugran-Gletscher ist erreicht

Knisternd und prasselnd zerbersten in der Hitze die hölzernen Zellen und entlassen ätherische Öle und Harze, die sich in den Flammen zu einem würzigen rosenartig duftenden Rauch verwandeln, der zwischen uns schwebt und über uns und der das sternenübersäte Himmelszelt wie ein im Winde wehender Tüllvorhang bald verdeckt und bald wieder freigibt. Große knorrige Scheite der Artscha, mit dem Eispickel zuvor gespalten, werden nachgeschichtet, um das Feuer zu nähren. Es soll die Nacht noch lange aus dem engen Bannkreis des flackernden rötlichen Lichtes vertreiben. Wir sitzen schweigend im Kreise. Diese Andacht gehört zu den schönsten Stunden einer Bergfahrt. Es sind Stunden im Grenzbereich zwischen Gemeinschaft und Einsamkeit, zwischen Geborgenheit und Gefahr.

Als wir zerschlagen von der unglaublich anstrengenden Rackerei des Abstiegs und vom Hunger entkräftet am Fuße langer Schieferschutthalden unterhalb des Kandoupasses ankamen, gab es keinen Blick ringsum. Es war Gras da, und dort konnte man sich hinwerfen, und dann lag man und fühlte, wie die Schmerzen im Rücken langsam wichen. Dann roch man das Gras und vernahm aus der Tiefe das Rauschen des Sugran.

Als ich die Augen öffnete, sah ich einen Apollofalter auf der Kraxe vor mir sitzen, mit eitel ausgebreiteten Flügeln, mit den runden farbigen Hoheitszeichen der Gattung Papilio. Dann nahm ich im Winde schwankende Grashalme wahr, sah rote, gelbe und violette Tupfen sich leise bewegen – Blüten im Gras – und erblickte die Berge dahinter, farbige, bläuliche Kulissen, ein wenig unscharf in träumendem Auge, wie ein nur auf den Vordergrund scharfgestelltes Foto. Ich sah zum Himmel mit den streifigen Wolken und wünschte, ich könnte immer so liegen und schauen und träumen, um dabei die Erde vielleicht viel besser zu erfassen mit ihren wundersamen Dingen, mit den schwankenden Gräsern, den Käfern und den Schmetterlingen und den Bergen auf irgendeine andere, mehr genießende Weise. Dann aber sah ich so von unten zu einem Baum auf, und der bewegte sich nicht. Auch war er anders als alle bisher gesehenen Bäume: gewunden wie ein Korkenzieher. Die Rinde wirkte gestreift in der Verdrehung. Nach der Seite stand wirres knorriges Geäst ab und auch Grün leuchtete herab – aber er stand fest und bewegte sich nicht im spürbaren Wind. Das ist der turkestanische Wacholder. Bucherinnerungen werden lebendig, Erinnerungen an die heiligen standfesten Zedern in den Himalajaklöstern, mit Gebetssprüchen behangen und Stoffstreifen an den Ästen. Die Lamas glaubten, daß aus diesen alten Bäumen eines Tages Menschen wiedergeboren würden. So fest und so standhaft ist auch die Artscha, der Wacholderbaum Juniperus, der einzige Nadelbaum in den Gebirgen Tadshikistans. Bis zu 3500 Metern, im Extremfall bis zu 4000 Metern, steigt er auf, niemals kommt er unter 1500 Meter Höhe vor. Sehr langsam wächst dieser Baum mit Jahresringen von 0,3 bis 0,5 Millimeter Stärke. Stämme, die nur von zwei Mann umfaßt werden können, lassen auf ein Alter von etwa 2000 Jahren schließen. So wundert es nicht, daß uralte knorrige Bäume in der Nähe von Kischlaks auch hier als heilig gelten und gar nicht selten Dorfmittelpunkte, Versammlungsorte oder alte Gräber markieren. In der Nähe der Kischlaks und der traditionellen Weideplätze sind die Artschabestände stark dezimiert, denn sie wurden als Bauholz für Brücken, Dächer, kunstvoll geschnitzte Türen und Hausrat und von den Hirten als Brennholz verwendet. Berühmt ist der aus Artschaholz gefertigte Sarkophag Timurs im Mausoleum Gur Emir in Samarkand.

Hier oben im fernen Hochgebirgsraum kann man auf schüttere Artschagruppen ohne richtigen Schatten und auf wundersam verdrehte »Einzelgänger«, auf Krüppelformen mit kuppelartiger Krone stoßen, die meist ein Alter von mehreren hundert Jahren haben. Ein solcher Baum steht da drüben.

Diese sachlichen Gedanken verjagen alle Träume. Also erhebe ich mich und folge dem Rauschen, das aus der Erde zu kommen scheint. Nach wenigen Schritten schon ist der feste ebene Boden zu Ende, er fällt hinab in die Tiefe eines Abgrundes, der erst Moränenschutt ist und dann rotes und graues festes Gestein, eine enge und steile Klamm. Ganz unten dröhnt der Fluß und kündet von Gefahr, von wilder Erosion und vom Transport unsichtbarer Gesteinsmassen.

Ich wende mich ab und gehe über die Wiese, auf der die ersten Zelte schlaff im Wind flattern, steige ganz planlos auf und sehe Holz, festes dürres Holz der Artscha, zerbrochene Ruinen einstmals lebendiger, kraftvoller Bäume. Also muß es hier den turkestanischen Wacholder einst viel häufiger gegeben haben. War es eine Veränderung des Klimas, oder war es eine Krankheit, die zu dem Rückgang führte? Gewiß drang die Artscha hinauf ins Gebirge zu Zeiten günstigeren Klimas im Quartär. Vor etwa 350000 Jahren soll es hier ein den heutigen Monsunbereichen des Himalaja ähnelndes Klima gegeben haben. Dichte Wälder mit Fichten und Tannen bedeckten den Pamir, und oben an der Waldgrenze wuchs die Artscha. Als es kälter und trockener wurde, vielleicht durch den Aufstieg des Himalaja und die Abriegelung von den ozeanischen Monsunwinden, mußten die Bäume in diesen Hochgebirgsregionen ihr Leben lassen.

Ich verfolge diese Gedanken nicht weiter, sondern nehme den Arm voll Holz und steige wieder hinunter zu den Zelten, dann noch einmal hinauf und wieder hinab. Dann kommen auch die anderen ... und bald ist weniger Holz dort oben als Stunden vorher. Es wird die Zeit nahen, in der man nichts wird hinuntertragen können zum Lager außer Steinen. Drüben auf der anderen Seite gibt es noch bescheidene, sehr schüttere Wacholderwaldungen am Fuße des Burs-Gletschers. (Burs ist ein tadshikisches Wort und heißt Wacholder).

Jetzt züngeln bläuliche Flämmchen an den Scheiten empor und geben Wärme und würzigen Rauch in die kalte Nacht und auch Licht, welches die Weite des Raumes um uns begrenzt auf uns selbst und das Feuer. Jetzt spricht und denkt es sich gut. Das Feuer ist der Mittelpunkt dieser Stunden. Alles andere ist Beiwerk. So war es einst, als die steinzeitlichen Menschen am Feuer saßen wie jetzt wir, zwar nicht hier in den Hochgebirgsregionen, sondern draußen in den Tiefländern, doch ebenfalls umgeben von den unbekannten Gefahren der Natur. Es fällt mir leicht, hinter den flackernden Flammen und der flimmernden Luft über der heißen Glut jene bärtigen Männer zu sehen, deren Vorfahren einige Generationen zuvor das Feuer noch gar nicht kannten. Gewaltig war der Einfluß des Feuers auf das Werden des Menschen. Feuer bedeutete die Eroberung einer unwirtlichen Umwelt, denn Feuer war Geborgenheit auf engem Raum, brachte Schutz vor gefährlichen Tieren und vor den Unbilden des Wetters. Zurücklassen konnte man jetzt Schwache, Alte, Kranke und Kinder. Zurückziehen konnte man sich an das Feuer bei Gefahr und Not. Das Feuer bedeutete bessere Ernährung, denn nun wurde die Nahrung voll verwertbar und verdaulich. Verderbliche Güter konnte man am Feuer dörren. Die gekochte und gebratene Nahrung ließ sich leichter kauen. Der menschliche Schädel benötigte weniger Muskulatur, und auch das hatte Folgen. Er wurde leichter und schlanker, konnte aufrecht getragen werden, und nicht zuletzt dadurch vergrößerte sich der Hirnschädel. Das durch die Wärme gewonnene neue Lebensgefühl erhöhte gewiß auch die sexuelle Bereitschaft, erhöhte die Lebenschancen der Säuglinge und Kleinkinder. Die Entwicklung zum Milliardenvolk Mensch nahm am Feuer seinen Anfang. Wundert es deshalb, daß das Feuer verehrt, daß es nicht selten zum heiligen Ort wurde? So ist auch für uns heute das würzige Artschafeuer ein Kultplatz, an dem man wieder Kraft bekommt nach Schwäche und Apathie und an dem wir unsere weiteren Pläne beschwören. Feueranbeter der Jetztzeit sind wir für diese kurze nächtliche Stunde wie jene Anhänger Zarathustras in den Bergdörfern Mittelasiens vor Jahrhunderten.

Schrille Pfiffe sind der Weckruf am nächsten Morgen. Wir blicken aus dem Zelt und bemerken verwundert, daß in den anderen Zelten noch völlige Ruhe ist. Da pfeift es aber schon wieder von ganz anderer Stelle. Ich erinnere mich eines ähnlichen Erlebnisses in den Alpen, im Steinernen Meer, am Funtensee in der Nähe des Kärlinger Hauses vor vielen Jahren. Jetzt wußte ich, wo ich diese Musikanten der Bergwiesen zu suchen hatte. Zwischen dem Gras ziehen schmale Straßen und Gassen von Erdbau zu Erdbau, Kommunikationssystem eines regsamen Völkchens von Nagetieren. Tatsächlich lugt ein schwarzgrauer Kopf neugierig aus dem Bau, und dann wird ein graufarbiger dickfelliger Körper von der Größe eines Feldhasen sichtbar, richtet sich auf und pfeift, warnt gewiß seine Artgenossen vor dem seltsamen Besuch. Das alles erleben wir im Sugran-Tal, denn »sagyr« (tadsh.) oder »sugar« (kirg.) heißt Murmeltier. Sie sind Vertreter der Gattung Marmota. Schon wieder beschweren sie sich durch hektische Pfiffe und informieren sich gegenseitig über unsere Ankunft. Die Murmeltiere leben von Hochgebirgspflanzen, die es hier auf den besonnten Matten und Geröllfeldern noch reichlich gibt. Allerdings darf der Boden nicht felsig sein, denn bis drei Meter werden die unterirdischen Wohnbauten in die Tiefe gegraben. Dorthin ziehen sie sich von Oktober bis März zurück zum lethargischen Winterschlaf, um mit gedrosseltem Stoffwechsel, vermindertem Herzschlag und reduzierter Körpertemperatur eine lebensfeindliche Zeit zu überdauern. Sehvermögen und Gehör sind jetzt in der aktiven Phase besonders entwickelt. So werden sie jede Bewegung in unserer Zeltstadt sorgfältig registrieren und ihre Beobachtungen »weiterpfeifen« zu den Nachbarn.

Diese possierlichen, liebenswerten Tiere sind nicht ungefährlich für den Menschen. Wie viele andere unter der Erde lebende Nagetiere können auch die Murmeltiere Parasiten im Fell haben, zum Beispiel Flöhe, die schon oft zum Überträger einer der schrecklichsten Infektionskrankheiten in der Geschichte der Menschheit wurden – der Pest. Allein von 1347 bis 1350 starben in Europa an dieser Seuche etwa 42 Millionen Menschen. So wenig glaubhaft es klingen mag, noch immer schwelt diese Krankheit in manchem Winkel der Welt, auch in Zentralasien, und dann sehr oft in den Kellerwohnungen der Murmeltiere und Sandmäuse. Über Jahre und Jahrzehnte können Pestbazillen in den kühlen Bauen infektiös bleiben, können sich sogar vermehren und dort auf Ausbruch und Verbreitung warten. Die Flöhe sind der oft

Großer Schotterfächer der Seldara-Schmelzwässer an der Stirn des Fedtschenko-Gletschers, des längsten Talgletschers der Welt

Alter Tadshike aus dem Tal
des Surchob

Tadshikische Mutter aus Dshirgatal
mit ihrem ersten Sohn

Einmündung des Sugran-Tales in das Tal des Muksu bei der ehemaligen Siedlung Kandou. Im Hintergrund Pik Lipski (5838 m) und Pik Naprawljajuschtschi, rechts Peschi-Paß,
links oben Pik Weimar (etwa 5600 m)

Die Siedlungsoase Dshirgatal entstand durch künstliche Bewässerung. Blick über das Surchob-Tal auf die Peter-I.-Kette

Spätsommerliche Ferula im Tal
des Muksu

Ein tadshikisches
Familienoberhaupt aus
der Siedlung Muk

Bergkischlak Muk im Tal des Muksu.
Die Stampflehmhäuser sind oft fensterlos

Basislager im mittleren Sugran-Tal in etwa 4000 Meter Höhe,
dahinter das Massiv des Pik Weimar (etwa 5600 m)

unbemerkte Überträger. Vorsicht ist also geboten in der Nähe der Murmeltierbauten, und so schlagen wir nicht ungern unsere Zelte zusammen und ziehen weiter in das Tal des Sugran hinauf, hinein in die tief eingeschnittene Felsfurche. Bald schon ist die Gruppe wieder auseinandergezogen, Wulf, Hans, Jürgen und einige andere sind weit voraus. Ich bin ganz hinten, allein mit den Felsen, dem Steinschlag und dem dröhnenden Wasser.

An einer brüchigen Artschabrücke sind wir alle wieder zusammen. Wir überqueren die Klamm des Sugran, erreichen den steilen und jungen Moränenhügel eines Seitengletschers hoch über dem Haupttal. Es ist der Burs-Gletscher, der diese natürliche Halde aus gewaltigem Blockwerk hier aufgefahren hat. Sie ist bedeckt mit einzeln stehenden alten Wacholderbäumen. Wir schlagen die Zelte auf, haben von hier einen prächtigen Blick nach Norden, flußab auf die mauerartig aufragende Kette des Transalai, die selbst nachts im Mondschein und im Licht fallender Sternschnuppen an ein mächtiges Bauwerk aus Riesenhand erinnert.

Beim Weitermarsch am nächsten Tag weitet sich das Tal. Der Talboden wird ein Schotterfeld, das sanft ansteigt. Es ist durchzogen von sich schlängelnden und verästelnden Wasserläufen. Weiter unten vereinigt sich alles Wasser zum Fluß Sugran. Unsere Blicke aber gehen talauf, denn am Ende der geneigten Schotterflur steht eine Mauer aus Gesteinsschutt mit Geröll, mit auffallend steiler Stirnfläche, die es im losen Geröll sonst nicht gibt. Es ist die schuttbedeckte Stirn des Sugran-Gletschers. Die deutsch-österreichische Pamir-Expedition 1913 hatte diesen Eisstrom nach einem bekannten Geographen und Gletscherforscher Brückner-Gletscher genannt. E. Brückner hatte 1909 zusammen mit A. Penck das berühmte dreibändige Werk »Die Alpen im Eiszeitalter« verfaßt.

Das Schotter- und Sandfeld vor dieser Mauer ist ein Sander. Es ist der Sedimentationsraum einer großen »Aufbereitungsmaschine« weiter oben im Tal. Dort wird der Felsen durch das Eis behobelt und geschliffen, wird Gestein herausgerissen und zerkleinert bis in die feinen Korngrößenbereiche. Auf den Gletscher fallen größere Mengen von Hangschutt und von Bergsturzmaterial. Das Eis übernimmt diesen Schutt, umschließt ihn und fährt mit ihm zu Tal. Ganz am Ende taut er aus. In den Spalten und unterirdischen Gewölben im Eis strömt Schmelzwasser, und das führt ebenfalls Schutt, Sand und Schluff mit sich. Herrschen bis hierher ein kräftiges Gefälle und eine starke Schubkraft im Eis, so ändert sich das an jener Mauer aus Schutt und Geröll am Ende des Gletschers. In dem sanft geneigten Talboden verästelt sich das aus dem Eis entlassene sedimentbeladene Schmelzwasser. Die Fließgeschwindigkeit, die Schubkraft, wird geringer, und die Folge ist Sedimentation, sind Ablagerungen aus Kiesen und Sanden in einer flach geneigten deltaartigen Schüttung. Es entsteht ein Sander. Gelegentlich können sich auch kleine Seen bilden. In ihnen sedimentieren sich die feinen Korngrößen, gebänderte Schluffe und Tone, die man »Beckentone« nennt. Was wir hier im kleinen am Rande des Talgletschers sehen, gab es in Europa an den vielen eiszeitlichen Stillstandslagen des ehemaligen Inlandeises in viel größerer Dimension: Quadratkilometer große Sander aus kiesigen Sanden im norddeutschen Flachland. Und dort entstanden Beckentonlager, in denen dünngeschichtete Schluffe und Tone verschiedene Jahreszeiten repräsentieren. Der Sommer mit reichlichem Schmelzwasser brachte die helleren gröberen Schluffe. Der Winter läßt die Seebecken oberflächlich zufrieren. Der Elektrolytgehalt des verbliebenen Wassers ändert sich, und das führte zu einer Ausflockung des kolloidalen Tons, es entstanden die feinkörnigen dunklen Tonlagen.

Es geht sich gut auf dem Sander. Wir kommen schnell voran. Unvermittelt stehen wir vor dem schon aus der Ferne wahrgenommenen Wall aus Geröll und Sand, 30 bis 40 Meter hoch, ohne Vegetation, nur grauer Schutt, Blöcke unterschiedlicher Größe. Hier ist der Anfang einer neuen und fremdartigen Welt, der Beginn eines Chaos aus Schutt und Geröll ohne Farbe, nur Grau in den unterschiedlichsten Varianten und Nuancen. Wir sind jetzt in einer Höhe von 3100 Metern über dem Meer. Wir steigen die steile Stirn dieses Walls hinauf. Alles ist staubig, und oben empfängt uns ein fremdes Bild. Wie Eingangswächter ragen da steile und spitze Kegel aus Geröll gleich hinter der Oberkante des Walls auf. Manche erinnern an Termitenhügel. Wir halten an, setzen die Kraxen ab, denn wir müssen diese seltsamen Spitzen bis zehn Meter Höhe besteigen. Doch schon nach wenigen Schritten wird dies zum Problem. Das Geröll unter den Bergschuhen gleitet auf einer dunkelgrauen glatten Schicht ab, die auffallend feucht ist. Einige Schläge mit dem Pickel bringen die eindeutige Diagnose: Es ist schwarzgraues Eis. Der Anfang eines großen Talgletschers ist erreicht.

Wie der erdgraue Rücken einer gepanzerten Riesenechse aus dem Zeitalter der Saurier schlängelt sich die steinbestückte Eisschlange durch die Windungen des Tales und überdeckt den einstigen Flußlauf. Das Eis allerdings liegt unter einem Mantel aus dezimeter- bis metermächtigem Schutt, der es isoliert. Wie in einem Kühlschrank bleibt es über lange Zeit erhalten, obwohl es keinen aktiven Nachschub vom oberen Gletscherbereich erhält, es ist Toteis. Es kann sogar unter der

Bedeckung regenerieren und einen eigenen zaghaften Vorschub versuchen. Intensiver und langzeitiger Untersuchungen bedürfte es, um solche Fragen des Eishaushaltes am unteren Ende des Sugran-Gletschers zu erfassen. Wir können das nicht, wir haben nur Zeit für kurze Beobachtung. Und die Eiskegel erregen jetzt unser ganzes Interesse. Es sind besondere Abtauformen des Eises, Ablationsformen unter der steilen Sonneneinstrahlung und unter der Bedeckung mit Schutt, spezielle Formen der bedeckten Ablation, wie Professor C. Troll diese Erscheinungen bezeichnete. In vielen vergletscherten Hochgebirgen in den tropischen und subtropischen Bereichen der Erde, im Himalaja, im Karakorum, im Hindukusch und in den Anden treten an den Zungenbereichen der langen Talgletscher diese seltsamen Eisschmelzkegel unter einer dünnen Schutzschicht aus Feinschutt und Sand auf. Bis heute ist ihre spezielle Genese in den Einzelheiten nicht geklärt. Sie sind Beweis für eine einst höhere Gletscheroberfläche und damit für die flächenhaften langsamen Abschmelzprozesse, sind Zeugnisse der Entstehung von Schmelzwasser in den sommerlichen Monaten. Wir sind fast am Ziel unserer Fahrt. Die nächsten Tage werden wichtige Antworten zu den Fragen bringen, die uns bereits im Flugzeug über den Wüsten am Amudarja gestellt wurden: Woher kommen die gewaltigen Schmelzwassermengen der drei großen Ströme des westlichen Mittelasien, des Amudarja, des Syrdarja und des Serawschan? Wie ist es möglich, daß diese Flüsse in den sommerheißen Monaten trotz Verdunstungs- und Versickerungsverlusten riesige Flächen landwirtschaftlichen Nutzlandes bewässern können, auch die aufblühende Industrie das Wasser nutzt und trotzdem nicht geringe Wassermengen den Aralsee, den großen Verdunstungstiegel inmitten des Wüstenlandes, erreichen? Wird man in Zukunft noch mehr Wasser aus diesen großen Strömen entnehmen können?

Besonders für uns Geologen werden nun anstrengende, aber auch beglückende Tage folgen. Alle unsere Beobachtungen aber werden wir gerade hier oben in den Hochgebirgstälern und auf den Aufstiegsrouten dem Erreichen des sportlichen Zieles der Expedition unterordnen und anpassen müssen. Fast immer in Eile und am Rande des anderen Geschehens werden wir geologisch betrachten und analysieren. So bleibt auch hier keine Zeit zum Detail, zu Grabungen etwa an den Flanken jener Eisschmelzkegel und zu Messungen der Schuttbedeckung und der Neigung der Eisoberfläche. Schon wieder sind Klaus Kerkmann und ich die letzten der Gruppe. Wir steigen den anderen hinterher durch Schutt und Geröll. Man muß aufpassen bei jedem Schritt, links und rechts nach der besten Route suchen durch dieses

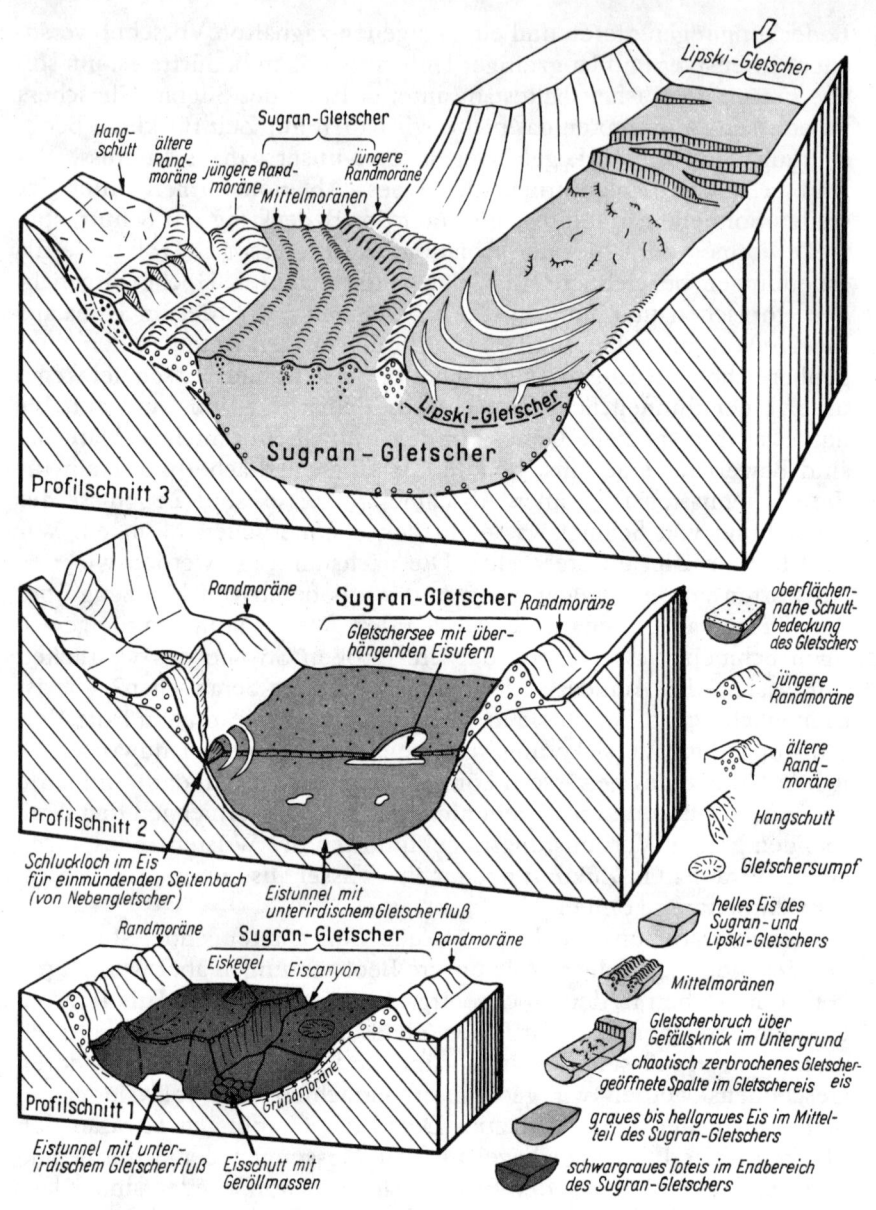

Drei Profilschnitte (Blockbilder) durch den unteren und mittleren Sugran-Gletscher (Lage der Profile siehe Seite 137)

Chaos der Steine auf dem Rücken des Gletschers. Immer interessanter wird das Relief dieses Eiskörpers. Wir geben es auf, den anderen zu folgen, und als weitere Kameraden zurückbleiben, fällt es uns leichter, die Kraxen abzustellen.

Die Gletscheroberfläche ist Schutt und Sand, alles ist grau in grau, Blöcke in allen Größen und dazwischen staubiger Feinsand und Schluff, in dem die Glimmerblättchen glänzen. Auch dieser Schutt ist ein Produkt der Ablation. Wenn das Eis abtaut, werden die im Eis eingeschlossenen Gesteine freigelegt und angereichert. Steinschlag von den felsigen Talflanken kommt dazu. Das Relief ist stark bewegt. Immer wieder fallen jetzt Trichter auf, an deren übersteilten Wänden gelegentlich schwarzes Eis in der Sonne silbern aufglänzt. Eingebackene Steine werden von den Tauprozessen des Tages gelöst und gleiten und holpern die Eisrutschen hinunter, um unten am Grund der Trichter von einer breiigen Suspension verschlungen zu werden. Gefährlich ist der Boden dieser mehrere 10 Meter tiefen Kessel. Feinsande und Schluffe in einer tückischen Mischung mit Wasser, ein Untergrund, der ganz harmlos ausschaut und der doch zur äußersten Vorsicht mahnt. Gerät man in diese Gletschersümpfe hinein, so kann man versinken in einem grundlosen »Pudding« aus zermahlenem Gestein und Schmelzwasser. Gelegentlich steht Wasser in den Eistrichtern. Auf der einen Seite eine Tunnelöffnung, aus der Wasser austritt, auf der anderen Seite verschwindet es wieder zu einer unsichtbaren Wanderschaft. Wie die Eiskegel gehören auch diese Trichter zu dem eigentümlichen Formenschatz der Ablation, zu den sichtbaren Zeugnissen der flächenhaften Abtauprozesse. Ein Gesteinsblock, der sich bei beständiger Sonnenbestrahlung stark aufheizen kann, wandert in die Tiefe, und um ihn herum kann sich ein steilwandiger Trichter im Eis bilden. Andere Trichter und Einsenkungen sind durch den Einsturz oberflächennaher Hohlräume entstanden.

Hinter einem schwierigen Wegstück am Rand einiger Eistrichter stehen wir unvermittelt an einem langen steilen Eisabbruch. 20 oder gar 30 Meter fällt an einer gewundenen Grenzlinie die Gletscheroberfläche steil ab zu einem schutt- und eisbedeckten Boden, der nach einigen 10 Metern Breite endet und in einer weiteren gegenüberliegenden Eiswand wieder aufsteigt. Es sind Eiscañons, steilwandige Täler, die auf eindringliche Weise ein inneres Adernetz der langen Talgletscher sichtbar machen. In den unzähligen Spalten, Klüften und Schlucklöchern eines Talgletschers rieseln, fließen und schießen Schmelzwasser in die Tiefe der Eisschlange. Sie folgen der Schwerkraft und erreichen auf zum Teil komplizierter und oft umgeleiteter Bahn den felsigen Untergrund des Gletschers. Diese Schmelzwasserrinnsale schaffen sich tunnelartige Kanäle, die sich vereinigen zu immer breiteren unterirdischen Eistunnelströmen. Nicht nur im aktiven, sich bewegenden Blankeis der oberen und mittleren Teile eines Talgletschers ist diese unter dem Eis vor sich gehende Wasserbewegung anzutreffen. Auch im unteren Toteisbereich wird es diese Eistunnel geben, mit wassergefüllten Hohlräumen, die man »Gletscherkammern« oder »Wasserstuben« nennt und die zu katastrophalen Wasserausbrüchen führen können. Das Eis taut von oben, von der Seite und gewiß auch von unten. Das dunkle Gletschereis braucht sich langsam auf, wenn nicht die Kraft des Nährgebietes oben in der Zone des ewigen Schnees stark genug ist, bis hier herunter einen Eisnachschub zumindest periodisch zu garantieren. Dies aber ist mit Sicherheit nicht der Fall, zu ruinenhaft, zu zergliedert ist dieser untere, im Schutt versunkene Gletscherteil. Doch auch hier haben die vereinigten Schmelzwässer jene natürlichen Kanalisationen mit weit gewölbten Decken geschaffen. Die Tauprozesse verringern beständig die Dicke der hängenden Decke. Sie wird dünner, bis sich der weite Querschnitt des Eistunnels nicht mehr tragen kann. Das Gewölbe stürzt zusammen in hundert Meter langen »Grabeneinbrüchen«, zu einem chaotischen Blockwerk aus Eis, das in seiner Orientierung die ehemalige Lage des Eiskanals anzeigt. Nun nagen die Strahlen der Sonne an dem zerrütteten Eis. Die große Oberfläche beschleunigt das Abtauen, und es entstehen schließlich jene Eiscañons, in die wir jetzt vorsichtig mit Steigeisen und Seilsicherung einsteigen. Es ist kühl und windig. Fast senkrecht, stellenweise überhängend steigt die Eiswand auf. Wir sehen oben die Schuttdecke über dem Eis und sind überrascht: Nur wenig mehr als einen Meter stark ist dieser graue Gesteinsmantel des Toteises. Dauernd lösen sich oben einzelne Gerölle ab, von den Sonnenstrahlen ausgetaut aus dem eisigen Bindemittel. Dünne Fäden aus »flüssigem Silber« gleiten am schwarzgrauen Eis herab und hängen an den Überhängen herunter. Es sind perlende Rinnsale aus Schmelzwasser. Das Eis zeigt eine deutliche Bänderung, die steil hinaufschwingt vom Grund des Cañons zur Oberfläche des Gletschers. Dazwischen ragen große Geschiebe aus dem Eisbeton. Weit oben im Tal, wo sich das Eis in den Felskesseln formiert zu gemeinsamer Wanderschaft, liegt der Ursprung dieser Texturen. Schon im Schnee und im Firn entstehen Schichtungen, die das Eis übernimmt. Es ist ein Wechsel von hellem Winter- und dunklem Sommerschnee. Oft wird diese Schichtung überprägt von einer anderen in sich ebenfalls parallelen Textur, die durch Druckbeanspruchung an Gefällstufen entstehen kann. Es handelt sich um luftreiche weiße und luftärmere blaue Eislagen. Man nennt sie anders, nämlich Bänderung, obwohl sie oft schwer oder gar nicht von der Eisschichtung zu unterscheiden ist. Nur diffizile Untersuchungen auf Pollenführung und Isotopenanalysen des eingeschlossenen Sauerstoffs gestatten hier fundierte Entscheidungen. Durch das talwärtige Gleiten des Eises werden diese Schichten und Bänder deformiert, passen sich in der Lage dem Gletscherbett an, mit Steilstellung der Texturen an den Rändern und flacher Einmuldung gegen die Mitte.

Ein erster Einblick in die Entstehungsgeschichte und den Aufbau eines Talgletschers ist hier gelungen. Der Eiscañon hat uns wertvolle Informationen überlassen. Das Eis bewegt sich zu Tal. Eine primäre Schichtung und eine sekundäre Bänderung liegen in der Mitte der Eisschlange flach und gegen den Rand hin steil. Also sind wir hier im randlichen Bereich des Gletschers. Der Eiscañon selbst ist das Abbild ehemaliger Eistunneltäler und das Ergebnis lange andauernder Abtauprozesse. Das Eisfeld um uns ist typisch für eine Gletscherzunge, in der mehr Eis abschmilzt, als von oben nachgeliefert wird. Es ist klassischer Thermokarst, ein Wärmekarst im Eis, den man bei globaler Betrachtung mit den Erscheinungsformen eines chemischen Karstes in Kalksteinen vergleichen kann. Indem das Eis hier vergeht, entstehen Schmelzwässer, die sich in den Haupttälern sammeln und sich weiter unten vereinigen zu den großen Strömen Mittelasiens.

Auf beiden Talseiten steigt ein steiler Moränenhang empor. Das dunkle Gletschereis ist tief eingesunken. Oben an der Kante zieht ein gratiger schmaler Wall entlang, auf Kilometer allen Windungen des Tales folgend, eine frischaussehende Randmoräne, ein eindrucksvoller Beweis des einst mächtigeren Sugran-Gletschers, der mit seinem aktiven weißen Eis bis hierher reichte. Diese relativ hoch über dem heutigen Eischaos entlangziehenden Randmoränen sind ein weithin sichtbarer Beleg für Gletscherschwankungen, für das Vorrücken und das Rücktauen der langen Talgletscher in den Hochgebirgen Mittelasiens. Sie sind damit Zeugen der periodischen Klimaänderungen des Eiszeitalters, des Wechsels von Kaltzeiten mit Gletschervorstößen und Warmzeiten mit Gletscherrückgängen.

Heute ist zweifellos Warmzeit, Interglazial, eine für das Leben der Menschen auf der Erde optimale Zeit. Die Jahresmitteltemperaturen sind um einige Grad angestiegen im Gegensatz zur Kaltzeit, und Vegetation und Tierwelt haben sich eingestellt auf dieses neue Milieu. Eichenmischwälder bedecken weite Teile der mittleren Breiten, und auch die sommerheißen Wüstenräume Mittelasiens sind Ausdruck des Interglazials im trockenen kontinentalen Raum. Eis und Dauerfrost haben sich zurückgezogen in die Polarregionen und die Hochgebirge der Erde. Auch die Gletscher des Pamir sind Reste der Eiszeit. Der »feste Ozean« dieser Gebirge entspricht der Fläche nach etwa der Größe der Insel Zypern, etwa 9000 Quadratkilometer. Ungefähr 600 bis 700 Quadratkilometer Eis und Firnschnee liegen allein im nordwestlichen Pamir, im Einzugsgebiet des Amudarja. Dieses Eis ist ein Bodenschatz von großer wirtschaftlicher und kulturgeschichtlicher Bedeutung. Verglichen mit den Eisvorräten der Welt, die eine Fläche von 15 Millionen Quadratkilometern (davon entfallen 12,6 Millionen Quadratkilometer auf Antarktika und 1,7 Millionen Quadratkilometer auf Grönland) bedecken, sind die Gletscher der Hochregionen Zentralasiens mit insgesamt 0,1 Millionen Quadratkilometern verhältnismäßig bescheiden. 33000 Quadratkilometer Eis entfallen auf den Himalaja, 15000 Quadratkilometer auf den Karakorum, 14000 Quadratkilometer auf das Kunlun-System und 4000 Quadratkilometer auf den Hindukusch. Die etwa 9000 Quadratkilometer des Pamir sind immerhin nach der Fläche gleichbedeutend mit der Gesamtvereisung der Hochgebirge Europas. Dort aber herrscht ein ozeanisches Klima mit vielen Niederschlägen, hier im Pamir wird die zirkulierende Feuchtigkeit eines kontinentalen trockenen Raumes konserviert, und das ist an sich schon bemerkenswert. Hinzu kommt die große Bedeutung für die Bewässerung des trockenen Landes. 1085 Talgletscher sind in Tadshikistan registriert, die länger als 1,5 Kilometer sind. 16 Gletscher sind länger als 16 Kilometer, und darunter befindet sich der größte außerpolare Talgletscher der Erde, der Fedtschenko-Gletscher.

Auch unser Sugran-Gletscher gehört zu den großen Talgletschern der Erde und des nordwestlichen Pamir. Er ist rund 24 Kilometer lang und bedeckt eine Fläche von etwa 50 Quadratkilometern. Auch er ist nur ein Überrest, denn vor 30000 bis 80000 Jahren zur Zeit der europäischen Weichselvereisung und vor rund 100000 bis 180000 Jahren zur Zeit der europäischen Saalevereisung war er bedeutend größer. Alle Seitengletscher, der Nadeshda-Gletscher, der Schini-Bini-Gletscher, der Vera-Gletscher, der Gulnot-Gletscher und der Burs-Gletscher, waren zusammenhängend vereinigt und lieferten Eis und immer wieder Eis. Der Sugran-Gletscher überfuhr die felsigen Bereiche des unteren Tales und erreichte dort das Eis des Muksu-Gletschers, das aus dem Muksu-Tal infolge der großen Eismächtigkeit in das Nebental eingedrungen war mit vermutlich gewaltigen Schuttmassen. Der Hauptgletscher war schon bis in die Gegend von Muk und dann weiter bis zum heutigen Ljachsch und Dombratschi vorgestoßen. Das größte Eisstromnetz des Pamir war entstanden.

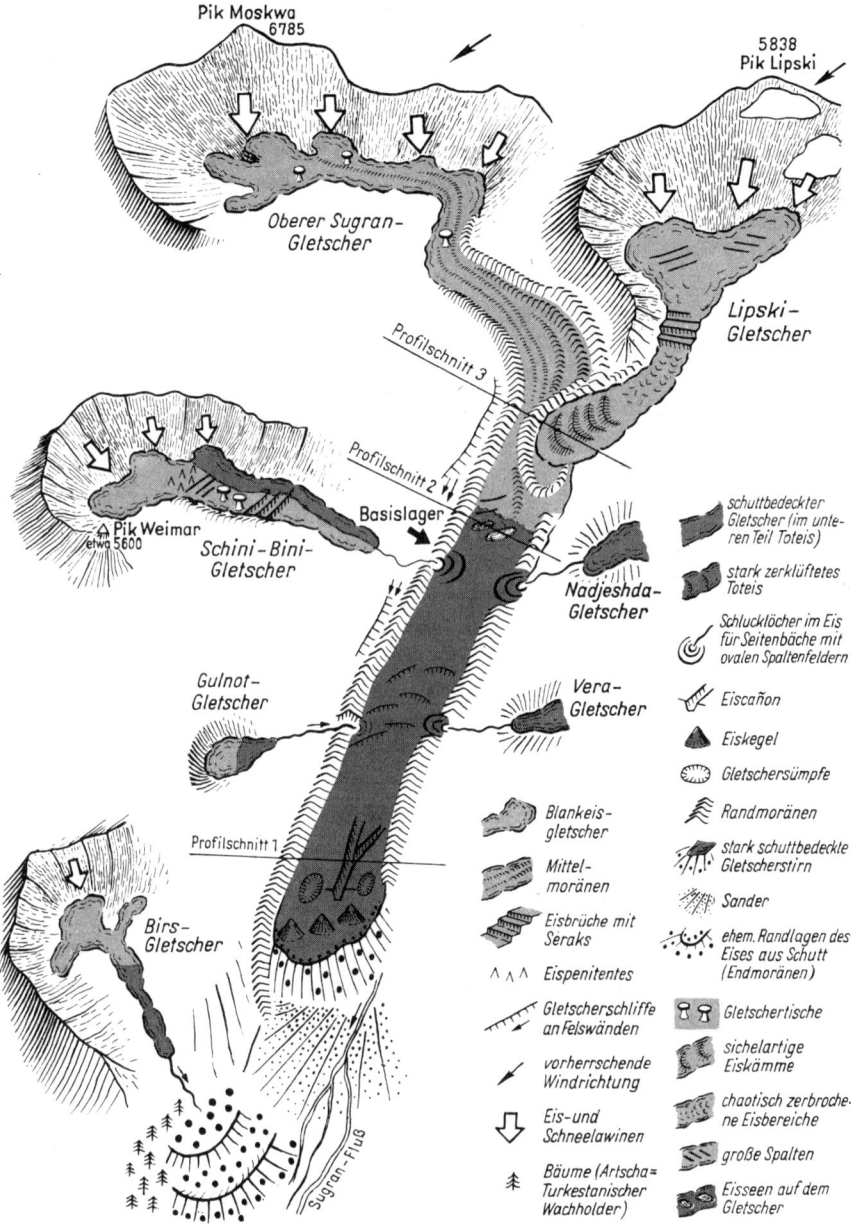

Pik Moskwa
6785

5838
Pik Lipski

Oberer Sugran-
Gletscher

Lipski-
Gletscher

Profilschnitt 3

Profilschnitt 2

Pik Weimar
etwa 5600

Schini-Bini-
Gletscher

Basislager

Nadjeshda-
Gletscher

Gulnot-
Gletscher

Vera-
Gletscher

Profilschnitt 1

Birs-
Gletscher

Sugran-Fluß

schuttbedeckter
Gletscher (im unte-
ren Teil Toteis)

stark zerklüftetes
Toteis

Schlucklöcher im Eis
für Seitenbäche mit
ovalen Spaltenfeldern

Eiscañon

Eiskegel

Gletschersümpfe

Blankeis-
gletscher

Randmoränen

Mittel-
moränen

stark schuttbedeckte
Gletscherstirn

Eisbrüche mit
Seraks

Sander

∧ ∧ ∧ Eispenitentes

ehem. Randlagen des
Eises aus Schutt
(Endmoränen)

Gletscherschliffe
an Felswänden

Gletschertische

vorherrschende
Windrichtung

sichelartige
Eiskämme

Eis-und
Schneelawinen

chaotisch zerbroche-
ne Eisbereiche

große Spalten

Bäume (Artscha=
Turkestanischer
Wachholder)

Eisseen auf dem
Gletscher

Der Sugran-Gletscher und seine Nebengletscher in der Peter-I.-Kette im Pamir
und der glazialmorphologische Formenschatz

Heute beherrschen die Schmelzwässer das Bild an vielen Stellen. Am westlichen moränenbedeckten steilen Talhang über der Randmoräne plätschert vom hoch oben liegenden, weit zurückgetauten unsichtbaren Vera-Gletscher ein wasserreicher Schmelzwasserbach herunter. Der Vera-Gletscher ist nur ein kleiner Gletscher, aber umgeben von einem steilwandigen Felskessel mit vereisten Felsketten, die bis 5000 Meter Höhe aufsteigen. Von der Stirn dieses Gletschers fließt das Schmelzwasser talwärts bis zur Talkante, einem scharfen Geländeknick, den es hinunterstürzt. Dieser Gefälleknick ist wieder ein Anzeichen eines einst mächtigen Sugran-Gletschers. Das Eis füllte das Haupttal bis dorthin. Der Vera-Gletscher floß hier oben auf den Hauptgletscher auf. Als dieser im wärmeren Klima schrumpfte und absackte und sich die Eisoberfläche nach unten bewegte, blieb die felsige Talschulter hängen. Die Erosion wirkte hier nicht. Die Schmelzwässer müssen noch heute den moränenüberzogenen Steilhang hinabstürzen. Diese sogenannten »Hängetäler« sind eindrucksvolle Zeugen eines einst mächtigen Talgletschers im Eiszeitalter.

Der Schmelzwasserbach vom Vera-Gletscher zerschneidet die alte Randmoräne in einer Klamm, überschlägt sich im immer gröber werdenden Schutt, fällt weiter hinunter und erreicht den Sugran-Gletscher. Hier sitzen wir und schauen, und bald liegen wir alle flach zwischen den Steinen, auf dem grauen Sand und dem Schluff, denn das Schmelzwasser des Vera-Gletschers wird hier vom »Untergrund« verschluckt. Es verläßt auf geheimnisvolle Weise die Oberfläche des Gletschers, verliert sich zwischen den Steinen und ist verschwunden. Wir liegen am Boden, lauschen in den Untergrund hinein und vernehmen das dumpfe Rollen und Poltern des in die Tiefe fallenden Wassers. Es versinkt im Sugran-Gletscher. Spalten und Schächte muß es im schwarzgrauen Eis unter uns geben, die hinunterreichen bis auf den felsigen Grund. Einige zehn, vielleicht hundert Meter werden es hier sein, die das Wasser im Eis niederfällt und aufschlägt, weitergeleitet wird und wieder fällt, bis es den Felsuntergrund erreicht. Es ist stillstehendes Toteis und so prallen das niederstürzende Wasser und das mitgerissene Geröll immer an der gleichen Stelle auf, schaffen beckenartige Einsenkungen, in denen das auffallende Wasser in eine kreisartige Bewegung gerät. Es mahlt und schleift sich durch die turbulente Kreisbewegung der Gerölle in die Tiefe. Strudelkessel, auch Gletscherkessel oder Gletschermühlen genannt, entstehen mit mehr oder weniger senkrechten Wänden, mit den Mahlsteinen am Grund, die dann, wenn das Eis auch hier eines Tages weggetaut ist, Zeugnis ablegen werden von einem Gletscher im Sugran-Tal.

Basislager
am Schini-Bini-Gletscher

Die Rackerei will kein Ende nehmen. Es ist zum Verzweifeln, wenn man im Toteis gefangen ist, zwischen grobem Gestein verschiedenster Größe, zwischen hin- und herkippelnden Blöcken, zwischen einem unübersichtlichen Kegel- und Pingenrelief auf einem immer noch schwarzgrauen Eis. Allein wir Geologen fanden auch hier wieder Bemerkenswertes: ein gekritztes Geschiebe hier, dort seltsame periglaziale Streifungen aus grobem Schutt an einem flacheren Eishang, dann wieder eine sprudelnde Eiswasserquelle inmitten des Gerölls oder gar einen Gletschersumpf zwischen steilen Eiswänden. Aber für alle diese fremdartigen Bilder auf dem Gletscher können wir unsere Fahrtgenossen, die Nichtgeologen, nur sehr wenig begeistern. Und das ist verständlich, denn von der ästhetischen Seite sind in der Tat die Strukturen der nicht aktiven Gletscherzunge wenig attraktiv.

Und das graue Gletscherband zieht weiter talauf. Wir aber verlassen den Gletscher, steigen äußerst mühsam mit den 50 Kilogramm auf dem Rücken ein wenig wankend den moränenüberzogenen Talrand des Sugran-Gletschers hinauf. Dann haben wir die höherliegende Randmoräne unter den Füßen, klettern durch einen Ssai, eine steilwandige Schlucht. Gerölle unterschiedlicher Größe liegen in einer sandig-tonigen Bindemasse. Bei jedem Tritt brechen die Gerölle aus der feinerkörnigen Kittsubstanz, einem sandigen Lehm, oft gefährlich für einen selbst, noch gefährlicher für die tiefer steigenden Kameraden. Wir sind froh, daß wir nur zu dritt sind. Die Gruppe ist wieder weit auseinandergesprengt. So können wir seitlich gestaffelt aufsteigen. Die aus der Wand getretenen Geschiebe schießen, springen und poltern an uns vorbei. Man muß eine Randmoräne auf diese Weise überwunden haben, um an den Aufstiegsstrapazen und den Gefahren die Größe und die Mächtigkeit des einstigen Gletschers ganz unmittelbar zu erfassen. 50 bis 60 Meter haben wir uns nun schon über diesen tückischen Moränenschutt emporgeschunden, und noch immer liegt eine etwa gleich große Strecke vor uns. Unten duckt sich der heutige Sugran-Gletscher ins Tal mit vielleicht 100 oder gar 150 Meter oder mehr Eisfüllung im Talboden. Es gab aber Zeiten, da reichte das Eis bis hier herauf und während älterer pleistozäner Kaltzeiten sogar noch weit höher, wie an grasüberwachsenen und grüngrauen blanken Moränenresten und an Schliffmarken bis mehrere hundert Meter über uns zu erkennen ist. Und wieder werden Fragen gestellt, darunter auch die: Wann sind diese frischen randlichen Moränen entstanden, die wir gerade übersteigen? Aus der Fülle der Antworten, welche die Erdforschung bereithält und die noch nicht in jeder Aussage sicher belegt sind, sollen hier nur einige ausgewählt werden. Die Moränenreste ganz oben am hohen Fels sind die Zeugen der Maximalausdehnung der Pamirvergletscherung, über die wir schon sprachen. Es war die Zeit des großen Muksu-Gletschers, der während der vorletzten und letzten Kaltzeit jene gewaltigen Dimensionen erreichte.

Alle tiefer liegenden Moränen an den Talflanken sind die Zeugnisse jüngerer Gletscherschwankungen der Nacheiszeit, des Holozäns. Das permanente Wechseln von kleinen »Eiszeiten« und kleinen »Warmzeiten« ist eine typische Erscheinung für diese Zeit. Sie rückläufig genau zu datieren ist für den Menschen ebenso reizvoll wie schwierig.

Als 1913 die erste Expedition des Deutsch-Österreichischen Alpenvereins mit Willi Rickmer-Rickmers und dem Glaziologen Professor R. v. Klebelsberg hier weilte, wurden geologisch und glaziologische Erkenntnisse aus den gut untersuchten Alpen auf den 6000 Kilometer entfernten Pamir übertragen. Dort waren die für das warmzeitliche Holozän typischen Tendenzen des Gletscherrückgangs sorgfältig registriert worden. Dabei wurde festgestellt, daß es zwischenzeitlich immer wieder zu Eisvorstößen gekommen war.

Im Mittelalter waren die Alpen schon einmal nur gering vergletschert. In den Jahren 800 bis 1200 ermöglichte das frühmittelalterliche Klimaoptimum zum Beispiel auch das Siedeln und die Schafzucht in Grönland, den Weinbau in England, Norddeutschland und Ostpreußen. Das war die Zeit, als die Alpengletscher fast verschwunden waren und auch die Gletscher Islands erheblich an Größe eingebüßt hatten. In der Zeitspanne 1300 bis 1600 war unter lebhaften Klimaschwankungen ein allmähliches Ende dieser Warmperiode zu verzeichnen. Im Winter 1322/1323 war zum Beispiel der Atlantik zugefroren. Im 16. Jahrhundert kam es dann erstmals zu relativ plötzlichen kräftigen Eisvorstößen, die ihre Maximalausdehnung etwa um das Jahr 1600 hatten. Der bisher weiteste bekannte Eisvorstoß in den Alpen erfolgte nach geringen Schwankungen im 17. und 18. Jahrhundert in den Dezennien von 1820 bis 1860. Die Zeitspanne 1550 bis 1850 bezeichnet man deshalb oft als die bislang jüngste kleine Eiszeit innerhalb des Holozäns. Seitdem wird ein Eisrückgang beobachtet, lediglich von kleineren Vorstößen in den Jahren um 1890 bis 1910 und um 1920 unterbrochen. Ab 1930 setzte sich der Eisrückgang verstärkt fort, der einen Höhepunkt um 1945 erreichte. Daß zumindest diese letzte Aussage auch für den größten der mittelasiatischen Gletscher zutrifft, haben die gemeinsamen sowjetisch-deutschen Fedtschenko-Expeditionen 1928 und 1958 belegen können. Von 1928 bis 1958 hat dieser Riese unter den Talgletschern der Welt einen Kubikkilometer Gletschereis verloren, hat sich die Zunge des Gletschers um rund 420 Meter zurückgezogen.

Diese Parallelität der Ereignisse in junger Zeit gibt uns vielleicht die Berechtigung, auch die schon ein wenig weiter zurückliegenden Veränderungen an den Gletschern zwischen dem Pamir und den europäischen Hochgebirgen zu vergleichen. Die jungen, frischen Moränen über dem eingesackten heutigen Talgletscher können das Produkt jener holozänen »Kaltzeit« in den drei Jahrhunderten von 1550 bis 1850 sein. Der darüberliegende Moränenzug an den Talhängen verkörpert die spätglazialen Rückzugsperioden jenes mächtigen Gletschers aus den letzten beiden Glazialen, dessen Moränenreste sich noch weiter oben an den felsigen Hängen der Täler erhalten haben.

Wir haben unsere Kraxen abgesetzt, nachdem wir auch das letzte übersteile Stück des Moräneninnenwalls überwanden, und uns auf der schmalen Krone dieser Randmoräne niedergelassen haben. Unter uns liegt das Trümmerfeld des Sugran-Gletschers in düstergrauen Farben. Drei unserer Kameraden sind unten im Toteis durch ihre farbigen Anoraks als bunte Punkte deutlich zu erkennen. Am bergseitigen Rand fällt die Randmoräne nur 10 bis 15 Meter ab. Diese Außenseite ist mit Gras bewachsen, an anderer Stelle gelegentlich sogar mit Bäumen. Am Fuße erstreckt sich ein zwar wenig umfangreiches, aber fast ebenes grasiges Terrain. Sascha deutet sofort dahin: »Dort werden wir das Basislager errichten«, sagt er. Wir glauben, daß auch er froh ist, nach dem Grau der letzten Tage wieder das Grün der Vegetation zu sehen. Wir nicken, sind sofort einverstanden. Es ist ein oasenartiger grüner Ort inmitten von Felsgestein. In etwa 4000 Meter Höhe müssen wir uns befinden, und das ist eine respektable Höhe, wenn man direkt aus einem Land kommt, in dem Höhen von 400 Metern bereits bemerkenswerte Berge sind. Hier oben werden sich unsere Kameraden nun endlich den Berg aussuchen können, der ihnen den langersehnten Gipfelsieg bringen kann, denn mehrere Fünf- bis Sechstausender liegen in erreichbarer Entfernung.

Ringsum ist die Nacktheit des Pamir, nur Felsen. Hier im Tal fallen im Sommer infolge des kontinentalen Klimas keine oder kaum Niederschläge. Von den Monsunregen des asiatischen Südens, welche die Gebirgstäler in Sikkim und in Nepal in Oasen verwandeln, wird nicht der Hindukusch und gar nicht der Pamir erreicht. Eine Bergwiese wie diese hier, auf der bald unsere Zelte stehen werden, ist Abwechslung.

141

Der nackte Fels beherrscht sonst die Landschaft. Hier leuchten im Grün des Grases Blumen. Zwischen manchen unbekannten erkennen wir Enzian, Edelweiß und eine winzige Miere, eine Stellaria-Art, die andernorts bis 6000 Meter hoch hinaufkriecht. Das große leuchtende Hochgebirgsedelweiß Leontopodium stracheyi ist hier in felsigen Nischen weit verbreitet. Die wie behaarte Blütenblätter aussehenden Schutzblätter umgeben die unscheinbare Blüte. Prächtige Apollofalter und ein zerzauster Schwalbenschwanz flattern von Pflanze zu Pflanze. Wieder hören wir Pfiffe, aber es scheinen Pfeifhasen (Ochotana sp.) zu sein, die gelegentlich ihre Baue unter dem Felsschutt verlassen, um an den Gräsern zu naschen. Durch einen dichten grauen Pelz ist dieser kleine Nager an die extreme Kälte des Hochgebirges angepaßt. Im Himalaja hat man Pfeifhasen in 6000 Meter Höhe angetroffen. So hoch lebt kein anderes Säugetier. Mit den behaarten Fußsohlen klettern sie auf steilen Felshängen herum, und das sogar im Winter, denn Winterschlaf kennen sie nicht. Sie haben einen Wintervorrat aus Gräsern im Bau, so wie die Bergbewohner ihren getrockneten Jugan und andere Futterpflanzen auf dem Dach ihrer Häuser lagern.

An einer Stelle finden wir verrostete Konservenbüchsen und die Reste einer alten Feuerstelle. Wir sind also nicht die ersten hier. Vielleicht – so bilden wir uns ein – war es das Lager Rickmer-Rickmers' und seiner Kameraden. Unsere Gedanken gehen zurück in das Jahr 1913, als jene Männer, Bergsteiger, Naturwissenschaftler und Geodäten, auf Einladung der Russischen Geographischen Gesellschaft den nordwestlichen Pamir durchstreiften und gerade hier ein umfangreiches wissenschaftliches und bergsteigerisches Programm absolvierten.

Inzwischen tauchen auch die letzten von uns auf dem Rücken der Randmoräne auf. Man sieht es von hier, daß es auch ihnen schwer geworden ist. Langsam steigen sie nun die letzten Meter hinunter zur Geröllwiese und werfen ächzend die drückende Last ab. Jetzt sind wir alle im Basislager. Schon einige Male glaubten wir, es erreicht zu haben, erst unten am Burs-Gletscher, dann ein Stück weiter am Vera-Gletscher. Aber dort gab es jeweils sofort Kritik: Es sei noch nicht hoch genug, es sei wenig einladend, und die eventuell zu besteigenden Hochgipfel seien noch viel zu weit weg. Hier aber inmitten der Gräser und Blumen und einiger weißer Berge im Osten sind alle begeistert. Bald stehen unsere Zelte. Wir haben endlich ein Basislager, denn ein solches gehört schließlich zu jeder richtigen Expedition im Hochgebirge.

Der Blick aus den Zelten heraus ist unvergeßlich. Die Felsflanken ringsum zeigen die aufgeschnittene Erde, die »Innenarchitektur« des Pamir. Auf der einen Seite steigt am Talhang gegenüber ein gewaltiger

Faltenschenkel empor, senkrecht stehende Schichten, Schiefer und Kalksteine aufragend bis in den Himmel. Es ist der Schenkel eines großen Sattels, dessen obere Partie gekappt ist von den nagenden Kräften der Verwitterung. Nur ein klein wenig Phantasie muß man haben, um die jetzt abgetragene Fortsetzung des Sattels dort oben, wo der tiefblaue Himmel über den Bergen steht, zu sehen und zu erkennen, wie einst die Schichten umbogen und Anschluß fanden an jene steilen Gesteine, die dort drüben untertauchen in die Tiefe der Erde. Ein Bild für ein geologisches Lehrbuch ist diese Felswand. Wir schauen auf die schichtigen Texturen, und auf der gewaltigen Schicht- oder Schieferungsfläche schneiden sich diagonal zwei weitere Trennflächensysteme zu silbrigglänzenden pyramidalen Felszacken. Die Schönheit des felsigen Hochgebirges erzählt uns Erdgeschichte und berichtet in diesem Falle von der Mehraktigkeit erdinnerer Beanspruchung, die man Tektonik nennt.

Wir sind im nordwestlichen Pamir, und dieses Gebirge hat eine »doppelte« geologische Geschichte, eine alte Entwicklung, die bis zum Karbon und Perm reicht, und eine junge, die selbst in unseren Tagen noch nicht beendet ist. Ganz am Anfang war hier Meer, war hier im Erdaltertum Geosynklinale, und das war salzwassererfüllter Senkungsraum, dem Veränderung und Umwandlung von Anfang an gewiß war. Dieser Anfang war Senkung, langsam, bedächtig und lange. Das bedeutete Aufschüttung von Gestein in großer Mächtigkeit, oft Tausende von Metern. Magmatische Gesteine drangen in sie ein. Relativ plötzlich wechselte dann das Geschehen. Die Zeit der ruhigen, nur gelegentlich unterbrochenen Sedimentation wurde beendet. Die Auflast der aufgeschütteten Sedimente war groß geworden. Ein anderer Prozeß bestimmte jetzt die geologischen Aktionen der Erde. Es kam zur Faltung. Die weitläufige Geosynklinale wurde vermutlich durch Plattendrift eingeengt, der Raum verkürzte sich, und das bedeutete Verfaltung der Gesteine, bedeutete Überschiebung und Drehbewegung und noch etwas anderes. Die Raumeinengung führte zu langwirkendem Druck, und in allen Tongesteinen zum Beispiel regelten sich die kleinen Bausteine, die Glimmer und Quarze ein, stellten sich senkrecht zum Druck. Es entstand eine Textur, die man Schieferung nennt, erst kaum sichtbar, aber schon dabei durch eine bevorzugte Teilbarkeit ausgezeichnet. Aus der Lage dieser Schieferung ist später dann die Beanspruchung ablesbar. Aus der Geosynklinale wurde so das gefaltete geschieferte Gebirge, und diese alte variskische Faltung geschah hier im nordwestlichen Pamir vor allem an der Wende des Karbon zum Perm, gefolgt von lebhafter magmatischer Tätigkeit mit der Bildung von Graniten. Die erste große und in sich gegliederte erdgeschichtliche Entwicklungsperiode im Pamir war beendet mit dem Ergebnis, daß ein großes Stück Erde einschließlich des Tienschan in sich gefaltet und gefestigt war.

Während für den Tienschan die geologische Entwicklung bis auf eine Zerstückelung durch Brüche und Verwerfungen und den jungen Aufstieg zum morphologischen Hochgebirge tatsächlich abgeschlossen war, wurden der Pamir und weite Bereiche Zentralasiens weiter im Süden in eine neue junge erdgeschichtliche Entwicklung einbezogen, die für die Architektur und das Antlitz der Erde von entscheidender Bedeutung werden sollte. Dort im Süden, im Bereich des heutigen Himalaja und Karakorum, entstand eine neue Geosynklinale, ein schmaler, aber langgestreckter Senkungsraum, ein großes von Westeuropa bis Ostasien reichendes, ostwestorientiertes Meer, welches man die Tethys nennt. Das bekannte Spiel der Erde mit Absenkung und Sedimentation begann erneut und dauerte das ganze Erdmittelalter über an. Nach ersten tektonischen und magmatischen Aktionen in der oberen Kreide kam es in der Braunkohlenzeit, im Tertiär, erneut zu einer großen und vorerst abschließenden Gebirgsbildung, zu einer Orogenese mit noch intensiverer Einengung des Raumes und erneuter Faltung der Schichten.

Diese geologisch junge alpidische Entwicklung griff über bis in den Pamir, aber mit deutlicher Abnahme der Wirkung von Süd nach Nord. Der Himalaja war Hauptschauplatz dieser geosynklinalen Absenkung, mächtiger Sedimentanhäufung und intensivster Faltung. Schon im Karakorum ist es ein wenig anders, indem sich die Gebirgsarchitektur an Bauformen der ersten Periode, der variskischen Epoche, anlehnt. Noch extremer ist dies im Pamir, so daß Muschketow und andere Geologen ihn überhaupt für ein steinkohlenzeitliches Gebirge wie den Tienschan hielten. Erst die moderne sowjetische geologische Forschung konnte überzeugend nachweisen, daß es im Pamir zu Neubelebungen, zu sogenannten Regenerationen oder Reaktivierungen in der jungen alpidischen Erdgeschichtsperiode gekommen ist. Das bedeutete auch hier lokales Absinken des Untergrundes und Anhäufung von jungem Sediment, das bedeutete Einbeziehung des Pamir in die jungen alpidischen Einengungsprozesse in der Oberkreide und im Tertiär. Das führte zur Faltung der neuen jungen Sedimente und erneuter Schieferung und zusätzlicher Metamorphose, also Gesteinsumwandlung auch für die älteren Gesteine aus der ersten Periode. Das komplexe geologische Geschehen bewirkte auch das Aufsteigen junger, eventuell sogar quartärer granitischer Schmelzen in das pamirische Ge-

Erosionszernagte Moränensedimente des eiszeitlichen Fedtschenko-Gletschers im Tal des Muksu

Mächtige Firnakkumulation in 5500 m Höhe oberhalb des Schini-Bini-Gletschers

Wind und starke Schneefälle führen zur Wächtenbildung am Pik Tschimtarga im Fan-Gebirge

Von den Hängegletschern zwischen dem Pamir-Firnplateau und dem Fortambek-Gletscher stürzen regelmäßig Eislawinen talwärts. Blick vom Bergsteigerlager Sulojewwiese über die Randmoränen des Fortambek-Gletschers

Aufstieg durch die mit mächtigen Eisabbrüchen durchsetzte Nordwestflanke des Pik
5 240 Meter im Mattscha-Knoten (während der Erstbesteigung im Juli 1973)

Der Eisabbruch am Rossija-Gletscher in der Akademie-Kette südöstlich
des Pik Kommunismus zeigt die große Mächtigkeit des Gletschereises

Inmitten zerrissenen Gletschereises oberhalb des Serawschan-Gletschers beim Aufstieg
zum Bely-Paß in der Mattscha

Lager auf einem gletscherrandnahen Mittelmoränenstreifen am oberen Serawschan-Gletscher. Im Hintergrund die Igla (5304 m)

Das große Gletschertor des Dewlachan-Gletschers in der östlichen Peter-I.-Kette, aus dem der Kirgisob herausströmt. Von der Gletscherstirn rinnen Schmelzwasserbäche herab

birge. Nach allen diesen Beobachtungen kann heute die Auffassung als gesichert gelten, daß der Pamir nördliches Randgebiet der jungen alpidischen Gebirge Zentralasiens ist. Einen letzten geologischen Prozeß haben alle diese Gebirge wieder gemeinsam, nämlich jene gewaltigen Massenhebungen an großen Längsbrüchen, die, von ständiger Seismizität begleitet, gegen Ende des Tertiär beginnen und das ganze Quartär andauern bis heute. Es sind weitgespannte, vorwiegend vertikale Blockbewegungen, die aus dem in der Tiefe steckenden geologischen Faltengebirge ein sogenanntes Morphogen, ein hoch in den Himmel aufragendes Hochgebirge, machen. Es entsteht ein jugendliches Steilrelief, welches sich auch heute fortentwickelt. In enorm schneller Erosionsarbeit kann hier das junge alpidische »Deckgebirge« abgetragen worden sein, und so ist vielleicht nicht verwunderlich, daß in weiten Bereichen des nordwestlichen Pamir das alte kristalline Fundament an der Oberfläche allein sichtbar ist und man fast glauben möchte, dieser Raum gehöre gar nicht zu den jungen alpidischen Hochgebirgen der Welt.

Das schräge Licht der Nachmittagssonne streift über die pyramidalen Felszacken der sich kreuzenden Schieferungen, und an der steilen Schieferwand gegenüber leuchten in feinem silbrigem Glanz Milliarden von kleinen Glimmerblättchen auf, alle eingeregelt vom tektonischen Druck zu winzigen spiegelnden Reflektoren des Sonnenlichtes und einer sichtbar gewordenen erdgeschichtlichen Vergangenheit. Es sind grünliche Phyllite und graue Glimmerschiefer, Grünsteine mit Magmatiten und Tuffen hier im mittleren Sugran-Tal, die altersmäßig in die Zeitspanne Silur bis Devon eingestuft werden müssen. Die doppelte tektonische Beanspruchung hat ihnen jenen hohen Metamorphosegrad und jene intensive Gefügeregelung aufgeprägt, die in der glimmerglänzenden Schieferung sichtbar wird.

Unser Hannes starrt auf diese Schieferwände, solange wir hier sind. Er ist ein begeisterter Felskletterer. Jedes Wochenende zu Hause verbringt er, wenn es nur geht, in der Sächsischen Schweiz, biwakiert dort und klettert und klettert. Er ist des Felskletterns und eines hohen Gipfels wegen mitgefahren nach Mittelasien, denn, so hat er sich gesagt, es muß doch dort steile Felshänge geben, wo die Berge in Höhen über 7000 Meter aufsteigen. Er konnte es anfangs nicht fassen, daß wir immer nur laufen in den Tälern und dabei eine Last von 50 Kilogramm mit uns herumtragen, die ihm die ganze Tour über schwer und qualvoll wird. Aber er schleppt sie zähe, um schließlich in der Form seines Lebens zu sein, als wir Tage später am Fuß unseres Berges stehen. Hier nun sieht er diese gewaltigen Felsen genau uns gegenüber. Man sieht es ihm an, daß er nur einen einzigen Wunsch hat, nämlich dort drüben hinaufzusteigen, um endlich einmal wieder einige seiner vielen Felshaken in die Wand zu schlagen und die Knoten in die Seile zu knüpfen. Aber hier ist eben alles anders als zu Hause. Dieser Felsen ist in der Tat nicht sonderlich weit entfernt, aber da liegen zwei Randmoränen dazwischen und ein breiter Gletscher. Die Wand steigt bis 4500 Meter empor. Immer wieder hören wir das Prasseln, die harten knallenden Schläge des herunterstürzenden Schiefergesteins. Diese Felswand ist eingebunden in die Peter-I.-Kette. Diese Felswand liegt im Pamir, und das unterscheidet sie von den Sandsteinwänden an der Elbe.

In unserem Basislager haben wir anfangs ein ernstes Problem. Es gibt kein Wasser. Was nützt alle Schönheit, alle Sicherheit des Standortes, wir brauchen Wasser. Nach allen Seiten schwärmen wir aus, steigen an den verschiedensten Stellen in nicht geringer Höhe auf, kratzen hier und dort mit dem Eispickel im lockeren Gesteinsschutt, denn gelegentlich hören wir ein gluckerndes Rieseln in unbestimmbarer Tiefe. Der Erfolg aber will sich nicht einstellen. Das Wasser fließt in zu großer Tiefe. Immer wieder rutscht uns der mühsam geteufte Schacht zusammen. Eigentlich hatten wir Geologen uns, zu deren beruflichen Aufgaben das Wassersuchen ja gehört, reelle Chancen ausgerechnet, das Wasser ins Lager zu bringen. Natürlich kam es anders, denn gewiß habe ich an den falschen Stellen gesucht, denn auch auf diesem Gebiet gelten andere Regeln als zu Hause. Sascha, der erfahrene Pamirwanderer, war behende von Stein zu Stein gesprungen und schließlich an die richtige Stelle gelangt. Etwa hundert Meter über dem Lager hatte er am Fuße einer hellen Kalksteinwand eine leuchtend grüne Stelle gesehen, fand eine kleine felsige Wiese mit vielen blühenden Pflanzen, und dort rieselte eine dünne kristallklare Quelle. Das Basislager war gerettet.

Es wurden strenge Regeln für diesen wertvollen Ort erlassen. In drei Bezirke wurde das Rinnsal eingeteilt. Im obersten wird das Trinkwasser entnommen, eine heilige Schutzzone und Ausgangspunkt mancher sinnloser Aktion. Da man hier oben in luftiger Höhe nicht kochen kann, muß das Trinkwasser von oben nach unten geholt werden. Steigt man mit dem wassergefüllten offenen Topf hinunter zum Lager, so kann es passieren, daß es gut geht bis kurz vor dem Ziel, dann aber stolpert man oder rutscht auf glatten Schieferplatten aus, das Wasser schwappt heraus, und man muß erneut hinaufstapfen zur geheiligten Zone unserer Quelle. Ein wenig unterhalb des Quellaustritts wird ein etwas größerer Bereich zum Ort der Körperpflege bestimmt. Es ist großartig, so hoch oben, von den kalten Bergwinden umweht, sich splitternackt zu waschen. So haben wir die ersten Sonnenstrahlen und die strahlende Mittagszeit erlebt, aber auch den sich neigenden Tag. Schließlich gibt es in dem relativ kurzen Lauf unseres Quellrinnsals einen dritten Abschnitt, zuunterst gelegen, einen Ort wahrhafter Fronarbeit, einen Verbannungsort. Dort nämlich ist die »Spülecke« für die Töpfe mit den fast immer angebrannten Speiseresten, die fettigen Teller, die schmierigen Plastbecher. Dazu gibt es nicht einmal heißes Wasser oder gar ein Spülmittel. Ein Glück, daß dieser Ort so hoch und einsam lag. So verklingen alle Flüche ungehört in der weiten Bergwelt.

Der erste Abend im Basislager vereint uns alle an einem bescheidenen Feuer. Sascha hat in einer abgelegenen Schlucht angespültes altes Artschaholz gefunden. Es sind Zeugnisse einer ehemaligen Vegetation, Reste einstiger Wacholderbäume, die vor nicht allzu langer Zeit hier in der Nähe der hochgelegenen Gletscher wuchsen. Das Holz wird herbeigeschleppt. Und dann kochen wir auf unseren Benzinkochern ein köstliches Abendessen: klare Rindfleischsuppe, pro Zeltschaft zwei Büchsen Halberstädter Rindfleisch mit dickem Reis und Töpfe herrlich duftenden roten Malventees. Als die Sonne im Westen hinter den Bergen versinkt, macht sich die Kälte empfindlich bemerkbar. Ein Kleidungsstück nach dem anderen müssen wir anziehen. Immer höher steigt die Dunkelheit aus den Tälern auf die Höhen hinauf. Wir schauen auf die Gipfel im Osten, die das angrenzende Schini-Bini-Tal umgeben, so lange, bis schließlich nur noch ein einziger Berg in der rötlichen Spätsonne liegt. Es ist ein von großen Schneefeldern umgebenes buckelförmiges Gipfelmassiv, davor ein steiles Firnfeld, eine karartige Eisnische. Was tiefer ist, liegt schon im Dunklen und ist farblos. Die Nacht hat es verschlungen wie unser Lager und uns selbst. Jetzt ist die Zeit des Feuers gekommen.

Seit Tagen drehen sich alle wesentlichen Gespräche um ein Thema, um unseren Berg. Als wir noch zu Hause waren und schon über die gleiche Sache stritten, hatten wir ohne größere Bedenken 6 500 Meter hohe Berge in die engere Wahl einer Besteigung gezogen. Aber da saßen wir noch gut umhegt von der Zivilisation, sozusagen auf hohem Roß. Als wir im überhitzten Flugzeug über den Kaukasus und die schneebedeckten Berge des Hissar schwebten, wurde die Höhe schon ein wenig reduziert. Dann kamen jene strapazenreichen Märsche in den Tälern des Pamir, mit der Fünfzigkilolast und in der großen Hitze. Es dauerte alles länger als ursprünglich geplant. Mit der verrinnenden Zeit wurden auch die Nahrungsmittel knapper. Hier nun, in unserem Basislager, 4 000 Meter über dem Meer, werden die Dinge noch einmal realer eingeschätzt. Viele von uns sind noch nie in solcher Höhe gewesen. Unsere bergtechnischen Fertigkeiten und Fähigkeiten sind durch fehlende Hochgebirgsübung nicht perfekt. Wir sprechen jetzt von einem Sechstausender, und jener gespenstisch beleuchtete Berg dort oben im hinteren Schini-Bini-Tal müßte nach den skizzenhaften Kartenunterlagen in diese Höhenkategorie einzustufen sein. Eine erstaunlich kurze Debatte beendet jetzt die tagelangen Erörterungen und Diskussionen.

Die Berge sind alle von dem kalten Licht der Nacht verzaubert, geheimnisvoll verschleiert wie Segelschiffe im Nebel. Über uns funkeln Milliarden Sterne am klaren Nachthimmel. Es ist August, die Zeit der Sternschnuppen. Unser kleines Artschafeuer erhellt jetzt die Stunde der Entscheidung.

Schon morgen soll jener Berg dort oben bestiegen werden, der uns jetzt schon vertraut erscheint in seinen zeitgebundenen Verwandlungen. Vorhin war er rotorange überzogen vom Abendlicht der versinkenden Sonne, dann kam die »blaue Stunde«. Ein erst zartes und dann immer intensiveres und dunkler werdendes Blau kündete von der nahenden Nacht. Alle reden leise vom Gipfel. Auch mich befällt der Gipfelrausch, und bei dem letzten Glimmen der bereits verkohlten Artschastücke entschließe ich mich: Ich werde morgen früh mit aus den Zelten in die kalte Nacht treten und werde versuchen, mit hinaufzusteigen zu jenem vereisten Punkt, wo jeder Aufstieg ein Ende hat.

Zwischen Eisbrüchen und Gletschertischen

Es wird eine kurze Nacht. Etwa um vier Uhr dringt Saschas Stimme durch die dünnen Zeltwände: »Alle aufstehen!« Es fordert Überwindung, dieser Aufforderung heute zu folgen, und es kostet Kraft, den warmen Daunenschlafsack zu verlassen, hinaus in die frostige Nacht zu treten. Noch ist es völlig dunkel draußen. Der Wind rüttelt an den Zelten. Ein Blick zum Himmel beruhigt uns. Das frühe Aufstehen hat sich gelohnt. Über uns ist klarer Sternenhimmel. Es wird ein schöner Tag werden. Die Morgenwäsche entfällt. Wir haben zwar abends zuvor Wasser von der Quelle geholt, aber es ist zu Eis geworden in der kalten Nacht. Frierend sitzen wir beim Frühstück. Es gibt hartes Brot, wenig Wurst, Traubenzucker, ein paar Nüsse. Peter hatte am Abend zuvor die Kalorien errechnet. Jetzt wird gespottet, denn es will uns scheinen, als ginge mehr Kraft beim mühsamen Kauen verloren als zu gewinnen ist. Auch das Hinunterschlucken des sandartig kratzenden Bergsteigerkonzentrats wird zu einer Leistung. Aber es muß sein. Ein abschließendes Glas Tee ist dagegen eine Wohltat.

Wir gehen heute mit leichtem Gepäck. Die großen Kraxen bleiben im Basislager. Im doppelwandigen Anorak ist Verpflegung für zwei Tage, zwei Fotoapparate und Filme sind dabei, dann die Seile, Steigeisen, Karabinerhaken und Eispickel. Es ist trotzdem eine Menge Zeug, und wieviel es wirklich ist, merken wir spätestens in der Mittagshitze. Die Sonne strahlt dann wieder steil und heiß vom Himmel herunter. Wir legen immer mehr Kleidungsstücke ab, wickeln sie mit den Seilen um den Körper und wünschen uns die nicht mitgenommenen Rucksäcke herbei.

Hier unten im Tal ist noch immer die Schwärze der Nacht, aber wir müssen aufbrechen. Der erste Wegabschnitt führt über den Schini-Bini-Gletscher, einen Nebengletscher des großen Sugran-Talgletschers. Der Eisrückgang hat auch den Schini-Bini-Gletscher zusammenschrumpfen lassen. Er hat den direkten Kontakt zum Hauptgletscher verloren, wie die meisten anderen Nebengletscher des Sugran-Tales auch. Aber davon sehen wir bei der fast völligen Dunkelheit nichts. Das wissen wir von Erkundungsexkursionen. Noch haben wir den Gletscher nicht erreicht. Wir tasten uns vorwärts, stolpern fortwährend und sind froh, als aus der Dunkelheit allmählich Umrisse sichtbar werden und schließlich unsere Umgebung im fahlen bläulichen Morgenlicht deutlich erkennbar wird.

Der östliche Himmel beginnt sich aufzuhellen. Unser gewählter Berg, ein bisher unbestiegener namenloser Sechstausender, steht als Silhouette davor. Je heller es wird, um so besser können wir Einzelheiten erkennen. Schien er uns gestern im Abendlicht mehr als einfach zu sein durch seine milden Oberflächenformen, so sind wir jetzt im kontrastreichen Gegenlicht überrascht von der Steilheit der Hänge. Wir beginnen zu ahnen, daß der Aufstieg so ganz einfach nicht sein wird. Aber wir sind voller Optimismus, denn der ganze lange Tag liegt vor uns. Und es wird gutes Wetter geben. Der Aufstieg kann beginnen.

Wir erreichen den Schini-Bini-Gletscher. Es ist ein interessanter Gletscher, ein schöner Eisstrom, das überschaut man trotz des Dämmerlichts sofort. Die gewundene Eisschlange des Gletschers ist in der südlichen Hälfte mit mächtigen Schuttmassen bedeckt. Dieser Teil des Eisstroms kommt aus einem steilwandigen Talkessel. Durch das dort ständig herunterbrechende Felsgestein wird das sich bildende und sammelnde Eis von mächtigem Schutt bedeckt. Der ausfließende Gletscher nimmt diese Gesteinsblöcke auf seinem Rücken mit. Die Gesteinsdecke schützt das Eis vor einer stärkeren Erwärmung, es taut deshalb gering ab, und so hat sich dieser Teil des Gletschers relativ »aufgewölbt« und liegt morphologisch höher. Viele andere Erscheinungen auf schuttbedeckten Gletschern kennen wir schon aus dem Sugran-Tal. Deshalb gilt unsere ganze Aufmerksamkeit dem nördlichen Teilstrom. Aus weiter oben gelegenen Talschlüssen kommt das Eis blank, ohne Schuttbedeckung, herunter. Beide Eisströme vereinigen sich schließlich, die Grenze aber bleibt scharf erhalten. Die klangschöne Bezeichnung Schini-Bini-Gletscher hängt mit dem Blankeis zusammen. Das Wort kommt aus dem Kirgisischen und bedeutet einen »Weg, den man nicht ungesehen überwinden kann«. Dieser Name führt wahrscheinlich in die Vergangenheit zurück, als Hirten und Jäger bis hier herauf kamen. Das gejagte Wild konnte auf dem blanken Eis besonders gut beobachtet werden. Eine der alten noch heute vorhandenen Brücken im Sugran-Tal aus Artschastämmen und Steinen kündet von dieser Periode. Die Rickmerssche Expedition 1913 fand dort drei sommerbesiedelte Almen. Glaubhaft also erscheint dieser Gletschername.

Wir steigen von der Seite her über den schuttbedeckten Gletscherteil herunter auf den Blankeisgletscher. Noch immer ist die Sonne nicht aufgegangen, noch beherrschen fahlblaugraue Farben das Bild. Auf den höchsten Gipfeln ringsum fehlt noch das goldene Morgenlicht. Es ist eine großartige Stunde für eine Gletscherwanderung und eine chancenreiche Zeit dazu. Die Gletscheroberfläche ist noch völlig trocken. Die Tauprozesse sind restlos erlahmt. Auch der letzte Wassertropfen ist in der gerade zu Ende gehenden Nacht zu Eis geworden. Milliarden von Eiskristallen sind in dem Kühlschrank des Schini-Bini-Tales entstanden und bedecken die ganze Gletscheroberfläche, sitzen auf dem körnigen Blankeis auf, überziehen die Spaltenränder und die vielen kleineren und größeren Eistäler. Es knirscht unter unseren Füßen.

Plötzlich aber treffen die ersten Morgensonnenstrahlen an die obersten Bergkämme und bringen weitere Farben in das Blau. Die Welt um uns beginnt zu glitzern und zu funkeln. Die Helligkeit oben wird in den dunkelblauen Talgrund reflektiert und spiegelt sich auf vielfältige Weise an den glatten Begrenzungsflächen der unzähligen Eiskristalle. Nun ähnelt die Gletscheroberfläche der Wand einer großen Kristallkammer. Aber bald fesselt eine andere Erscheinung unsere ganze Aufmerksamkeit. Beim langsamen Emporsteigen auf der kristallübersäten Oberfläche des blanken Eiskörpers fahren wir plötzlich erschrocken zusammen. In unmittelbarer Nähe gab es im Eis unter uns einen lauten Schlag. Es klang wie ein Kanonenschuß. Deutlich ist ein schnelles Weiterlaufen dieses Geräusches im Eis, von uns weg, wahrnehmbar. Jetzt sind alle unsere Sinne hellwach. Bald darauf eine gegenläufige Erscheinung: In der Ferne hören wir einen dumpfen Knall, der auf uns zulaufend immer lauter wird, dann unter uns hinwegschießt, um schließlich rückwärts allmählich zu verklingen. Verwirrt schauen wir uns an. Erst später finden wir eine plausible Erklärung. Nicht nur an der Oberfläche der Gletscher gefriert das Wasser, auch in den Spalten und Haarrissen im Eis, die tagsüber vom sickernden Wasser gefüllt sind. Doch auch nachts, während der oberflächlichen und oberflächennahen Gefrornis, bewegt sich das Gletschereis bedächtig talwärts. Eis, so spröde es oberflächlich ausschaut, ist ein plastischer Festkörper. Er erleidet bei mechanischer Beanspruchung eine Veränderung seiner inneren Struktur. Schwerkraft und Eisauflast führen zu laminaren Strömungen, zu Gleitvorgängen innerhalb der Eiskristalle und zu dem gleichen Verhalten, das ein plastischer Körper oder gar ein Metall nahe seinem Schmelzpunkt zeigt. Die Verformungsgeschwindigkeit nimmt mit wachsender Schubspannung zunächst langsam und von einem Grenzpunkt an, den man Fließgrenze nennt, sehr rasch zu. Hinzu kommen Gleitvorgänge am Grund des Gletschers durch Druckverflüssigung, also Prozesse der Regelation. Das ist das Schmelzen und Wiedergefrieren des basalen Eises als Folge von Druckvorgängen an Hindernissen und im Taltiefsten. Zugleich führen diese Regelationsvorgänge am Grund des Talgletschers zu den bekannten Formen der »Eiserosion«, die man auch Exaration nennt. Untersuchungen zur dreidimensionalen Bewegung an Alpengletschern und in Neuseeland haben ergeben, daß die Gesamtbewegung von Talgletschern sich zu 90 Prozent aus basisnahem Gleiten und zu 10 Prozent aus eiskörperinternen Deformationsprozessen zusammensetzt. Die Bedeutung des Schmelzwassers am Grund des Gletschers für die Bewegung ist zudem groß, so daß die Sommergeschwindigkeit eines Talgletschers oft um 20 bis 80 Prozent höher als die des Jahresmittels liegt, und das sind in den Alpen 30 bis 150 und im Himalaja etwa 130 bis 800 Meter im Jahr.

Jede Bewegung des Eises kann trotz interner Ausgleichsbewegungen zu Spannungen im Eiskörper führen, die sich in der Regel an offenen Spalten und Haarrissen ausgleichen. Sind diese Risse im Eis aber zugefroren, so können die Ausgleichsbewegungen nicht zustande kommen, im Gegenteil, die Spannungen müssen sich verstärken. So kommt es schließlich zu einer »Spannungsentladung« mit lautem Knall, einem Aufreißen der zugefrorenen Spalte. Oder war es gar das primäre Entstehen von Entspannungsklüften im »harten« Gletschereiskörper? Der laut vernehmbare Schlag des Aufreißens wandert als ein unüberhörbares Signal der eisinneren Bewegungen über den Gletscher, und diese seltsamen Geräusche haben uns an diesem noch nachtdunklen Morgen nicht wenig beeindruckt.

Unsere Schritte auf dem blanken Eis sind inzwischen sicherer geworden. Wir können wegen der groben Kristallinität des Eises sogar ohne Steigeisen gehen. Darum sprachen wir von einer chancenreichen Zeit. In diesen frühen Morgenstunden kommt man schnell voran, oft sogar ohne Seilsicherung, denn alle Spalten sind sichtbar, weil es keinen Neuschnee in den vergangenen Tagen gegeben hat. Es ist trocken, die Eiskristallrasen auf der Oberfläche sind ein guter »Belag« auf unserem Pfad. Und kurz darauf erleben wir ein großes Schauspiel der Natur. Plötzlich dringt gleißendes Licht über das Eisfeld. Die eben noch dunkelbläuliche Eisoberfläche ist in grelle Helligkeit getaucht. Wie von einem riesigen Scheinwerfer werden wir geblendet. Die Sonne war schnell über den Kamm geklettert und warf ihr helles Licht in den Talgrund. Wie Spiegel wirken jetzt die unzähligen Eiskristallflächen. Wir müssen die Augen schließen und sind schließlich gezwungen, die Schneebrillen aus den Taschen zu kramen. Erst jetzt können wir richtig schauen und die ganze Schönheit ringsum voll erfassen.

Nun wird es lebendig auf dem Gletscher. Kaum streichen die ersten Sonnenstrahlen über das Eis, wird auch schon die Vergänglichkeit dieser Wunderwelt der Eiskristalle offenkundig. Die ersten kleinen nadelförmigen Kriställchen brechen zusammen, werden zu Wasser, zu kleinen winzigen Wassertröpfchen. Bald schon leckt die kaum fühlbare Wärme an den größeren Eiskristallen, später dann auch am massiven Eis. Von überall rieselt das Wasser die Eishänge hinunter. Die kleinen schmalen Rillen im Eisboden füllen sich mit dem kristallklaren Schmelzwasser. Die kleinen Gerinne vereinigen sich zu größeren, bald ist der Boden der größeren Eiskanäle gefüllt. Stetig steigt das Wasser, je höher die Sonne klettert in diesem extrem warmen Sommer. Eine aufregende Lebendigkeit ist jetzt auf der Eisoberfläche. Der Gletscher ist völlig erwacht. Die tägliche Dynamik der Abschmelzvorgänge hat begonnen, die am späten Nachmittag ihren Höhepunkt erreichen wird. Das ist die Ablation, die Ablaugung des Eises durch die Sonnenstrahlen. Immer wieder hat sich die Wissenschaft für die Wärmehaushaltsbilanzen an der Gletscheroberfläche interessiert. Ziel ist die exakte Erfassung der Wärmemenge, die der Gletscheroberfläche in Form von Strahlung, Wärmeleitung, Verdunstung und Kondensation zugeführt oder entzogen wird. Moderne Strahlungsmeßgeräte gestatten eine

Dauerregistrierung der Sonnen- und Himmelsstrahlung und auch der von der Gletscheroberfläche reflektierten Energie. Zur Bestimmung der Verdunstung und des Wärmetransports durch atmosphärische Turbulenz müssen in dichten Abständen Messungen der Lufttemperatur, der Luftfeuchtigkeit und der Windgeschwindigkeit in verschiedenen Höhen über die Gletscheroberfläche erfolgen. Derartige Untersuchungen werden beispielsweise am oberen Fedtschenko-Gletscher und am Bären-Gletscher in der Nähe des Abdukagorflusses und hinsichtlich der kosmischen Strahlung auch auf dem Pik Lenin seit Jahren durchgeführt. Hier auf dem Schini-Bini-Gletscher sind solche Bilanzen nicht aufgestellt und ermittelt worden. Das Nebeneinander von schuttbedecktem Gletscher und Blankeis würde solche Messungen aber gewiß reizvoller machen.

Wir überspringen einige dieser größeren Schmelzwassergerinne. Am Serawschan-Gletscher waren es ein Jahr zuvor Gerinne von übermannsgroßer Tiefe, mit steilen weißblauen Eiswänden. Mit Charly bin ich damals auf diesem 28 Kilometer langen und 1 bis 1,8 Kilometer breiten und mit den Nebengletschern insgesamt 175 Quadratkilometer Eis auch größten Talgletscher des Mattschagebietes gegangen. Die Gruppe war schon weit voraus. Wir hatten unsere Freunde weiterziehen lassen, denn an solchen Orten muß man ganz einfach verweilen, muß die Zeit finden zu ausgiebiger Beobachtung, für das Aufzeichnen und zum Fotografieren. Wir setzten des öfteren unsere Kraxen ab und stiegen in die kleinen und größeren Wassergerinne hinein. An den steilen Eiswänden und vor allem auf dem Grund des Wasserlaufes, dessen hier noch völlig klares Wasser oft wie ein Vergrößerungsglas wirkte, konnte man die senkrecht stehende Bänderung im Eis sehen, jene auffälligen Wechsellagerungen von weißem luftreichem und blauem luftarmem Eis. Von dieser Bänderung, dieser blattartigen Textur unterschiedlich kompakten Eises, wird oft die Richtung der embryonalen Wassergerinne deutlich bestimmbar. Die ersten Tauprozesse im körnigen Eis geschehen dort, wo die Dichte geringer, die Körnigkeit des Eises angreifbarer ist als anderswo. Wie wir schon erfuhren, ist ja die Eisbänderung gerade ein Wechsel von dichteren und weniger kompakten Eislamellen. Und so rieseln eben die ersten dünnen Schmelzwasserfäden, nicht selten von kleinen Eisdämmen begrenzt, in solchen geradlinigen Eisblättern talwärts. Einige werden tiefer als andere. Durchbrüche durch dünne Eiswände führen diesen mehr Wasser zu. Dies bedingt weitere Eintiefung und führt schließlich zu steilen Eiswänden.

Die Energie des talwärts strömenden Wassers wird durch die Zunahme der Wassermenge größer. Der natürlichen Turbulenz des Wassers ist die geradlinige Führung zuwider, es entstehen erste Auskolkungen an den Wandungen, und schließlich mäandriert eines dieser größeren Eisgerinne erst in leichten und anderswo in ausholenden Schwingungen hin und her. An der Innenseite der Bögen entstehen flachere Gleithänge, an den Außenseiten übersteile, ja oft stark überhängende Prallhänge aus blankem bläulichem Eis.

Wir seilten uns damals an, hatten längst unsere Steigeisen an den Füßen und sicherten uns gegenseitig. Wir stiegen hinein in diese tiefen Eisgerinne, beobachteten die körnigen Strukturen des Eises an den Wandungen, die im hellen Sonnenschein schön und deutlich hervortraten. Aus den hautdünnen blättchenförmigen Schneekristallen war durch eine wundersame Metamorphose dieses kristalline feste und harte und unter Druck zäh plastischfließende Eis geworden. Wir nahmen uns die Zeit, einige Stücke mit dem Eispickel aus der Wand herauszuschlagen. Hielt man sie gegen das Sonnenlicht, wurden die Grenzflächen der um einen Zentimeter großen Eiskörner sichtbar, Zwischenstation der Eismetamorphose, denn sie werden weiterwachsen, werden um so größer, je länger das Eis existiert und je weiter es das Tal hinunterströmt.

Ich war begeistert von diesen Beobachtungen und steckte damit auch Charly an, jenen Mann, der zu Hause Häuser entwarf und gelegentlich auch selbst baute, der interessante Bücher und Reportagen schrieb und bemerkenswerte Fotos machen konnte. Es gibt nichts Schöneres, als in solchen nicht alltäglichen Stunden mit einem Menschen zusammen zu sein, der die Besonderheit der Situation ähnlich oder gar gleich empfindet. Wir waren gleichermaßen berauscht von der Schönheit der Natur. In unseren Gesprächen wurde der weite Bogen geschlagen von dieser herrlichen Eiswelt hier am Mattschaknoten bis zu den großen mittelasiatischen Strömen Amudarja, Syrdarja und Serawschan. Wie so oft, wenn man dem Ursprung einer Sache nahe ist, wird der ganze Kreislauf überschaubar. Um uns herum waren die gewaltigen Fünftausender der Mattscha, Bergkegel mit mächtigen Flankenvereisungen. Die mittlere Höhenlage der klimatischen Schneegrenze liegt dort bei etwa 3 900 Metern. Oben auf den Bergkämmen schneit es im Winter unaufhörlich, es entstehen gewaltige Firnschneemassen, die sich in großen Firnmulden und in Lawinenkesseln sammeln, zu Eis werden und talwärts zu fließen beginnen, um sich schließlich im Serawschan-Gletscher zu vereinigen. Am Ende dieses langen Gletschers in etwa 2 840 Meter Höhe strömen große Wassermassen aus dem Eis und speisen den legendären Serawschanfluß, der hinausströmt aus dem Gebirgsland in ein trockenes Steppen- und Wüstenland. In Buchara sahen wir das Wasser dieses Flusses Wochen später wieder.

Wir aber kehren wieder zurück in den Pamir, in das abgelegene Schini-Bini-Tal. In den ersten Morgenstunden des Aufstiegstages fehlt uns die Muße, jene Zeit zum Anhalten, zum Beobachten, zum Niedersetzen und zum Gespräch, denn wir wollen auf den Gipfel. Auch hier auf dem Schini-Bini-Gletscher sind alle wesentlichen Phänomene eines Eisstromes sichtbar, nur sind die Eisgerinne und alle anderen Formen des sogenannten Thermo- oder Eiskarstes an diesem Tage weniger ein uns interessierendes Beobachtungsobjekt. Sie sind heute in erster Linie Hindernis beim Aufstieg. Und wir sind froh, daß sie sich nicht massiert in den Weg stellen, daß die Schmelzwasserrinnen nicht sonderlich breit sind. Am Serawschan-Gletscher konnten sie uns gar nicht groß genug sein. Heute sind wir froh, daß sie trocken sind, denn da überspringt man sie furchtloser. Sind sie erst halb oder gar völlig mit fließendem Schmelzwasser gefüllt, wird das Überqueren gefährlicher. Wenn man da hineinfiele, beim Fall gar noch den Eispickel verlöre – die große Strömungsgeschwindigkeit des Wassers risse einen fort. Nirgendwo an den glatten Eiswänden fände man Halt, hilflos würde man von den eisigen Wässern durch die Mäander gedriftet, immer weiter talab bis an jene eindrucksvollen wie furchterregenden Stellen, an denen die Schmelzwässer die Gletscheroberfläche verlassen. Diese Schlucklöcher der Gletscherbäche sind selten rundliche, meist ovale, unregelmäßig geformte Eisschächte, oben maulartig erweitert. Die Wassermassen stürzen in das bläuliche Eis hinein, fallen in die Tiefe, es rauscht und poltert. Aus unterschiedlicher Tiefe dringen die Geräusche des niederfallenden und immer wieder aufschlagenden Wassers an die Oberfläche. Wir umgehen diese »Gletscherbrunnen«, und während ich das niederschreibe, muß ich erneut an Erlebnisse auf dem Serawschan-Gletscher denken.

Wir hatten in mühsamen Tagesmärschen den schuttbedeckten unteren Gletscherteil überquert, auf dem Gletscher biwakiert, um schließlich die Blankeisregion, das Wirkungsfeld der freien Ablation, zu erreichen. Hier, in diesem Übergangsbereich von schuttbedecktem Gletscher zum blanken Eis, verschwanden die vom oberen Teil kommenden Gletscherbäche. Wie gebannt standen wir damals vor den riesigen Eismäulern, in denen unsere ganze Expedition auf einmal hätte in die Tiefe stürzen können. Wir lauschten dem dumpfen Rauschen. Nur sehr zaghaft traten wir an den Eisrand heran. Das weißblaue Eis zeigte die senkrechte dunkelblaue Bänderung. Plötzlich entstand eine Idee, eine jener eigentlich verspielten und ein wenig kindlichen Gedanken, die dann aber am Ende wie nicht selten im Leben sogar Erkenntnisse und tiefere Einblicke ermöglichen. Charly, Hans und Wulf schlugen vor, mit dem Wasser zusammen große Steine in die Tiefe der Gletscher zu stoßen. Es war ja jener Gletscherbereich, in dem auf dem blanken Eis noch immer die zahlreichen Gesteinsbrocken unterschiedlicher Größe verstreut lagen. Kaum war dieser Gedanke ausgesprochen, wurde er auch schon in großer Eile und dann mit erstaunlicher Ausdauer in die Tat umgesetzt. Wir rollten immer größere Geschiebe, die der Gletscher auf seinem Rücken hatte »mitfahren« lassen, an den Rand des Schluckloches. Es war eine Knochenarbeit, oft mußten alle zehn Männer anfassen. Es war auch gefahrvoll, denn nicht selten war die Masse der vielen Steine größer als unser Gegengewicht. Dann kam der große Augenblick. Das erste Geschiebe, etwa einen halben Kubikmeter groß, wurde in den Eisschacht gestoßen. Wir waren voller Erwartung. Der Stein verschwand, eine Sekunde, zwei, drei … und dann ein Aufschlag, dumpf aus den Eishöhlen heraufhallend. Wir waren begeistert. Doch fragten wir sogleich: »Wird der Stein noch einmal ein akustisches Zeichen nach oben senden?« Und tatsächlich, jetzt schon weiter entfernt, war ein nächster Aufschlag deutlich hörbar. Wir waren uns einig, daß das Geschiebe nun unten angekommen sein mußte. Wie tief würde es jetzt wohl im Eis sein? Während wir darüber redeten, um uns auch darüber einig zu werden, drang zu unserer größten Überraschung ein dritter Aufschlag an unsere Ohren, aber anders als die beiden vorhergegangenen. Der Gesteinsblock war offenbar in einen unterirdischen See gefallen, denn aus größerer Tiefe und dabei trotzdem unheimlich deutlich hörten wir den Aufschlag, das dumpfe Plumpsen und das hallende Glucksen des Wassers im Gletscher. Auf eine kurze andachtsvolle Stille folgte lauter Jubel über diesen unerwarteten Erfolg. Auf so einfache Weise hatten wir einen überzeugenden Einblick in den inneren Bau eines Talgletschers erhalten. Das Schmelzwasser stürzt also nicht gleich im freien Fall bis auf den Untergrund, es gibt offenbar mehrere Stockwerke von Wassergerinnen im Eiskörper, Eistunnel in verschiedener Tiefe, die untereinander gelegentlich durch Eisschächte verbunden sind. Oft werden diese Abflußlöcher verstopft, oder der Abfluß wird stark gehemmt, zum Beispiel durch hineinstürzende größere Geschiebe. Es entsteht dann ein seeartiger Schmelzwasserstau im Gletscher. In einen solchen »unterirdischen« See wird unser Gesteinskubus schließlich gefallen sein. Endstation dieser Wanderung des Wassers ist der felsige Untergrund. Ganz am Grund des Eises vereinigen sich schließlich alle

Schmelzwässer zu einem großen Strom oder bei breiten Talgletschern zu mehreren flußartigen Gewässern. Diese fließen durch große Eistunnel, durch die man, wären sie wasserfrei, eventuell sogar Straßen bauen könnte. Frühmorgens, nach einer langen Nacht, während der die oberflächlichen Abtauprozesse stillgestanden haben, wird der Wasserstand niedrig sein, wird der weitgewölbte Deckenbereich freiliegen. Nachmittags und abends aber, wenn eine maximale Schmelzwassermenge eines warmen Sommertages durch die Schächte und Kanäle im Eis nach unten schießt, werden die großen Basistunnel bis oben hin mit Wasser gefüllt sein. Dieser unterirdische schmutziggraue eisige Wasserstrom kann dann sogar unter einem hydrostatischen Druck stehen, das Wasser wird wie durch ein Rohr gepreßt, und wenn es schließlich das Gletscherende erreicht und dort durch besondere Umstände eine große torartige Öffnung entstanden ist, dann schießt es mit großen Wellen und unter tosendem Aufschäumen heraus. Das aber war oben auf dem Serawschan-Gletscher nicht zu beobachten, unter uns lag mächtiges Gletschereis. Wir waren etwa im Mittelbereich des langen Talgletschers und viel zu sehr beschäftigt mit unserem erfolgreichen Spiel. Stein auf Stein rollten wir an die Schlucklöcher.

Doch hier am Schini-Bini-Gletscher haben wir keine Zeit zu solch schöner und zugleich interessanter Beschäftigung. Unaufhörlich rückt der Minutenzeiger weiter, die Sonne steht schon bedeutend höher, und die Eisrinnen füllen sich zunehmend mit Schmelzwasser.

Noch immer ist das Blankeisfeld der beste Aufstiegsweg, streckenweise durchaus vergleichbar mit einem schlechten Feldweg. Die zurückliegenden Wegstrecken im groben Schutt des Sugran-Gletschers sind um vieles schwerer, eintöniger und ermüdender gewesen. Aber dann kommen Spalten, sich quer und selten diagonal über den Gletscher ziehend, oft nicht breit und glücklicherweise sichtbar, nicht von Neuschnee überdeckt. An Stellen, wo Bewegungsänderungen im Gletscherstrom Zerrungen verursachen, können Spalten immer dann aufreißen, wenn die Scherspannungen die Scherfestigkeit des Eises überschreiten. Im Festeis erfolgt die Bildung erster embryonaler Risse häufig mit einem deutlichen Knall. Da durch den Überlagerungsdruck das gletschertiefere Eis leichter plastisch verformbar ist als das oberflächennahe, sind Spalten in der Regel Oberflächenerscheinungen des Eisstromes. Aus der Bewegungsgeschwindigkeit, der Eismächtigkeit und dem Relief des Untergrundes ergibt sich die maximale Spaltentiefe. Meist laufen die Spalten nach unten zusammen, aber gelegentlich öffnen sie sich auch nach unten und werden mehrere Meter breit. Oft reichen sie doch in größere Eistiefen hinein. Solange sie sichtbar bleiben, sind sie ungefährlich. Freilich muß man die Spaltenzüge oft zeitraubend umgehen, kann sie erst überqueren, wenn sie sich auf überspringbare Breite verengt haben. Tückisch und gefährlich werden die Spalten immer dann, wenn sie zuschneien. Unter dem lockeren Schnee klafft das Festeis auseinander, nur gelegentlich bleiben einzelne Bereiche frei, die warnen können. Von der Dicke der darüberliegenden Schneedecke hängt die Tragfähigkeit ab. Ganze Expeditionen gehen sicher über solche schneeverdeckten Spaltenzüge hinweg, aber sie sind gut beraten, alle nur möglichen Sicherheitsmaßnahmen zu ergreifen und zu beachten. Dazu gehört natürlich, daß man am Seil geht, in Dreier- oder Vierergruppen mit Steigeisen und Eispickeln, sowie dann schnell reagiert, wenn ein Kamerad von der Seilschaft durchbricht.

Aber denkt man auch wirklich ständig an alle diese Dinge? Wenn man stundenlang über das Gletschereis läuft und nichts passiert, dann läßt die Konzentration nach, und Leichtsinn wird nur allzuoft Wegbegleiter. Da gibt es Gruppen, die aus unerklärbaren Gründen auf die Seilsicherung verzichten. Wie oft auch ist einer allein vornweg gegangen, und plötzlich kommt es zur Katastrophe, er bricht durch, stürzt in die Tiefe der Gletscherspalten.

An all das muß ich denken, als wir ein Spaltenfeld am Schini-Bini-Gletscher umgehen. Wieder vergehen kostbare Minuten, ohne daß wir recht vorwärts kommen. Blickt man jetzt den Gletscher hinauf, so sehen wir ein weiteres Hindernis im Gegenlicht, ein schönes und interessantes Bauwerk aus Eis, aber es ist eben ein Hindernis. Der Eisstrom muß dort vorn ein starkes Gefälle im Untergrund, einen Felsknick, überwinden, und an solch starken Niveauunterschieden reagiert das Eis spröde. Fließt es bei normalem Gefälle zähplastisch dahin, nur in weiten Abständen interne Spannungen durch Spalten ausgleichend, so ist an solchen felsigen Steilstufen im Untergrund die bruchlose Reaktion des Eises beendet. Das Eis, das normalerweise eine Druckfestigkeit von etwa 25 Kilopond pro Quadratzentimeter und Zugfestigkeit von 7 bis 8 Kilopond pro Quadratzentimeter besitzt, zeigt nun bei Erhöhung der Fließgeschwindigkeit seinen zweiten Charakter. Nichts wird mehr ausgeglichen. Die neuen Reaktionen sind hart und abrupt. Das Eis zerbricht und zerreißt an Spalten in eine Vielzahl von Schollen, die bald treppenförmig, bald wild chaotisch jenes Gefällstück markieren. Steile bizarre Eistürme, die sogenannten Seraks, schieben sich aus dem Eischaos wie die Glockentürme großer Kathedralen heraus, nicht selten einsturzgefährdete Gebilde. An den senkrechten Eiswänden sind Schichtungen, Bänderungen und Blätterungen in verschiedenen Stellungen sichtbar, gelegentlich auch eingeschlossene Geschiebe. Es ist Eisbeton. Durch dünne Eisschwarten schimmert grünlichblau das Sonnenlicht hindurch.

Diese Gletscherbrüche gehören zu den besonderen Schönheiten eines Eisstromes, denn nirgendwo anders ist das Eis in oft 30 bis 40 Meter hohen senkrechten Eiswänden bis in innere Bereiche sichtbar wie dort. Da die Oberfläche des Eises in dem wilden Blockdurcheinander erheblich vergrößert wurde, ist hier eine erhöhte Ablation – ein verstärktes Abtauen – wirksam. So entstehen neben den mechanisch geformten Eisblöcken seltsame Abtauformen, die den ästhetischen Reiz dieser Eisbrüche weiter erhöhen. Aber kaum ist das Gefällstück überwunden, sintert das ungeordnete Eisblockwerk rasch wieder zu einem normalen Gletscherstrom zusammen. Der regenerierte Gletscher verrät schon nach kürzester Entfernung vom Eisbruch an der Oberfläche nichts mehr von der einstigen tiefgreifenden Verwunderung. Alles ist durch Neuschnee, Schmelzwasser und Eisneubildung verheilt. Die Bewegungen sind wieder bedächtig, ausgleichend und weich.

Für jede Überquerung stellen die Eisbrüche mit den oft leicht zusammenbrechenden Seraks ein gefährliches Hindernis dar. Die zwischen den Eistürmen und Eisschollen liegenden Spalten sind mitunter abgrundtief. In die übersteilten Eiswände müssen Stufen geschlagen und Eishaken eingesetzt werden. Das ist schwere Arbeit, die viel Kraft, Umsicht und Zeit erfordert. Wir sind heute sehr froh, daß sich der Eisbruch als harmlos erweist. Wir können ihn am südlichen Rand relativ einfach übersteigen. Zwar müssen wir Stufen schlagen, aber komplizierte Seilarbeit ist nicht erforderlich.

Als wir den oberen Rand überstiegen haben, gelangen wir auf einen flacheren Gletscherbereich, auf dem zahlreiche größere Steine liegen. Und wieder lernen wir eine Erscheinung kennen, die ganz typisch für die Talgletscher der Erde ist und ebenfalls zu dem Formenschatz der sogenannten bedeckten Ablation gehört. Schon von fern sehen wir sie, jene seltsamen Gestalten aus Eis und Stein. Wir durchqueren ein ganzes Feld aus Gletschertischen. Auf unterschiedlich starken und hohen Eisstielen liegen Steine, oft kubikmetergroß. Aber wie sind diese schweren Steine da hinaufgekommen? Wie sind diese Eispilze gewachsen? Wir Geologen werden um Antwort gefragt und können sie in diesem Falle auch wirklich sofort geben, denn das haben wir schon als Studenten gelernt. Gletschertische sind sehr kurzlebige Zeugnisse alter Gletscheroberflächen. Sie zeigen, um wieviel Dezimeter oder gar Meter in den letzten Jahren das Gletscherdach abgetaut ist. Jene Steine nämlich, die jetzt oben die Eissäulen krönen, markieren eine einstige Oberfläche. Die Sonne, die steil und warm in den Sommermonaten von einem violettblauen klaren Hochgebirgshimmel herunterbrennt, »leckt« an dem Eis. Nur unter den großen Steinen taut es nicht, im Bereich dieses Dauerschattens bleibt das Eis erhalten, während es ringsum in die Tiefe wandert. Die zugeführte Sonnenenergie wird vorwiegend zum Aufheizen des Decksteins verbraucht, der sie als fühlbaren Wärmestrom in die Luft abgibt. Auf diese Weise wuchsen die Decksteine relativ zur sinkenden Gletscheroberfläche in die Höhe. Treffen einige günstige Umstände zusammen, die Größe des Steines, die Kompaktheit des Eises, ein weitgehend windstiller Standort auf dem Gletscher, so können die Eisstiele schließlich einige Meter an Höhe erreichen. Doch schließlich werden auch diese Eissäulen durch das seitliche Abtauen im Sommer, oft durch reine Eisverdunstung immer dünner, bis schließlich die Last nicht mehr getragen werden kann. Der Deckstein fällt herunter, der Rest des Eisstieles schmilzt schnell zusammen. Oft führen Erdbeben oder Gletschereiseinbrüche mit nachfolgenden Erschütterungen zu einer schnellen Zerstörung.

Wir durchwandern ein ganzes Feld von Gletschertischen. Wie gespickt sieht das Eisfeld vor uns aus. Kleine embryonale wie größere, bis mannshohe, sehen wir rechts und links. Am Serawschan-Gletscher fanden wir Gletschertische von solch gewaltiger Größe, daß unsere ganze Expedition darunter Platz finden konnte. Sehr ausgelassen waren wir damals. Auf diesen Gletschertischen kletterten wir herum und setzten uns oben auf die Decksteine. Auch so etwas muß einmal sein. Was man wirklich angefaßt hat, das prägt sich besser ein. Und diese merkwürdigen Gebilde muß man auch vor Augen haben, wenn man von den Gletschern spricht. Sie sind eine Art Symbol für das fließende Eis in den Tälern der Hochgebirge geworden.

Der Aufstieg zum Pik Weimar

Wir müssen jetzt den Schini-Bini-Gletscher verlassen. Stiegen wir auf dem Blankeis weiter, bliebe unser Berg zur Linken. Das Ziel aber ist festgelegt. Also übersteigen wir die Randkluft vom Eis zum Fels, eine Abtauschlucht an der Weiß-Schwarz-Grenze, eine Schmelzfuge, die durch stärkere Erwärmung der Gesteine bei Sonnenbestrahlung und eine dadurch bedingte Wärmeabgabe an das Eis entsteht.

Schon hier sind wir abgeschlagen, liegen weit zurück, Klaus, Dietmar und ich. Unsere Interessen an den Spalten und Seraks, an den

Schmelzwassergerinnen und Gletschertischen hatte bewirkt, daß wir die Schritte verlangsamten. Viel zu oft hatten wir angehalten, und so sehen wir jetzt unsere Freunde vor uns am Berg, Punkte schon, in mehrere Gruppen auseinandergerissen. Dort vorn, so glauben wir sogar von hier unten zu sehen, geht es heute um ein sportliches Ereignis. Der Aufstieg ist zu einem Wettkampf geworden.

Der rein bergsteigerisch interessierte Teil unserer Gruppe war in physisch hervorragender Verfassung zu dieser Bergfahrt angetreten. Fast alle hatten sie ihre speziellen Vorbereitungen auf einer jahrelangen sportlichen Betätigung aufbauen können. So sind sie topfit das Muksu-Tal aufwärts gezogen, und in den letzten Tagen fieberten sie förmlich den großen Bewährungen entgegen. Nichts konnte sie jetzt mehr abhalten, die »Traumgrenze« von 5000 Metern endlich zu übersteigen, um dann weiter hinaufzuklettern in jene noch größeren Höhen, in denen man plötzlich merkt, daß es eine Atmosphäre gibt. Erst dort oben wird der »Mangel« in diesem so lebenswichtigen Gemisch verschiedener Gase spürbar. Die Atmosphäre enthält ja in Meereshöhe neben 78 Prozent Stickstoff, neben rund 1 Prozent Edelgasen und neben 0,03 Prozent Kohlendioxid auch 21 Prozent freien Sauerstoff. Im Hochgebirge sinkt der Sauerstoffgehalt rasch ab, und schon bei 5200 Metern ist die sogenannte Halbwertshöhe erreicht, in der nur noch die Hälfte des Sauerstoffpartialdrucks gegenüber der Meereshöhe zu messen ist. Die Mediziner sind sich einig, daß in dieser Höhe ein ständiger Aufenthalt für Menschen kaum möglich ist, und deshalb bezeichnet man diese Höhe auch als »Lebensgrenze«.

Wir sehen unsere Kameraden oben auf den Firnfeldern, bemerken in ihrem Aufstieg lange und immer längere Pausen. Auch Hannes, unser Zeltgenosse, ist mit oben. Ab und zu leuchtet seine rote Kleidung herunter. Wir freuen uns, denn wir wissen, was ihm dieser Berg bedeutet. Gern wären wir jetzt bei ihnen, hätten die Strapazen der dazwischenliegenden Wegstrecke übersprungen. Aber wir sind Realisten. Wir sind nicht in dieser blendenden körperlichen Verfassung, sind auch älter als die meisten dort vorn. Und so bleibt uns nichts weiter übrig, als mit eiserner Energie und Ausdauer hinterherzusteigen, ohne dabei zu vergessen, daß es viel zu schauen gibt. Von Anfang an hatten wir ja einen festen Vorsatz, nicht im Gipfel das wesentliche Ziel der eigenen Teilnahme an der Expedition zu sehen, sondern den Erfolg an den nur hier erlebbaren naturwissenschaftlichen Beobachtungen zu beurteilen. An den Ursprung der schwarzgrauen Schmelzwässer wollen wir gelangen, welche die Oasen und Felder Mittelasiens mit dem lebensnotwendigen Naß versorgen und welche die Turbinen gewaltiger Kraftwerke betreiben. Diesem Ziel sind wir ganz nahe. Bis zuletzt wollen wir versuchen, diese und viele geologische Zusammenhänge zu durchschauen. Somit wird es wesentlich sein, physisch aktiv zu bleiben, um die so mühsam erreichte Höhe auch wirklich mit wachen Augen zu sehen. Noch aber glauben wir, daß der heutige Gipfel auch für uns erreichbar sein wird. Zuversichtlich steigen wir also in die Randmoränen des Schini-Bini-Gletschers ein. Sie sind steil, viel steiler als die randlichen Moränenwälle am unteren Sugran-Gletscher. Wir müssen einzeln steigen, denn wieder lösen sich bei jedem Tritt große Geschiebe. Bald schon stehen wir zwischen Gebilden, die an Gletschertische erinnern. Gespensterhaft stehen Erdpyramiden vor dem tiefblauen Himmel, dahinter das Panorama der westlichen Peter-I.-Kette mit dem markanten Massiv des Pik Tyndall, einem breiten »Matterhorn« des westlichen Pamir. Es ist eine Gruppe steilwandiger Fünftausender. Den Hauptgipfel haben wir bereits von Norden her aus dem Schagasisu-Tal gesehen. Jetzt liegen diese Berge aus östlicher Richtung sichtbar vor uns, davor der Nadeshda-Gletscher, ein kurzer Nebengletscher des Sugran-Gletschers. Vollständig vereist in den Hochregionen ist der Pik Tyndall, einer der klettertechnisch schwierigen Berge. In Duschanbe erfuhren wir, daß er noch immer unbestiegen ist. Dieser Berg hieß früher der Große Gildi. Doch dann wurde er auf Vorschlag der sowjetischen Alpinisten nach dem irischen Physiker, Bergsteiger und Glaziologen John Tyndall (1820-1893) benannt, der neben bekannten und anerkannten Leistungen auf dem Gebiet der experimentellen Physik (Tyndall-Effekt) im Jahre 1857 eine neue Theorie der Gletscherbewegung formulierte, die auf der Regelation des Eises basiert und an deren mathematischer Modellierung bis in jüngste Zeit gearbeitet wird. Um 1890 erschien aus der Feder dieses Mannes ein in mehrere Sprachen übersetztes Buch über die Gletscher der Alpen.

Wir durchsteigen einen steilen Moränenhang, aufgebaut aus Steinen unterschiedlicher Größe und einem lehmig-sandigen Bindemittel. Er ist gespickt mit Erdpyramiden, die an Gletschertische erinnern. An meist steilen Moränenhängen stehen sie wie Gestalten, die eine schwere Last zu tragen haben. Obenauf ruhen unterschiedlich große Decksteine, oft weit über die darunterliegenden Säulen aus sandig-steinigem Lehm hinausragend. Diese Erdpyramiden sind zumindest von der mechanischen Seite noch empfindlicher als ähnliche Formen aus Eis und Gestein. Sie sind Zeugnisse der meist intensiven Abtragungsprozesse am steilen Hang. Regen und Schmelzwässer zerfurchen diese Moränenoberflächen oft außerordentlich intensiv. Dabei werden auch größere plattige Gesteinstrümmer freigelegt. Und diese Gesteinskörper wirken bei Regenfällen wie schützende Schirme. Ringsum werden die abspülbaren Lehmteilchen und kleinen Steine weggerissen, nur unter dem Deckstein bleibt eine Gesteinssäule aus hart »zusammengebackenem« Moränenmaterial erhalten. Und noch etwas passiert. In den kalten Nächten gefriert der ganze Hang. Am nächsten Tag taut es unter der steilen Sonne wieder. Unter dem Stein aber, im Schatten, hält sich die Gefrornis. In diesem Bereich verzögert sich das Einsetzen der Frost-Tau-Wechsel erheblich. Oft bleibt der Schaft gefroren. Der ringsum abgetaute Sand und Kies wird abgetragen oder rutscht infolge der Steilheit des Hanges und der Durchfeuchtung einfach ab. Gelegentlich kommt es an den Gesteinsstielen der Erdpyramiden zu Kalkumkrustungen, die ebenfalls Schutz vor weiterer Abtragung bieten können. Und so wächst dieser Deckstein relativ empor, während das abgewitterte Moränengestein ringsum ein Spiel der Schwerkraft wird.

Hinter den Stielen dieser Erdpyramiden finden wir Halt in dem rolligen Gesteinsmaterial an der steilen Wand. An diesen Stellen können wir ein wenig anhalten und ausruhen. Wie wir jetzt sehen, fehlen die Decksteine gelegentlich. Sie sind von den zu schmal gewordenen Gesteinsschäften heruntergestürzt. Vor kurzem erst kann das passiert sein, denn die Lockergesteinsnadel ist noch da, oben ganz spitz auslaufend – ein dem Untergang geweihtes Gebilde. Jetzt, wo der schützende Stein fehlt, werden die Niederschläge und die Frost-Tau-Wechsel noch ein oder zwei Jahre zu arbeiten haben, um den schutzlosen Stumpf restlos abzutragen. Ringsum sehen wir solche sterbenden Erdpyramiden, aber auch solche, die neu entstehen, bei denen sich die Decksteine erst wenige Dezimeter von dem Steilhang abgehoben haben. In ein paar Jahren wird es vielleicht schon ein Meter sein. Ein solcher Erdpyramidenhang ist ein geologisch sehr lebendiges Terrain. Wir kennen solche Erscheinungen auch in Mitteleuropa. An den Steilhängen unserer großen Bergbau- und Industrieabfallhalden beispielsweise entstehen ähnliche Zerrillungen und pyramidale Zacken am Hang, aber stets kleiner und handgreiflicher. Geradezu Riesenformen von Erdpyramiden hatten wir in Mittelasien im westlichen Nasar-Ailok-Tal im Mattschagebiet gesehen. Es gab Decksteine von der Größe eines kleinen Einfamilienhauses, auf massigen, bis etwa zehn Meter hohen Moränensäulen stehend. Hier nun, oberhalb des Schini-Bini-Gletschers, sind sie zwar erheblich kleiner, aber immer noch groß genug, so daß wir sie als Besonderheit am Rande des Gletschers registrieren und fotografieren.

Endlich haben wir auch diese Moränenwand überwunden und sind froh, daß wir wieder festen Boden unter den Füßen haben. Für lange Pausen aber ist jetzt keine Zeit. Wir steigen und steigen. Es kommen die ersten Schneefelder, stark verharscht und verfirnt, an der Oberfläche gar vereist. Nach v. Klebelsberg und Zabirow liegt die Schneegrenze hier in etwa 4500 Meter Höhe. Wieder werden die Steigeisen unter die Bergschuhe geschnallt. So geht es sicherer, und es würde noch schneller gehen, hätten sich nicht erste deutlich spürbare Konditionsschwächen eingestellt.

Wir haben jetzt ein flaches Plateau mit einem Eissee erreicht, rasten ein wenig und merken dabei, daß sich der Puls nur sehr langsam beruhigt. Leichte Kopfschmerzen stören das Denken. Nach dem Sonnenstand zu urteilen, müßte es jetzt die Zeit sein, während der wir in Gipfelnähe sein wollten. Ein Blick auf die Uhr bestätigt es. Unsere Spitzengruppe erreichte zu dieser Zeit, wie wir später hörten, gerade das Gipfelplateau. Es war eine planmäßige Besteigung. Wir aber sitzen am Fuße eines steil gewundenen Firnhanges, der gar kein Ende zu nehmen scheint, und ganz oben, durch die Krümmung unsichtbar, beginnt erst der letzte Aufstiegsteil zum Gipfel.

»Der Hang müßte im Thüringer Wald liegen, das wäre eine gute Abfahrtsstrecke«, sagt Dietmar, um die Gedanken auf andere Dinge zu lenken. »Aber einen Lift müßte er schon haben«, entgegne ich und wünsche mir diese technische Einrichtung jetzt hierher. Doch dann tun wir nützlichere Dinge. Wir essen etwas Früchtekonzentrat, trinken warm gewordenes Wasser aus der Feldflasche, denn weder Lift noch andere Hilfe wird es geben. Nur unsere eigenen Füße können uns da hinaufbringen. Und so steigen wir weiter. Es wird immer steiler. Ich fühle mich zwar ein wenig besser, aber die Beine sind schwer, der Herzschlag ist deutlich spürbar. Wir sind jetzt in etwa 5000 Meter Höhe, die »Traumgrenze« des nichtprofessionellen Bergsteigers ist erreicht oder schon überschritten. Es gibt keine Markierung am Berg, die Höhengrenzen sind unsichtbar. Aber es gibt eine innere Aufforderung, weiterzusteigen, monoton, Schritt für Schritt. Salziger Schweiß dringt durch den Rand der Schneebrille in die Augenwinkel. Dann ist die Kraft zu Ende. Pause, nichts als Pause ist der Wunsch. Der Eispikkel wird in den Firn gestoßen, der Oberkörper legt sich mechanisch darüber. Ein oder zwei Minuten vergehen, dann schaue ich auf. Dietmar vor mir hat das gleiche getan. Also ist er auch kaputt, denke ich und tröste mich damit. Aber es muß ja weitergehen. Dietmar stapft schon wieder in stockendem Rhythmus weiter, sein weißer Sonnenhut hebt sich dunkel ab gegen den gleißend hellen Firn. Merkwürdigerweise wundere ich mich gerade darüber. In solchen absonderlichen Situationen beschäftigt man sich oft mit Nebensächlichkeiten. Das war mir bereits früher aufgefallen. Aber schon wieder muß ich anhalten, der Gedankengang ist zerrissen. Ich messe meinen Puls, das war Befehl von Jürgen, unserem Arzt. Gewiß freut er sich über solche Daten, denn er wollte ja eine Abhandlung schreiben über die psychischen und physischen Belastbarkeiten von Menschen, die nicht dauernd Sport treiben, unter den extremen Bedingungen des Hochgebirges. Ich gehöre gewiß zu den interessierenden Personen. Mit Anstrengung erinnere ich mich des Grenzwertes. »Bei Puls 200 ist Schluß«, hatte er gesagt, »da wird abgestiegen, sofort.« Ich erschrecke. 185 Pulsschläge pro Minute, ein Alarmsignal. Aber das war ja vorhin noch während der Belastung. Jetzt sind einige Minuten vergangen. Die Messung wird wiederholt. Nur noch 135 Herzschläge pro Minute, also wird es weitergehen, wenn die Füße und der eigene Wille synchron zusammenspielen. Soviel hatten wir von der Sportmedizin mitbekommen: Eine kurze Beruhigungsphase ist ein gutes Zeichen. Jetzt erst merke ich, wie steil der Hang ist, unheimlich steil sogar. Wenn man sich ein wenig schräg nach vorn auf den Pickel stützt, berührt man mit dem Gesicht fast die geneigte Firnfläche. Es ist gut, daß unsere Steigeisen abstehende Vorderdornen haben, mit deren Hilfe man auch sehr steile Hänge meistert. »Weiter«, sage ich mir, »weiter, du mußt weiter, auch dieser steile Hang muß ein Ende haben.« Und wirklich, oben verflacht das Firnfeld. Jetzt geht es wieder besser. Dietmar hat hier gewartet, zusammen steigen wir nun höher. Jetzt merke ich, daß er besser in Schwung ist. Ich suche nach allen möglichen Entschuldigungen. Es ist erstaunlich, in welch seltsam ferne Bereiche bei diesen Aufstiegen in die sauerstoffarmen Regionen der Hochgebirge die Gedanken abwandern. Man macht Pläne für viele Jahre, formuliert fromme Vorsätze, nimmt sich ganz fest Dinge vor, die man nie realisieren kann, ist mit den Gedanken plötzlich zu Hause bei der Familie. Ich habe mich dabei ertappt, daß ich mit mir selbst gesprochen habe. Aber das alles ist gefährlich, denn man ist dann eigentlich gar nicht mehr am Hang, nur der Körper läuft, und es kann ein Gang ins Unglück sein. Darum ist es jetzt gut, daß ich diese grausame Erschöpfung wieder fühle, die mich zurückversetzt in die Wirklichkeit. Pause auf Pause folgt in immer kürzeren Abständen, und trotzdem geht es allmählich bergan, immer weiter hinauf.

Wie oft hatte ich das in Bergbüchern gelesen, in denen große Bergsteiger über ihre Aufstiege auf die Traumberge der Welt berichteten. Wenn sie von den oft übermenschlichen Strapazen erzählten, schien mir das nicht selten übertrieben. Jetzt geht es mir selbst so, nur unterhalb jener Zone, in der wir das erwarteten, 2000 Meter unter den wirklichen Traumhöhen. Es ist eben eine seltsame Krankheit, die Hypoxie, die Berg- oder Höhenkrankheit. Die individuelle Anfälligkeit ist noch weitgehend ungeklärt und unvorhersehbar. Das Risiko wird auch für völlig gesunde und trainierte Menschen oft stark unterschätzt, besonders im Hinblick auf immer mögliche Erkrankungen in großer Höhe. Schon in niedrigen Höhen können alle Symptome der Hypoxie auftreten, und besonders dann, wenn keine aktive Akklimatisation stattgefunden hat. Das Spektrum der physisch-organischen und psychischen Symptome ist vielfältig und reicht von Kopf- und Bauchschmerzen, Schlaflosigkeit mit Atemnot, Appetitlosigkeit, Nasenbluten, gesteigerter Kälteempfindlichkeit infolge reduzierten Grundumsatzes, Verdauungsbeschwerden, Gleichgewichtsstörungen und Benommenheit, Herzklopfen, unregelmäßiger Pulsfrequenz bis zu emotionaler Labilität und leichter Reizbarkeit, verlangsamtem Denkvermögen und starker Passivität. Die Notwendigkeit, frühmorgens die Schuhe zu schnüren, den Schlafsack zu verpacken, Eis aufzutauen und Frühstück zu bereiten oder gar das Zelt zu verlassen, kann zu einem echten Problem werden. Und eine weitere bemerkenswerte Beobachtung wird immer wieder mitgeteilt. Die physischen Leistungen konnten bei den Hochtouren größtenteils erheblich gesteigert werden, während die Leistungen auf dem Gebiet der psychischen Grundfunktionen oft weit unter dem »heimatlichen« Niveau zurückblieben. Ein besonderes Problem innerhalb des Komplexes der Höhenkrankheit ist der enorm gesteigerte Wasserbedarf bei extremen Hochgebirgsbelastungen. Werden normalerweise etwa 2,5 Liter Flüssigkeit am Tag vom Menschen aufgenommen, kann sich der wirklich notwendige Bedarf bis zu acht Litern am Tag erhöhen. Durch Trinken kann dieses Bedürfnis oft nicht befriedigt werden, denn nicht selten besteht in den Hochregionen eine Trinkunlust. Zwangsläufig kommt es zu einer gesteigerten Produktion roter Blutkörperchen, die sich dann wie Geldstücke zu Rollen zusammenballen. Die Funktion als Sauerstoffträger wird dadurch verringert, und das wiederum bedingt eine generell schlechtere Durchblutung. Die Folgen können alarmierend sein, weil mangelnde Hirndurchblutung gleichbedeutend mit physischem wie psychischem Leistungsabfall ist. Die Erfrierungsgefahr an den Endpunkten der Gliedmaßen, den Zehen und Fingern, wird besonders groß. Erst in den letzten Jahren hat die moderne Medizin mit Erfolg relativ simple Gegenmaßnahmen anzubieten, indem man in der Höhe altes Blut zum Teil entfernt und das verbleibende mit Präparaten verdünnt. 1976 wurde diese Methode mit großem Erfolg bei einer Massenbesteigung des 8501 Meter hohen Lhotse angewendet.

Uns standen derartige medizinische Hilfestellungen nicht zur Verfügung. Wir hatten uns nur informiert über alle Möglichkeiten zur Überwindung derartiger Schwächeanfälle, und das ist gewiß nicht unwichtig. Auch bei mir geschah jenes Wunder, über das man in den Bergbüchern gelegentlich lesen kann. In einer etwas längeren Pause esse ich ein großes Stück Rollschinken, wundervolles gesalzenes Fleisch, ein Genuß trotz der verklebten Kehle. Erst schlinge ich, und dann kaue ich langsam und mit Bedacht. Schon kurz danach fühle ich mich besser. Hunger war also auch beteiligt. Je mehr ich esse, um so mehr kehren die alten Kräfte zurück. Allmählich kann ich wieder mit klaren Augen hinausschauen in die großartige Natur, verdrängt sind die nach innen gekehrten Gedanken. Direkt, vor uns, in vielleicht 5300 bis 5400 Meter Höhe unterhalb der schildkrötenförmigen Gipfelregion unseres Berges, wird ein steiler bogenförmiger Abriß in der Firneisdecke sichtbar. Das hätte ich vor einer halben Stunde nicht gesehen. Ich wäre in meiner abgestumpften Mattheit vorbeigestapft. Zur rechten Zeit sind die Kräfte wiedergekommen. Mit Erstaunen registriere ich jetzt die große Mächtigkeit des Firneisüberzuges in der Gipfelregion, 20, ja vielleicht 30 Meter bläulich-weißes, deutlich geschichtetes Firneis werden an der senkrechten Abrißwand sichtbar. Ganz gewiß hat ein Erdbeben diesen Eispanzer partiell abgeschüttelt. Ein wenig erschrecke ich jetzt. Was wäre denn, wenn der Berg auch hier, wo wir gerade laufen, seine Eislast hinunterwürfe ins Tal? Wir wären rettungslos verloren, würden gewiß in die Schnee- und Eismassen unauffindbar eingebettet oder würden im Eisstaub ersticken. Sehr oft sind es Erdbeben, die den in Jahrzehnten oder gar Jahrhunderten angehäuften Firnschnee ganz plötzlich in eine gravitative Bewegung setzen. Wir können hier bereits eine Erklärung für die Entstehung der langen Talgletscher unten ahnen. Noch am gleichen Tage kommen wir an Stellen, wo diese Zusammenhänge in eindrucksvoller Weise um vieles deutlicher und beweisbar werden.

Der Firnhang aber steigt noch immer an. Ich fotografiere den Eisabbruch, kaue einige Stücke Traubenzucker und stapfe weiter. Dietmar ist mir schon wieder 50 Meter voraus. Ich kann in seinen Spuren gehen. Endlich sind wir oben auf einem sanft geschwungenen überschneiten Grat angelangt. Ein großartiges Panorama ist sichtbar geworden. Nur nach Norden ist der Ausblick durch die Gipfelregion unseres Berges verdeckt. Im Osten liegen die Gipfel der Akademie-Kette. Dort drüben erheben sich die höchsten Berge des Pamir, der höchste Berg der Sowjetunion, der Pik Kommunismus mit 7495 Metern, am Schnittpunkt der Ost-West verlaufenden Peter-I.-Kette und der meridional verlaufenden Akademie-Kette, nur 13 Kilometer davon entfernt der dritte Siebentausender des sowjetischen Pamir, der Kuh-i-Sandalak (7105 Meter), der seit 1905 Pik Korshenewskaja heißt. Im gleichen Raum liegen der Garmo mit 6595 Metern und viele Sechs- und Fünftausender. Alle diese Gipfel sehen wir leider nicht. Wir sind noch zu tief, die Entfernung beträgt etwa 30 Kilometer. Es liegen andere Gipfel dazwischen, die diese Traumberge verdecken. Wohin wir aber schauen – eisbedeckte Berge, ein Meer von meist namenlosen Gipfeln, von denen die höchsten die Sechstausender-Grenze überschreiten. Die Durchdringung der Peter-I.-Kette mit der Akademie-Kette und die nähere hochgebirgige Umgebung ist ein gewaltiges Akkumulationsareal für Eis und Schnee. So wundert es nicht, daß imposante Gletscher aus den Tälern dieser Region herausströmen.

Durch unsere Schneebrillen verstärken sich die Kontraste zwischen Eis und violetter Atmosphäre. Die Grenze zwischen Erde und Himmel wird zu einer eindrucksvollen Kontur. Es fällt auf, daß die Gipfelspitzen in einer Ebene zu liegen scheinen. Erinnerungen an studentische Bergfahrten in die Alpen werden sofort lebendig, an großartige Hochgebirgstouren in das Wettersteingebirge, in das Steinerne Meer, in die Bergwelt um Innsbruck. Wir saßen damals auf der Südspitze des Watzmanns und erörterten die Probleme der Gipfelfluren. Von diesem hochgelegenen Beobachtungspunkt aus bildeten die wenig niedrigen Gipfel eine horizontale Fläche, und dieser Eindruck verstärkte sich durch die Staffelung der Berge. Aber diese Ebene war von den Tälern zerfressen, die objektiv den Raum beherrschten. Gewaltige Nagezähne der Natur hatten diese beeindruckenden Tiefen herausgefräst. Alles um uns war eine Momentaufnahme im geologischen Sinne.

Hier im nordwestlichen Pamir differieren die Gipfelhöhen erheblich, und trotzdem wird das Bild einer Gipfelflur zumindest optisch vorgetäuscht. Die geomorphologische Forschung hat sich auch hier mit diesem Phänomen ausgiebig auseinandergesetzt. Insbesondere von einer Gipfelflur aus der Braunkohlenzeit wird gesprochen, die sich auf die Unterkante des marinen Eozäns in etwa vier Kilometer Höhe bezieht und als Bezugshorizont für junge tektonische Bewegungen gilt. Von den Gipfelfluren führt eine direkte genetische Beziehung zu alten Rumpfflächen im Hochgebirge, jenen flächenhaften Elementen, die eben nicht oder nur gering zertalt sind und die eventuell die Reste einstiger Hochflächen darstellen, wie sie in größerem Maßstab noch heute im Ostpamir vorliegen. Weltberühmt ist das »Pamir-Firnplateau« am Pik Kommunismus mit 12 Kilometer Länge und bis 3 Kilometer Breite, etwa 6000 Meter hoch gelegen. 1500 Meter steigt die Gipfelpyramide noch höher hinauf, und 1600 Meter fällt das Plateau in einer Riesen-eiswand steil herunter auf den Walter-Gletscher, ein Absturzfeld dau-ernder Eis- und Firnlawinen. Dieses Pamirplateau ist ein bemerkens-wertes geologisch-geographisches Phänomen. Ein kleinerer Verebnungsrest mit zwei mal fünf Kilometer Fläche in gleicher Höhe liegt südöstlich des Pik Kommunismus. Nirgendwo auf der Welt befinden sich derartige »Verebnungen« in so großer Höhe. 1957 wurde das große Pamirplateau anläßlich einer Besteigung des Pik Kommunismus von Westen her durch eine Moskauer Mannschaft unter K. Kusmin erstmals überquert. Bis heute ist das Firnplateau der »Scharfrichter« jeder Gipfelbesteigung des höchsten Berges des sowjetischen Pamir. Wenigstens zwei Tage dauert bei gutem Wetter die Überquerung dieser »gehobenen Landoberfläche«.

Die Gipfelflur vor uns wird von wenigen Bergen deutlich überragt. Im Südosten liegt der etwa zehn Kilometer entfernte Pik Moskwa, ein schöner und bergsteigerisch schwerer Berg von 6785 Meter Höhe. Erstmals versuchte 1947 eine Moskauer Expedition unter A. A. Letawet und J. M. Abalakow den herrlichen Berg über den oberen Sugran-Gletscher zu bezwingen, aber schlechtes Wetter verhinderte den Erfolg. Die Besteigung des 6447 Meter hohen Pik »30 Jahre Sowjetmacht« durch Abalakow, Iwanow und Timaschew diente der Routenerkundung. Im Sommer 1956 standen dann georgische Bergsteiger erstmals auf dem Gipfel, der den Namen der Unionshauptstadt trägt. An seinen westlichen Eisflanken beginnt der Sugran-Gletscher, dessen eingetieften Talzug wir von hier oben aber mehr ahnen als sehen können. Noch weiter im Süden und Südwesten liegt das Obichingou-Tal, durch das wir den Pamir zu Fuß und dann weiter talwärts per Lastkraftwagen wieder verlassen wollen. Aber soweit ist es noch nicht. Noch stehen wir hier oben, in 5500 Meter Höhe, und haben unseren Blick nach Südwesten gewandt. Hinter dem Obichingou-Tal reiht sich wieder Gipfel an Gipfel, alle schnee- und eisbedeckt. Es ist die Nordflanke der Darwas-Kette. Dahinter gehen die Berge ohne Unterbrechung in einen großen Gebirgsraum über, der zu den Ausläufern des Hindukusch gehört. Aber damit sind bereits die Grenzen der Sowjetunion überschritten, denn diese Berge liegen in Afghanistan.

Jetzt schauen wir nach Westen. Durch die Kerbe des Schini-Bini-Tales können wir in einem kleinen Ausschnitt in das tiefe Tal mit dem Sugran-Gletscher hinunterblicken. Dort unten, etwa 1500 Meter tiefer, liegt unser Basislager, stehen unsere bunten Zelte. Sehen können wir sie nicht, es ist viel zu weit entfernt, und ein Fernglas haben wir nicht mit heraufgebracht. Gleich hinter dem Sugran-Tal zieht ein Nebental

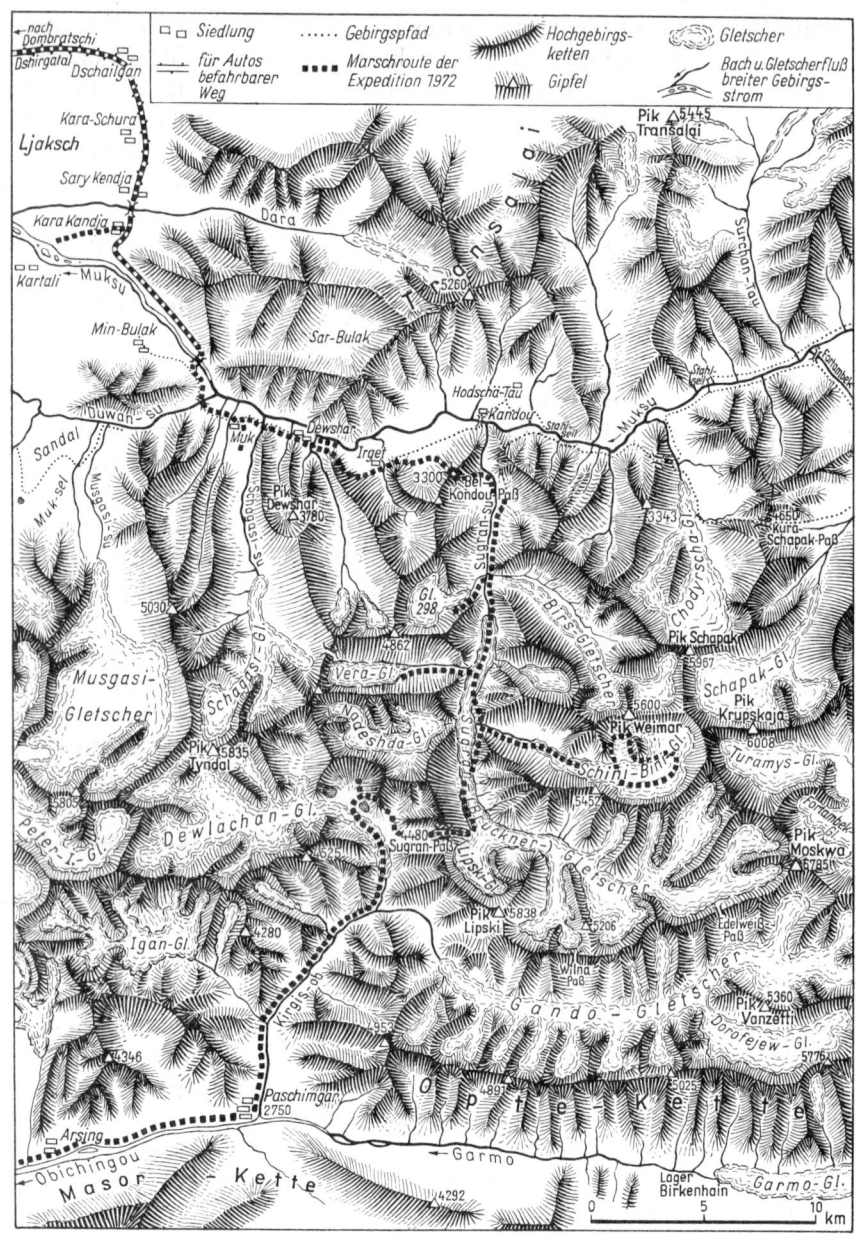

Die Marschroute der Expedition von 1972 in der Peter-I.-Kette zwischen Muksu und
Garmo-Obichingou

hinauf zum mehrgipfligen Massiv des Pik Tyndall. Im oberen Teil liegt schwarzgrau und schuttbedeckt der kleine Nadeshda-Gletscher, der gleich dem Schini-Bini-Gletscher den Kontakt zum Haupteisstrom in den letzten Jahrhunderten verloren hat. Auch von hier oben wird eindrucksvoll der starke Eisrückgang in geologisch jüngster Vergangenheit deutlich. Wie auf einer Karte erblickt man dort unten den durch Tauprozesse eingesackten Hauptgletscher, der in mehr als der Hälfte seiner gesamten Länge von Gesteinsschutt bedeckt ist. Man sieht deutlich an den hellen und höherliegenden Randmoränen den einstigen Maximalstand, und man erkennt auch an den abgeschliffenen Felsformen ganz deutlich, daß die Nebengletscher einst bis an die Haupteisströme heranreichten.

Wir unterhalten uns über diese Bilder, während wir ausruhen. »Wir gehen einer neuen Braunkohlenzeit entgegen, es wird ganz einfach wärmer, ohne daß wir es richtig merken«, sage ich scherzhaft, »wie lange wird es dauern, und es wachsen Palmen dort unten und Affen klettern auf den Bäumen umher? Ja, ja, so wird es kommen, und die Geologen jener Tage werden zwischen der üppigen Vegetation herumkratzen und herumsuchen, um Gletscherschliffe zu finden, um ihren Mitmenschen zu sagen – seht her, im Sugran-Tal gab es einstmals Gletscher! Nur gut, daß wir sie noch selbst gesehen haben.«

Und nach einer kurzen Pause spreche ich weiter: »Es kann aber auch ganz anders kommen, schon in den nächsten Jahrzehnten kann es wieder ein ganz klein wenig kälter werden im Jahresdurchschnitt, und es fällt auch noch viel mehr Schnee hier oben, die Gletscher erhalten mehr Schneenachschub, oder es taut weniger Eis ab, und es wird alles wieder anders. Die Neben- und Hauptgletscher wachsen wieder zusammen, die Eismächtigkeit nimmt zu, und die Gletscherzunge schiebt sich wieder ins Tal hinunter und aus ihm heraus, und es wird ein großes Eisstromnetz entstehen. Die Meteorologen und Glaziologen haben gewiß schwerwiegende Hinweise für diese Entwicklung in der Hand.«

»Sind das nicht alles Spekulationen«, fällt mir Dietmar, der Biochemiker ins Wort, »da habt ihr nun Geologie studiert und wißt nicht einmal, wie es weitergehen wird. Zwei extreme Meinungen aus einem Munde. Was soll ich nun glauben? Ich sage euch, es wird alles so bleiben wie es ist, ich behaupte fest, es hat sich jetzt ein Gleichgewichtszustand zwischen dem Abschmelzen des Eises und dem Schnee- und Firnnachschub von den Hochregionen eingestellt.«

»So einfach ist das nicht. Es gibt eine Menge exakter Registraturen und Beobachtungen. So völlig ohne Sinn haben die vielen Geogra-

171

phen, Geologen, Glaziologen und Vermessungsleute in den Hochgebirgen Mittelasiens nicht gearbeitet. Dort drüben im Osten, nur 45 Kilometer Luftlinie entfernt, liegt der längste Talgletscher der Welt. 1928 wurde er von R. Finsterwalder genau vermessen, 1958 erneut von der sowjetisch-deutschen Fedtschenko-Expedition. In diesen 30 Jahren hatte sich der Gletscher um fast 450 Meter zurückgezogen, das sind rund 15 Meter im Jahr. Er hat einen Kubikkilometer Eis verloren und eine Fläche von 1,66 Quadratkilometer Untergrund freigegeben. Das sind harte Fakten, mein Lieber, sind ernste Probleme, denn dieses Eis dort unten ist ein Schatz, da gibt es heute keinen Zweifel mehr, ein Bodenschatz nämlich. Aus Eis wird Wasser, und dieses Wasser brauchen die großen Oasenkulturen in Mittelasien. Wir haben vorhin extreme Meinungen geäußert, das ist wahr. Aber an ihnen wird die ganze Breite des Problems am besten sichtbar. Vermutlich liegt die Wahrheit in der Nähe deiner Meinung. Und noch etwas zum Schluß, damit wir uns richtig verstehen. Wir haben vorhin auf geologischen Zeiträumen unsere extremen Meinungen aufgebaut. Und du weißt doch, 100000, ja selbst eine Million Jahre sind für den Geologen so viel wie im menschlichen Leben ein paar Minuten ...«

Noch eine ganze Weile erörterten wir mit sachlichen Argumenten dieses Thema, das die Menschen seit langer Zeit bewegt: Wird eine neue Eiszeit kommen? Viele prominente Eiszeitforscher haben sich in der wissenschaftlichen Literatur zu Wort gemeldet, und gelegentlich drang eine Art Eiszeitpessimismus hinaus in die Öffentlichkeit. Und dafür schien es plausible Gründe zu geben. Die Erde steuert einer neuen Ansammlung großer Landmassen zu, einer neuen Geokratie, wie die Fachleute sagen, und das bedeutet Kontinentalität des Klimas und in der Vergangenheit jene geringen Temperaturverschiebungen, die zu Eiszeiten führten. Blickt man zu den erdgeschichtlich älteren Kälteperioden zurück, so wird man erstaunt die lange Dauer der großen permischen Vereisung am Ende des Erdaltertums bemerken. Glaubt man an wiederkehrende, etwa gleich lange Ereignisse, kann man erschrecken. Aber ist ein solcher Eiszeitpessimismus auch wirklich berechtigt? Nach einer hypothetischen Erhebung der Klimaschwankungen in den letzten 300000 Jahren wäre mit dem Beginn einer neuen Eiszeit schon im nächsten Jahrtausend zu rechnen. Die registrierte weltweite Abkühlung der unteren Atmosphäre von rund 0,4 °C in den letzten drei Jahrhunderten scheint diese Aussage zu stützen und die Tendenz anzudeuten. Oder ein anderer Gedanke: Vor 18000 Jahren lag Mecklenburg unter einem kilometerdicken Eispanzer. In der 10000 bis 15000 Jahre langen Zwischenwarmzeit zuvor war es wärmer als heute. Es lebten Nashörner, Flußpferde und Waldelefanten in unseren Wäldern. Das Klima kann also schnell im geologischen Sinne und spürbar umschlagen. Und doch kommen ernst zu nehmende Wissenschaftler auch zu einer ganz anderen Prognose. Die technische Energieproduktion der rund 4,2 Milliarden Menschen auf der Erde hat klimatische Folgen, die der Abkühlung der untersten Schichten der Atmosphäre entgegenwirken. Neben einer direkten Zufuhr von Wärmeenergie durch die Verbrennung der fossilen Brennstoffe und das Abbrennen von Urwäldern ist es in erster Linie die Anreicherung von Staub, Wasserdampf und Kohlendioxid, die zu indirekten Erwärmungseffekten führt. Die Kohlensäurebilanz spielt dabei gewiß die größte Rolle. In den letzten 100 Jahren ist der Kohlendioxidgehalt der unteren Luftschichten um 12 Prozent angestiegen. Geht diese Entwicklung weiter, muß es allein infolge einer Glashauswirkung der Kohlensäure zu einer merklichen Temperaturerhöhung kommen. Auch diese Erwärmung wäre verhängnisvoll. Der Meeresspiegel würde ansteigen, beim Abschmelzen des Grönlandeises um sechs Meter, bei zusätzlichem Abschmelzen des Antarktiseises um mindestens 75 Meter. Auf diese Weise also wird vermutlich ein Klimarückgang zu eiszeitlichen Verhältnissen verhindert. Und das ist mehr als bedeutsam für die Menschen der Erde, denn eine Eiszeit wäre eine Katastrophe. Die Reiskammern der Tropen würden austrocknen, und die Kornkammern der Mittelbreiten würden zu Tundren und Kältesteppen veröden. Es bestünden ernsthafte Gefahren zu verhungern.

Wir beenden unseren Höhendisput, denn wir hören Stimmen, die immer deutlicher werden. Unsere Freunde kommen vom Gipfel herunter. Wir empfangen sie so, wie es Gipfelsiegern zukommt. Mit ehrlicher Bewunderung gratulieren wir. Und dann berichten sie. Der Aufstieg führt auf ein flach ansteigendes Firnfeld, das wir von hier aus sehen, aber nicht übersehen. Einmütig berichten sie, daß es viel länger sei, als sie vorher dachten, daß es sich hinziehe und noch einmal viel Kraft erfordere. Erst dann käme der eigentliche Gipfel in Sicht, ein Schneebuckel mit Felsstücken und Gesteinsblöcken und einem felsigen Absturz nach Nord. Etwa 5600 Meter ist der Berg hoch. Wir fragen nach der Aussicht, und eine einstimmige Antwort läßt einen schon halb gefaßten Beschluß relativ leichten Herzens endgültig werden: Ausblick etwa wie hier, etwas weiter und schöner natürlich durch den 300 bis 400 Meter höheren Standort und die freiere Sicht nach Norden. Während unsere Freunde weiter erzählen, habe ich längst beschlossen, hier meinen Aufstieg zu beenden, denn es ist schon gegen 15 Uhr.

Auf dem Gipfel haben sie als erstes fotografiert und dann, wie es sich für Erstbesteiger gehört, einen Steinmann gebaut. In einer Konservendose hinterlegen sie einen Zettel mit Angaben über unsere Expedition und den Namen der Besteiger und noch etwas ..., aber das muß besonders geschildert werden.

Wulf erzählt, daß sie oben bei ihrer kurzen Pause beraten hätten, wie man den Berg nennen sollte. Nach einigem Hin und Her meinte man, daß doch von Weimar aus die Fahrt organisiert worden sei, die Mehrzahl der Expeditionsmitglieder auch dort wohne, also sei es gerechtfertigt und gut, den Berg Pik Weimar zu nennen. Das wurde auf dem Zettel vermerkt, der in einem Foliebeutel und der Konservendose wasserdicht verpackt und inmitten des Steinmannes eingebaut wurde. 1974 fanden diese Gipfelnotiz vier Bergsteiger der Technischen Universität Dresden bei der zweiten Besteigung.

Wir waren ergriffen, zumindest taten wir alle so. »Also auf dem Pik Weimar befinden wir uns. Na, hoffentlich ist der Berg nicht zu niedrig für die Stadt der Klassik.« Zu Hause unterließ Dr. Bennert keine Bemühung, um die offizielle Bestätigung dieses Namens zu erreichen. Weimars Oberbürgermeister Kirchner schrieb an den Rektor der Weimarer Hochschule für Architektur und Bauwesen, Professor Fuchs: »Magnifizenz! Mit großer Freude habe ich durch Ihr Schreiben vom 28. 9. 1972 davon Kenntnis erhalten, daß eine Alpinistengruppe Ihrer Hochschule in der Tadshikischen Sowjetrepublik die Erstbesteigung eines etwa 5600 Meter hohen Gipfels erfolgreich durchgeführt hat. Im Namen des Rates der Stadt darf ich Ihnen und der Alpinistengruppe dazu die herzlichsten Glückwünsche aussprechen. Selbstverständlich erteile ich gern das Einverständnis und unterstütze einen solchen Antrag, diesem Gipfel den Namen Pik Weimar zu geben, der der Stadt Weimar und unserer Deutschen Demokratischen Republik zum Ruhme gereicht.«

Als ich später in Berlin einen Vortrag über unsere Fahrt hielt, stand in der »BZ am Abend« vom 29. Oktober 1973 eine Ankündigung mit dickgedruckter Überschrift »Weimar liegt im Pamir«.

Zum Ursprung der Gletscher

Die Stimmen verlieren sich allmählich im Schneefeld unter uns. Die Gipfelbezwinger steigen ab und lassen uns zurück auf dem weitgeschwungenen Firnkamm unterhalb des Pik Weimar. Es ist wieder die fast beängstigende Ruhe der hohen Berge an einem windstillen Schönwettertag um uns und das Panorama der vereisten Gipfelflur. Ich schaue lange hinaus in das scheinbar unendliche Zackenfeld der Gipfel, träume eine Weile, bis mich Dietmars Stimme zurückholt in die Realität. »Wollen wir weitersteigen?« »Wir hätten nicht so lange rasten sollen«, erwidere ich und merke, daß er froh ist, daß ich so antworte. Wir sind müde, ein bißchen apathisch und zu zweit einfach zu schwach, um jetzt noch einmal in den Firnhang hineinzusteigen, weiter zu stapfen und zu kämpfen gegen die innere Schwäche. Und so lassen wir den Gipfel, der uns gewiß sehr schwer würde. Steigen wir also hinunter in jenen Eiskessel, den wir vorhin beim Aufstieg gelegentlich sahen, in das hintere Schini-Bini-Tal mit den hängenden Gletschern und den gewaltigen Schneeüberwehungen oben an den Hochkämmen.

Es ist schon später Nachmittag. Die warme Sonne hat den Firnschnee angetaut. Vorsichtig setzen wir Fuß unter Fuß. Der Schnee klebt und setzt sich fest zwischen den Zacken der Steigeisen. Immer wieder müssen wir mit dem Pickel den angetretenen und sofort angefrorenen Schnee aus den Metallspitzen schlagen und kratzen. Unterläßt man es, kann es schlimme Folgen haben. Plötzlich greifen die Steigeisen nicht mehr, und ehe man sich richtig versieht, rutschen die Füße weg, und man schießt den Hang hinunter in ein ungewisses Schicksal. Also gehen wir lieber langsam und vorsichtig. Auch bei bedächtigem Schritt kommen die gleißend weißen Schnee- und Eiswände immer näher, die aufsteigen bis in Höhen von 5500 und 6000 Metern. Besonders die im Süden liegenden, nach Norden gewandten Hänge erwecken unser ganzes Interesse. Mächtige Schneeüberwehungen, gewaltige Wächten hängen an der Kammlinie, drohend überkragend und bereit zum Sturz in die Tiefe. Diese Wächtenhänge sind der Ursprung der Gletscher. Südwestliche Winde wehen den Schnee über die Kämme, wo er sich im Lee akkumuliert. Die Mächtigkeit des Schnees wird im Windschutz des Grates immer größer. Durch die Auflast des ständigen Neuschnees verdichten sich die locker gepackten Schneeflocken zu körnigem kristallinem Firnschnee und zu Firneis. An diesen Hängen und in den Eiskesseln ist das Zauberreich der Metamorphose des Wassers, hier erfolgt auf engem Raum die Umwandlung des Schnees in Eis. Die innere Oberfläche wird reduziert. Der sperrige Neuschneekristall verliert seine Spitzen, durch »Sinterung« wird der Luftraum verringert, und schließlich erfolgt eine neue Kristallisation. Die Dichte steigt auf 0,8 bis 0,96 Gramm je Kubikzentimeter an. Aus weißem Firnschnee wird durchsichtiges Gletschereis. Mit der Zeit wachsen die Körner im Eis, so daß vom Nährgebiet zum Zehrgebiet die Eiskristalle an Größe zunehmen. Filigrane sechsseitig-symmetri-

175

sche Kristallinität wird hier oben zu richtungsloser Körnigkeit, und damit ist diesem neuen Stoff die Neigung zum plastischen Fließen eigen geworden. Die plastische Verformung bestimmt nun unter dem Einfluß von Gefälle und Schwerkraft die Bewegung des Eises in Richtung Tal. Es beginnt zu gleiten.

Wieder bedrängen uns Fragen. Wie ist es möglich, daß inmitten eines kontinentalen und damit eigentlich trockenen Klimaregimes mit Wüsten und Steppen ringsum hier oben derartig bedeutende Niederschläge fallen? Der klassische Monsun, der große ozeanische Regenbringer des Himalaja, fehlt hier, denn er verliert auf seiner 1000 Kilometer langen Wanderschaft von Ost nach West entlang dem höchsten Gebirge der Welt seine anfänglich enorme Kraft. Wo er sich entlädt, schwellen die Flüsse an, kommen Talhänge ins Gleiten, zerreißen Erdrutsche das Land und gleiten Schlammströme talwärts. Es gibt ausreichend Wasser für den Bodenbau. Weiter nach Westen aber nehmen die Niederschläge immer mehr ab. Der tropische Regenwald Assams und Sikkims weicht feuchten und dann trockenen Laubwäldern. Es folgen die Dornbuschsteppen des Punjab und dann das wüstenhafte Trockental des Indus. Am Nanga Parbat ist vom echten Monsun schon kaum noch etwas zu spüren, denn die Schneefälle kommen dort bereits von Westen. Und so ähnlich ist die meteorologische Situation im Hindukusch und im Pamir, in der Peter-I.-Kette und in der Akademie-Kette. Der sommerliche Wetterablauf wird nicht vom indischen Sommermonsun bestimmt, sondern in erster Linie von den in der Höhe wirkenden Einbrüchen polarer Kaltluft innerhalb einer in den Hochlagen wirkenden Westdrift. Der Schneefall führt auf den Hochkämmen zu einem jährlichen Firnauftrag von etwa drei bis fünf Metern und mehr, während es in den Tälern extrem trocken ist. Die nicht selten auftretende stärkere Bewölkung im Sommer verhindert eine intensive Ablation des gefallenen Schnees. Entsprechend der Windrichtung steigt hier im nordwestlichen Pamir die Schneegrenze als Durchschnittswert von Südwest nach Nordost von 3800 bis über 4600 Meter an. Dies entspricht dem generellen Anstieg der klimatischen Schneegrenze in den eurasiatischen Hochgebirgen, wie durch die Extremwerte der Alpen mit 2600 bis 3250 Metern im Westen und des Karakorum mit 4800 bis 5800 Metern im Osten sehr deutlich wird. Im Pamir selbst ist die lokale Höhenlage der Schneegrenze von einer ganzen Reihe von Faktoren abhängig. Von entscheidender Bedeutung ist die Hangexposition. Auf den sonnigen Südhängen steigt sie hinauf bis 5200 Meter, während sie an den schattigen kalten Nordhängen mit jenen Wächtenbildungen 500 bis 600 Meter tiefer liegt, um schließlich

Rast nach anstrengendem Aufstieg unter den Felsnadeln am Fiturak-Paß in der Mattscha. Auf dem Bild: Expeditionsarzt Dr. Kallenbach und K.-H. Bochow

Der Autor am Fuße des Pik Weimar. Im Hintergrund das Matterhorn des Pamir, der nach dem englischen Physiker und Bergsteiger benannte Pik Tyndall (5835 m)

Zwischen Seraks in einem Eisbruch des Arnawat-Gletschers in der Darwas-Kette südlich des Obichingou

Das Tal des Obichingou südlich der Peter-I.-Kette ist eine wichtige Entwässerungsader aus den stark vergletscherten Hochregionen der Akademie-Kette. Mächtige Schlammstromsedimente kommen fächerförmig aus den Seitentälern. Im Vordergrund Aufspaltung des tief eingeschnittenen Obichingou in ein Flußnetz

Hochwassersichere Terrassensiedlungen sind typisch für die Hochgebirge Mittelasiens.
Kischlak Margib im Tal des Jagnob

Weidewirtschaft ist der Haupterwerbszweig der Bergbewohner Mittelasiens. Schafschur
in einem Tal der Mattscharegion

Der höchste Berg der Sowjetunion, der Pik Kommunismus, erhebt sich etwa 1500 m
über das rund 6000 m hohe Pamir-Firnplateau. Blick über Moskwin- und Walter-Gletscher
Die Hochgebirge Tadshikistans im Überblick

auf den Gletschern selbst noch einmal 200 bis 300 Meter hinunterzuschwingen ins Tal. Die Talgletscher wirken wie große Kühlschränke. Genau umgekehrt verhalten sich Schneegrenze und Exposition im Himalaja; dort liegt sie an den Südhängen oft erheblich tiefer, denn da entlädt sich der Monsun. Wie hoch die Schneegrenze aber auch liegen mag, oberhalb fällt im Laufe eines Jahres stets mehr Niederschlag in fester Form als abschmilzt oder verdunstet. Damit ist dieser Raum jener bemerkenswerte Sammelplatz für Schnee und Eis, den man mit Recht den Ursprung der Talgletscher nennen darf.

Als 1913 der Glaziologe v. Klebelsberg im Rahmen der Rickmer-Rickmersschen Alpenvereinsexpedition auch den oberen Sugran-Gletscher untersuchte, deckte er hier den Mechanismus der Gletscherentstehung in dieser Region auf. Er stellte den sogenannten Turkestanischen Gletschertyp auf und führte ihn in die wissenschaftliche Literatur ein. Er erkannte, daß Eis- und Firnlawinen von den steilen Eisflanken alle Gletscher dieses Typs »ernähren« und daß diese Lawinentätigkeit gesteuert wird von den Niederschlägen, der Firnakkumulation und den periodisch wiederkehrenden Erdbeben. Das abgeworfene Eis stürzt in die Tiefe, wird im Talkessel angehäuft, und jetzt beginnt eine gänzlich andere Bewegung, ein langsames und andauerndes gleichmäßiges Gleiten. Diese charakteristische Gletscherernährung bedeutet aber zugleich, daß sich die Eisschlange bis weit unter die klimatische Schneegrenze hinunterschieben kann, ohne hier allerdings sensationelle Längen zu erreichen. Gletscher dieses Typs sind also an eine intensive Zertalung, an steile, oft mehrere tausend Meter hohe Felswände mit Lawinentätigkeit gebunden. Und so wundert es nicht, daß man in den darauffolgenden Jahrzehnten diesen Gletschertyp auch außerhalb Turkestans, im Karakorum und im Himalaja, in den Alpen und im Kaukasus und auch in den Anden gefunden hat. Als 1960 der Hochgebirgsgeologe Dr. Hans-Jochen Schneider den Versuch unternahm, die vielfältigen Erscheinungsformen der Gletscher der Welt in ein System von Typen und Untertypen einzuordnen und einer wahrhaft babylonischen Sprach- und Begriffsverwirrung in der Gletscherterminologie Einhalt zu gebieten, mußte er sich auch mit dem turkestanischen Gletschertyp und den namengebenden Typuslokalitäten im Sugran- und im Schini-Bini-Tal auseinandersetzen. Wie bereits 1934 von C.P. Visser vorgeschlagen wurde, folgte Schneider nicht den thermodynamischen Unterscheidungsprinzipien nach kalten und warmen Gletschern oder den Gliederungen nach Klimazonen. Allein die genetischen Faktoren, die Ernährungsweise der Gletscher, wurden das ordnende Grundprinzip. Die Definition für unseren Gletschertyp lautet

177

nun: Das Ursprungsgebiet des eigentlichen, dynamisch zusammenhängenden Gletscherstromes bildet ein großer, unterhalb der klimatischen Schneegrenze liegender Felskessel. Die Schneegrenze verläuft in den steilen Felswänden, und aus den darüberliegenden Wächten und Hängegletschern gehen vor allem im Sommer permanent Lawinen zu Tal. Erst dort wird dann zu einem großen Teil Firn zu Eis umgewandelt. Folgerichtig erhielt nun dieser Gletschertyp den Namen »Lawinenkessel-Gletscher«, der gleichberechtigt neben den anderen Typen wie Zentrale Firnhaube, Firnmulden-, Firnstrom- und Firnkessel-Gletscher, Wandvergletscherung und Eisstromnetz steht. Sehr oft sind Talgletscher kombinierte Formen. So ist der Fedtschenko-Gletscher ein Firnstrom- bis Firnmuldengletscher mit Tendenzen zum Eisstromnetz. Bemerkenswert ist, daß die oberen 20 Kilometer dieses imponierenden Gletschers noch Nährgebiet sind.

Wir haben Glück, denn das gute Wetter hat uns nicht verlassen. Das Gebirge liegt noch immer im strahlenden Sonnenschein und unter einem tiefblauen Himmel. Der Lawinenkessel wird durch bizarre Schattenbilder, welche die Berge in das Tal werfen, zu einem grandiosen Bühnenbild der Natur. Wo der Schatten fehlt, ist gleißende Helligkeit. Wir stellen uns vor, wie es hier wäre, wenn Erdbeben die wulstigen Hängegletscher dort oben abschüttelten, wenn das ringsum vorhandene kompakte Eis hinunterstürzte in den steilen Talkessel, langsam erst und dann immer schneller, und wie die Erde aufschrie, dröhnte und brüllte unter diesen eisigen Hammerschlägen. Das niederbrechende Eis würde zerbrechen und zerstäuben, und schließlich wäre das Tal erfüllt von Wolken aus feinem Schnee- und Eisstaub. Alles Leben würde ersticken in dem tödlichen Eisaerosol. Groß wären dann in solchen Situationen die Gefahren für die Menschen. Wie oft schon wurden ganze Mannschaften zugedeckt von einem weißen Leichentuch aus Lawinenschnee und Eisstaub, unauffindbar verschüttet in diesen Kühltruhen der Hochtäler.

Aber was hat der Mensch auch hier zu suchen? Vielleicht sollte er respektvoll an der Grenze dieser letzten Reservate ungestörter Natur stehenbleiben, sollte innehalten und aus der Entfernung bewundernd schauen. Jeder Schritt weiter könnte die Natur »erzürnen« und jenen todbringenden Hexensabbat auslösen, von dem wir gerade sprachen.

Das Eis fließt von hier wie ein unaufhaltsamer Lavastrom talwärts, alles überfahrend, was sich in den Weg stellt. Wir folgen dem Eis jetzt, respektieren das Hoheitsgebiet der Natur und steigen ab. Unter unseren Füßen ist das gerade zusammengebackene Gletschereis, ist der Anfang jenes langsamen »Fließbandes« aus Eis, das mit wenigen Zentimetern bis mehreren Dezimetern pro Tag auf einem dünnen Wasserteppich talwärts fährt, um weiter unten dann die Geschwindigkeit oft erheblich zu vergrößern, nicht selten bis auf einen Meter pro Tag. Wir gehen weiter am Seil, denn erste Spalten im jungen Gletscher sind verdeckt durch Neuschnee. Später dann tritt das Blankeis zutage mit merkwürdigen Eiskämmen und Eiszacken, und schließlich kommen wieder die Gletschertische, die wir schon sahen beim Aufstieg am Morgen. Wir sind im Tätigkeitsfeld der Ablation. Fünf bis sieben Zentimeter Eis werden pro Tag von der Oberfläche her abgetaut. Hier beginnt also die »Produktion« des Schmelzwassers, die weiter talwärts immer mehr zunimmt und sich schließlich am Gletscherende mit oft schwarzgrauem Toteis in einem tosenden Gletscherfluß in der ganzen Größe und Kraft offenbart. In unserer direkten Umgebung nehmen die lebenbringenden Flüsse Mittelasiens ihren Anfang. Hier oben hat die früher verehrte Gottheit »Wachschu« ihren Geburtsort.

Wir steigen noch immer über eine glatte Gletscheroberfläche ab, die Ausdruck einer gleichmäßig kriechenden Eisbewegung ist. Dann aber kommt wieder der Eisbruch. Hier bewegt sich das Eis schneller. Eine Extremform dieser Eisbeschleunigung sind die sogenannten pulsierenden Gletscher, auch »Surging-Gletscher« genannt. Es sind Gletscher mit ganz plötzlich schnellen Eisvorstößen, die man in allen Hochgebirgen und auch hier im Pamir gefunden hat. Die unmittelbare Ursache dieser schnellen aktiven Eisvorstöße ist die sprunghafte Entladung von Spannungen, die sich allmählich in den Gletschern angesammelt haben. Die Bruchgrenze des Eises wird überschritten. Der eisige Gletscherkörper zerbricht in eine Vielzahl von Blöcken. Das langsame plastische Fließen geht in ein chaotisch-schnelles Gleiten der Eisblöcke über. Diese völlig andersartige Bewegungsform des Eises wurde 1928 von R. Finsterwalder aus dem Pamir und 1934 theoretisch fundiert zusammen mit W. Pillewitzer am Nanga Parbat als ruckhafte Blockschollenbewegung beschrieben. Frühe Ansätze einer Deutung wurden aber schon 1771 durch J. A. de Luc aus den Alpen bekannt. Doch erst in jüngerer Zeit hat einer der führenden sowjetischen Glaziologen, L. D. Dolguschin, den Mechanismus der Pulsation restlos aufgeklärt. Man hat die Ursachen der Spannungsanhäufung im Eis analysiert. Vorwiegend ist das Relief unter dem Eis, und zwar steil eingesenkte Kare mit engen Austrittsöffnungen, hierfür verantwortlich. Diese Felsriegel führen zu Eisstau, zu Emporhebungen des Eisstromes und damit zu enormen Spannungen, die sich schließlich in der Eisblockbewegung – unter starker Beteiligung von Wasser – entladen. Noch sind nicht alle möglichen Ursachen wissenschaftlich untersucht. Könnte es nicht sein, daß zwischen der Erdbebentätigkeit, den niedergehenden Lawinen in den Lawinenkesseln und der Pulsationsrhythmik der Gletscher Mittelasiens Beziehungen bestehen? Sind durch den Eisausbruch die Energieüberschüsse verbraucht, steht das Eis still. Der so schnell vorgeschobene Eisstrom wird blockiges Toteis. Infolge der großen Oberfläche wird es in Kürze abtauen. Nur begrenzte Zeit also ist das eindrucksvolle Schauspiel der pulsierenden Gletscher in der Natur sichtbar. In der darauffolgenden langen Phase der Ruhe kann aber schon wieder der Ansatz zu einer neuen Pulsation liegen.

Am Westhang der Akademie-Kette, im Einzugsbereich des Flusses Wantsch, liegt im Nebental des Abdukagor der 13 Kilometer lange und eine Fläche von 25 Quadratkilometern bedeckende Bären-Gletscher. Sein Nährgebiet liegt in einer Höhe von 4200 bis 5500 Metern. Er wurde zum wissenschaftlichen Modellgletscher für derartige pulsierende Eisbewegungen. Nach einem großen Gletscherbruch folgt am Bären-Gletscher ein acht Kilometer langes Zungenende in etwa 3000 Meter Höhe. Der vorletzte wissenschaftlich untersuchte schnelle Eisvorstoß dieses Gletschers begann am 22. April 1963. Es kam zu einer Geschwindigkeitserhöhung von einem Meter auf etwa 100 Meter pro Tag. Die Gletscherstirn verlagerte sich um 1600 Meter talab, und ihre Dicke wuchs auf 150 Meter an, während sich weiter oben das Eisfeld um 70 Meter senkte. Der vorstoßende Gletscher unterbrach den Fluß Abdukagor und staute einen See von 80 Meter Höhe mit 25 Millionen Kubikmetern Wasser auf, der bereits am 19. Juni 1963 den Eiskamm durchspülte und zu einer katastrophalen Flutwelle mit etwa 1000 Kubikmetern Wasser pro Sekunde führte. Ende Juni 1963 kam die Zunge des Bären-Gletschers praktisch zum Stillstand. Das Zungenende starb ab und wurde dunkles Toteis, und im oberen Teil begann wieder die Eisakkumulation. Da man weiß, daß bereits 1937 und dann 1951 ähnliche Vorstöße stattfanden, postuliert man eine Pulsationsperiode von etwa 12 bis 14 Jahren. Also war gerade jetzt mit einem neuen Vorstoß zu rechnen. In der Tat begann am 17. 4. 1973 eine vorerst letzte Pulsation. Diese kurzen Zeiträume haben dazu geführt, daß der Bären-Gletscher zu einem Forschungsobjekt der Abteilung Glaziologie des Instituts für Geographie der Akademie der Wissenschaften der UdSSR in Moskau geworden ist.

Auch aus vielen anderen Hochgebirgen der Welt wurden inzwischen pulsierende Gletscher bekannt. Ein fast extremes Beispiel ist der drei Kilometer lange und wissenschaftlich vortrefflich untersuchte Kolka-Gletscher am Nordhang des Kasbekmassivs im Zentralkaukasus. Er hatte sich bis September 1969 völlig normal verhalten, bis er inner-

180

halb von wenigen Tagen einen »heftigen Sprung« talwärts machte. Die Fließgeschwindigkeit des Eises erhöhte sich um mehr als das Tausendfache auf 150 bis 200 Meter pro Tag. Im Zungenbereich vergrößerte sich die Eismächtigkeit um rund 50 Meter, während sich die Oberfläche des Firnbeckens um 20 Meter senkte. Mehr als viereinhalb Kilometer schob sich der Gletscher von September 1969 bis Januar 1970 talwärts. Die Länge der Gletscherzunge hatte sich auf das Zweieinhalbfache vergrößert.

Aus dem Karakorum ist das Beispiel des Yengutsa-Gletschers besonders eindrucksvoll, der sich in einer Woche zirka 13 Kilometer talwärts vorschob und drei Hunzadörfer unter sich begrub. In den chilenischen Anden rückte 1953 der Kutiah-Gletscher in drei Monaten 12 Kilometer ins Tal vor, während der Black-Rapid-Gletscher in Alaska in fünf Monaten etwa fünf Kilometer bewältigte. Auch aus den Alpen wurden derartig schnelle und gelegentlich sich wiederholende Eisvorstöße bekannt, zum Beispiel vom Vernagtferner in den Ötztaler Alpen und vom Grindelwald-Gletscher in der Schweiz.

Wir steigen ab, durch den Eisbruch mit den kleinen Seraks und den chaotischen Eisschollen. Das Eis unter uns ist in schneller Bewegung, aber gleichmäßig schnell, nicht in der hektisch aktiven Art der pulsierenden Gletscher. Ein Gefälleknick im Untergrund läßt das Eis reißen. Es ist später Abend geworden. Die Täler, die das Licht des Tages als letzte empfangen hatten, verlieren es jetzt als erste. Wieder hüllen blaue Farbtöne das Tal ein. Mit ihnen kommt die Kälte von den Bergen. Hungrig und erschöpft stapfen wir talwärts und sind wie am Morgen bald von der Finsternis umfangen, während oben auf den Spitzen der Berge die letzten Sonnenstrahlen nachtwandeln. Die goldenen Pyramiden grüßen noch einmal aus jenen Höhen, in die wir heute aufsteigen konnten. Dann kommen der Mond und die Sterne, die Berge versilbern sich wieder. Einige Wolken ziehen vorbei, und es will mir scheinen, als glitten die Gipfel wie gewaltige Segelschiffe über das unendliche Firmament und nun von uns weg, für die nächsten Monate und Jahre. Der Rückmarsch Richtung Heimat hat begonnen.

Noch einmal ein Paß

Der Rückmarsch einer Hochgebirgsexpedition hat verschiedene Seiten. Für einige ist er ein wehmütiger Abschied, zugleich bedeutet er Rückblick und noch einmal Einblick. Man wünscht sich Zeit und Muße und Rastpunkte, um zu schauen, zu skizzieren, zu fotografieren.

Doch derselbe Rückmarsch ist für die anderen nur eiliger Heimweg, ist schnelles Verlassen des kargen Gebirges, denn die Gipfel sind bestiegen, kein Ziel ist mehr da. Die Verpflegung ist knapp und eintönig geworden. Die Sehnsucht nach der Zivilisation, nach der Familie oder der Freundin und auch nach dem Bierglas ist ganz stark, und so drängt man auf Tempo. Trotz einer bis zuletzt praktizierten Gemeinsamkeit besteht jetzt die Gefahr, daß sich die Gruppe in »Touristen« mit sehr unterschiedlichen individuellen Interessen verwandelt. Der Rückmarsch muß also ein Kompromiß sein zwischen den Extremen, zwischen Wünschen und Realitäten.

So geht es auch uns, als wir über die plattigen Schiefer auf dem Rücken des mittleren Sugran-Gletschers stolpern und rutschen und wir Geologen uns immer wieder umdrehen nach der verpaßten Gelegenheit, nach Objekten, die wir mehr flüchtig streifen als wirklich sehen. Wie große dunkle Walrücken waren sie aus dem schuttbedeckten Eis aufgetaucht, ovale polierte Felskörper, vom Eis gehobelt und geglättet und nun glänzend in der Sonne des wolkenlosen Tages liegend. Nirgendwo besser als dort wären alle Erscheinungen des vom Eis überfahrenen Felsens zu studieren, wäre die Wirkung der »Erosion« des Gletschereises besser zu begreifen. Feine gerade Linien und kerbige Gravuren sind die unübersehbaren Geleise, auf denen der Eiskörper zu Tale fuhr. Dies ist die direkte Handschrift der Talgletscher. Die Griffel waren die im Eisbeton eingefrorenen Geschiebe, die in der unablässigen Eisbewegung kratzten und gravierten. Der Schreibgrund war das anstehende Felsgestein, waren die Kalksteine und Schiefer des alten pamirischen Gebirges. Und gar nicht selten liegen auf dieser »Schreibfläche« die jungen Sedimente des Gletschers, sandig-kiesige Grundmoräne, ein Geschiebemergel. Aber das alles sehen wir nur im Vorübereilen, wie so oft schon auf dieser langen Fahrt.

Wir haben in den zurückliegenden Wochen den eigenwilligen und seltsamen Arbeitsstil des Geologen auf einer Hochgebirgsexkursion in vielen Spielarten kennengelernt. Aus dem Ausnahmezustand eines Kurzaufenthaltes ergibt sich eine seltsame sensible Aufnahmefähigkeit. Fast alle Eindrücke sind einmalig und unwiederbringlich, das haben wir schnell erfaßt. Also muß man trotz körperlicher Erschöpfung alle Beobachtungen rasch festhalten. Die Fotografie ist dabei ein wertvoller und unentbehrlicher Helfer. Die schnell hingeworfenen und das Wesentliche erfassenden Skizzen gewinnen oft den Nimbus einer wahrheitsgetreuen Aufnahme. Ferndiagnosen ohne genaue Kenntnis der bisherigen Forschungsergebnisse werden zur Selbstverständlichkeit, und alle diese Eindrücke müssen notiert werden zwischen Filmwechsel und kurzer Verpflegungsrast und fast immer in Eile. Am Abend dann, wenn die anderen sich erholen, muß man versuchen, die Einzelbeobachtungen zu verbinden und zu deuten. Und gerade hierbei wird der große Unterschied zur heimatlichen Feldarbeit deutlich. Trotz intensiver Detailanalyse wird man zu Hause bei der Auswertung ganz plötzlich Zweifel hegen oder zwischen mehreren Deutungsvarianten auszuwählen haben. Man wird erneut an Ort und Stelle gehen, wird das Gespräch mit der Erde noch einmal beginnen und sich nicht scheuen, nach besseren Auskünften und detaillierteren Antworten ältere Meinungen zu berichtigen. Hier im Pamir muß Phantasie das fehlende Detail ersetzen, und so ist geologisches Arbeiten am Rande einer Expedition gewissermaßen eine Schulung jener Eigenschaft, die in der wissenschaftlichen Routinearbeit zu Hause oft zu verkümmern droht. Eine völlig neue Seite der wissenschaftlichen Alpinistik zeigt sich hierbei. Derartige Expeditionen sind eine vortreffliche Schulung der Phantasie. Geologisches Arbeiten im Rahmen einer auf sportliche Ziele ausgerichteten Hochgebirgsexpedition ist aber auch der aktive Rückblick in die Frühzeit der geologischen Forschung. Da man aus vielerlei Gründen in der Vorbereitungsphase die unübersehbar gewordene wissenschaftliche Literatur nicht hat studieren können, ist man gewissermaßen gezwungen, ganz allein mit seiner allgemeinen geologischen »Bildung« im Tagebuch der Erde unvoreingenommen und damit als forschungsgeschichtlicher Anfänger zu lesen. Das ist eine ungewohnte und deshalb sehr reizvolle Betätigung, die allein schon eine so weite und beschwerliche Reise lohnend macht.

An all diese Zusammenhänge allerdings denken wir jetzt nicht, nur eine leichte Unzufriedenheit schwingt mit, wenn wir vorbeieilen an vielen bemerkenswerten Details der Natur.

Dann aber suchen wir flache Platten aus silbrig glänzendem Schiefer, legen sie aneinander, schaffen ein steinernes Planum und schwitzen dabei, trotz der nun schon von den Bergen einfallenden Kühle. Wir sind zufrieden mit der geschaffenen Ordnung inmitten des Chaos auf der Gletscheroberfläche. Echtes Menschenwerk ist entstanden. Hier werden wir gut schlafen. Altehrwürdiges Schiefergestein als Kopfkissen, unter dem Rücken und unter dem ganzen Körper, ein wahrhaft geologisches Nachtlager.

Beim Umschichten der Schieferplatten haben wir erneut Gold gefunden. In den herumliegenden mausgrauen phyllitischen Schiefern leuchten scharfkantige, goldgelbe Würfel heraus mit ein bis zwei Zentimeter Kantenlänge von respektabler Größe. Es ist allerdings wieder nur »Katzengold«, Schwefelkies oder Pyrit mit wissenschaftlichem Namen. Es ist der Herkunftsort jener Pyrite, die wir weiter unten auf den Schotterfluren des Surchob gefunden hatten. Die Stücke sehen aus wie Gold, lassen zumindest emotionell eine Brücke schlagen zu dem legendären echten Gold und dem Silber des Pamir und der anderen zentralasiatischen Hochgebirge. Wir erinnern uns des Kangchendzönga im nicht allzu fernen Himalaja, der nach der tibetanischen Mythologie die Wohnstätte des Goldes und des Reichtums sein soll. Auf den fünf Eisgipfeln sollen die wichtigsten Kleinodien der Welt wohlverwahrt sein: Gold, Silber, Kupfer, Korn und heilige Bücher. Zur Erinnerung an den mittleren Sugran-Gletscher nimmt jeder von uns die goldenen Würfel lose oder im Schiefer eingeschlossen mit nach Hause.

Als einige Zelte endlich stehen und wir anderen unsere Matten und die Schlafsäcke unter freiem Himmel ausrollen, wird es schon wieder dunkel. Die vielleicht eindrucksvollste Hochgebirgsnacht dieser Fahrt bricht an. Ein sehr schöner Berg ragt vor uns im Süden in den Himmel, der 5828 Meter hohe Pik Lipski, benannt nicht nach unserem heimatlichen Leipzig, sondern nach dem russischen Botaniker, Geographen und Gletscherforscher Lipski, der von 1899 bis 1905 hier im nordwestlichen Pamir in den Gebirgen zwischen Muksu und Obichingou und in der Darwas-Kette südlich des Obichingou wissenschaftlich arbeitete und der 1902 eine »Flora Mittelasiens« in den Publikationen des Tifliser Botanischen Gartens veröffentlichte. Der massige Berg erstrahlt in feierlicher Beleuchtung zunächst feuerrot in der untergehenden Sonne, dann dunkelrot und unten schon blau, bis schließlich nur ein glühender Punkt an der Spitze des Berges verbleibt. Dann ist nur noch der Himmel gerötet, und das Bergmassiv steht wie eine schwarze Kulisse davor. Als schließlich auch der Himmel dunkler wird und die absolute Stille des Kosmos auf die Erde gekommen ist, beginnt das nun schon oft erlebte und immer aufs neue bezaubernde Augustschauspiel der Sterne, eine Parade des Universums, ein Blick in die Weite des Weltraums, in dem es keine irdischen Entfernungsmaßstäbe gibt, sondern nur noch Lichtjahre und ähnliche unvorstellbare Dimensionen. Stern auf Stern erscheint am Himmel. Der Hintergrund, eben jene unendliche Weite, ist viel dunkler als zu Hause, weil auf Grund des kontinentalen Klimas kein Dunst die Realität verfälscht, wie ja auch am Tage das blaue Streulicht aus dem gleichen Grunde hier oben viel dunkler ausfällt als zu Hause der Himmel selbst an der See und im Gebirge. Und weil der Hintergrund dunkler ist, leuchten die Sterne um so heller, und weil der verschleiernde Dunst fehlt, werden hier auch Sterne deutlich erkennbar, die in Europa unsichtbar bleiben. Hier oben ist man dem Weltraum näher, hier kann man am ehesten begreifen, daß die Erde mit ihren 12756 Kilometern Äquatorial-Durchmesser eben auch nur ein Himmelskörper ist wie die Milliarden oben über uns. Aber auf dem Stern Erde leben wir, seine Materie, seine Gesteine haben wir unter den Füßen, und seine Dimensionen prägen letztlich auch alles menschliche Maß. Wenn wir uns sechs Wochen durch den Pamir geschunden haben, werden wir schließlich 250 Kilometer zurückgelegt haben, und was ist das schon gegenüber jenen Dimensionen da oben?

Als Claudius Ptolemäus im 2.Jahrhundert von der Universität Alexandria aus die Lehre verkündete, die Erde sei der Mittelpunkt des Universums, konnte man gewiß sein, daß irdische Maßstäbe überall etwas galten. Im Brennpunkt der kosmischen Welt zu existieren war beruhigend. Aber dann drang jene Entdeckung in die Welt, die um 1530 von Nikolaus Kopernikus ausging und welche die Sonne zum Mittelpunkt des Weltalls erhob. Galileo Galilei und Johannes Kepler ließen mit ihren Berechnungen und ihren Gesetzen keinen Zweifel aufkommen, daß diese neue Weltanschauung zu Recht bestand. Die Erde mit ihrer Lufthülle und ihrem Leben war zum Staubkorn des Universums geworden.

Ich liege auf der Matte, warte auf den Schlaf in der dünnen Hochgebirgsluft und starre hinauf in das glitzernde Sternengefunkel der Milchstraße. Das ist unsere Sternenheimat, ein flacher Spiralnebel, in dem scheinbar Stern neben Stern liegt. Der schräge Blickwinkel von der Erde führt zu diesem Trugbild, denn in Wahrheit liegen sechs bis sieben Lichtjahre zwischen den einzelnen Sternen. Das ist die wahre Raumordnung einer Galaxis. Meine Gedanken sind nach dem langen Tag schwerfällig geworden. Ich grübele noch eine Weile unscharf hin und her, schaue hinauf mit müdem Blick – und dann muß ich eingeschlafen sein unter den Sternschnuppenfällen dieser herrlichen Augustnacht.

»Noch einmal ein Paß«, sagt Sascha am nächsten Morgen, »da müssen wir hinauf.« Wulf schildert kurz das Programm für den Tag: »Der einzig begehbare Übergang hinüber ins Tal des Obichingou ist der südliche Peschi-Paß am Nordhang des Pik Naprawljajuschtschi, der bis 5140 Meter aufsteigt. Der Paß ist 4500 Meter hoch. Die Aufstiegsrinne ist steinschlaggefährdet, also größte Vorsicht! Schaffen wir den Paß nicht, müssen wir den ganzen bisherigen Weg zurück. Das heißt also, wir müssen es schaffen! Von dort oben gibt es dann nur noch Abstieg.«

Steil baut sich der Berghang vor uns auf, unten erst lange Geröllfelder, dann Firnschnee und weiter oben wieder Schutt und Geröll und einzelne felsige Inseln. In Dreiergruppen steigen wir in die ausgewählte Route ein. Ab und zu schießen tatsächlich Steine herunter. Erstmals vermissen wir die zu Hause gelassenen Helme. Kurz vor mir wirft sich Wolfram plötzlich hinter die Kraxe. Ein Stein schlägt auf den Rucksack und springt dann über ihn hinweg. Das war prächtiges Reagieren und auch Glück. Der Aufstieg wird immer schwerer. Salziger Schweiß fließt in Strömen. Die Steilheit nimmt zu. Am ersten Schneefeld müssen wir die Steigeisen anlegen. Jetzt geht es sich gut, aber als die Schneefläche unvermittelt wieder aufhört, lassen wir die Steigeisen an den Schuhen, stapfen wie hufeisenbeschlagene Rösser durch das Schiefergeröll, rutschen aus, klemmen uns fest an größere Platten und gewinnen nur langsam an Höhe. Es ist wieder echte Hochgebirgsschinderei mit Gefahren und brennenden Augen, hautverbrennender UV-Strahlung und schnellem Herzschlag. Die Kraxe zieht schwer am Rücken. An den Füßen haben wir gottlob das Gefühl verloren. Immer wieder will man sich hinwerfen zu längeren Pausen, aber man zwingt sich zu weiteren Schritten. So ist echte Hochgebirgsbergsteigerei eine Mischung von Schwäche und Willensstärke. Auch wenn die physische Leistungsgrenze längst erreicht oder gar überschritten ist, geht es noch immer weiter durch einen inneren Zwang. So wächst der Mensch im Hochgebirge gar nicht selten über sich selbst hinaus, weil die Berge Macht über ihn haben, Emotion und Physis in gleichem Maße ansprechen.

Es begann im 18. Jahrhundert in den Alpen. Man fing damals an, in die Berge zu steigen, immer höher hinauf, bald auch als Helfer der Wissenschaft, oft aber nur in eigener Sache. Man eroberte eine Welt der Superlative, in der die höchsten Berge und die tiefsten Täler liegen, wo es die wasserreichsten Flüsse und die höchsten Pässe gibt, wo sich die Wolken an den Bergzacken verhaken und als zerfetzte Fahnentücher hängenbleiben, eine Welt rauher und einmaliger Schönheit. Der Alpinismus ist heute längst zu einem wichtigen und extremen Ausgleichssport geworden zur vorwiegend stationären Lebensweise des modernen Menschen, zu einem Mittel zwischen moderner Kultur und Technik und einer uralten Verehrung der Natur. Echter Hochgebirgstourismus und Alpinismus sind somit auch eine Reminiszenz an die Anfänge der Menschheit. Die Probleme des Lebens reduzieren sich auf ganz einfache Dinge: Werden wir Wasser finden und Holz, werden wir ausreichend Nahrung haben, wird sich das Wetter günstig halten, und wird der Fluß passierbar sein? Das sind alles Dinge, die im gewöhnlichen Alltag heute gar keine oder nur eine sehr untergeordnete Rolle spielen. Wie zu jener frühen Zeit ist Alpinismus Isolation und damit Kontaktarmut, Zusammensein mit wenigen Menschen über viele Wochen, mit denen man in völliger Abhängigkeit lebt und eigentlich ohne all das, was man Privatleben nennt. In dieser Einsamkeit wird der Mensch ein scharfer Beobachter.

Zu einem zunächst unscheinbaren und später doch bemerkenswerten Bergrücken steigen wir jetzt keuchend und unter der ständigen Gefahr des Steinschlages hinauf, erreichen spitze Felszacken, die aus dem Schnee ragen wie gewaltige Paßwächter. Schon glauben wir oben zu sein, erblicken dann aber ein letztes Hindernis. Vor uns steigt noch einmal ein nicht allzu langer weißer Firnhang auf, wird steiler, immer steiler, geschmückt mit den bizarren Figuren der freien Ablation, die Abschmelzprozesse unter der steilen Sonne Mittelasiens schufen. Es ist Büßerschnee, der Zackenfirn, den wir jetzt unter den Füßen haben. Vor allem in Höhen ab 4500 Metern tauen die Eis- und Firnschneedecken merkwürdig unterschiedlich nieder. Es bilden sich eigenartige, in diesen Breiten etwa 20 Grad aus der Lotrechten nach Süden geneigte Eisspitzen, die durch Rauhreifbildung zu wachsen beginnen. Sonneneinstrahlung und Albedo, die Streureflexion, sind besonders an der Modellierung beteiligt. Sie erwärmen die umgebende Luft und setzen sie in Turbulenz. Ein Teil des Eises der Umgebung »verdampft«, und an den Eisspitzen kommt es zur Kondensation und zu einem Wachstum von 3 bis 15 Millimeter pro Tag. Dezimetergroße Figuren, die an in weiße Laken gehüllte Menschen erinnern, erheben sich auf der Schneefläche, sogenannte Penitentes.

Ganz oben endet der eiszackengeschmückte Firnhang an einem neuen Hindernis, an einer steilen, senkrechten bis überhängenden Mauer aus Eis und Schnee, drei bis fünf Meter aufragend in den tiefviolettblauen Himmel. Es ist eine jener Wächten, welche die südwestlichen Winde hier oben an allen Graten anwehen zu mächtig überhängenden Schneebalkonen. Es sind dynamische Ausgleichsformen zwischen der scharfen Gratkante und der Windbewegung. Im Luv der Hänge kommt es zu einer Verdichtung der Stromlinien der Windbewegung durch Druck an den Hang und damit zu einer Steigerung der Transportleistung. Permanent wird der Schnee angeliefert, auch wenn kein Schneefall ist. Es ist umgelagerter Schnee aus tieferen Bereichen der Luvseite. Beim Überströmen des Grates aber geht schlagartig diese Transportkraft des Windes verloren, und die reiche Schneefracht wird leeseitig abgelagert in gewaltigen Schneekörpern. Da sich aber am Leehang ein kräftiger Windwirbel ausbilden muß, besitzen diese Wächten an der Unterseite fast immer eine oft metergroße kolkförmige Hohlform. Und vor einem derartig ausgekolkten Wächtensteilrand stehen wir jetzt und sind somit noch einmal zum Ursprung der Gletscher ge-

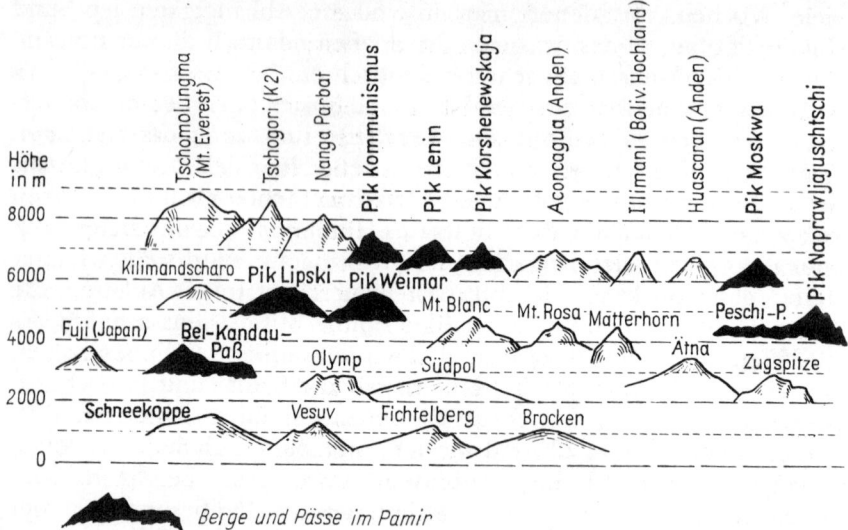

Einige Gipfel des Pamir im Vergleich zu anderen Bergen der Erde

langt. Vorgestern sahen wir sie im hinteren Schini-Bini-Kessel an den Hochkämmen als die eigentlichen primären Akkumulationsstätten des Schnees. Indem wir uns jetzt einen kräfteraubenden Weg durch diese Schneewand schlagen, erleben wir in engstem Kontakt und aus nächster Nähe diesen wirklich allerersten Anfang der langen Talgletscher.

Als wir schließlich von Sascha und Hans das letzte Stück mit dem Seil heraufgezogen werden und völlig erschöpft den Grat erreichen, müssen wir froh sein, daß uns das windstille, wolkenlose Sommerschönwetter noch immer treu geblieben ist. Würden jetzt die westlichen Winde hier oben arbeiten, könnten wir auf der freien Gratkante vermutlich nicht stehen. Es wäre unmöglich, so durchschwitzt, wie wir sind, hier oben längere Zeit zu verweilen. Aber so können wir uns in 4500 Meter Höhe niederlassen zu einer längeren Rast.

Es ist ein traumvoll schönes Panorama, ein würdiges Abschiedsbild. Unter uns schwingt der untere und mittlere Sugran-Gletscher aus einer Nord-Süd-Richtung in engem Bogen nach Osten, weitere 14 Kilometer hinauf bis zu einem großen und hohen Bergmassiv, dessen Gipfelpartie eine Wolkenfahne angehängt hat. Es ist der berühmte Pik Moskwa, der früher Pik Sydow hieß und mit 6785 Metern zu den höchsten Bergen des Pamir gehört. Es ist der höchste Gipfel der Peter-I.-Kette. An seiner Ostflanke »entspringt« der 20 Kilometer lange Fortambek-Gletscher, der auch vom Pamirfirnplateau eine gewiß nicht geringe Eiszufuhr erhält. An den Westhängen dieses Massivs liegen die Wurzeln des Murmeltier-Gletschers, der fast bis zum Fuß des Peschi-Passes ein schuttfreier Blankeisgletscher ist. In mehreren schwungvollen Windungen schlängelt er sich etwa 14 Kilometer durch das obere Sugran-Tal, absteigend von etwa 4500 Metern über dem Meeresspiegel oben in den Firnkesseln am Fuß des Pik Moskwa bis auf 2900 Meter an der Stirn des Sugran-Gletschers. Mehrere Mittelmoränen zieren das lange schmale Gletscherband von Anfang bis an den Talknick unter uns und lassen einen entfernten äußeren Vergleich mit einer mehrspurigen Autobahn aufkommen. Das helle Eis ähnelt den Fahrbahnen aus Beton, und die langgezogenen Moränengirlanden sind die »Grünstreifen« dieses Vergleichsbildes. Die Mittelmoränen aus feinem und grobem Gesteinsschutt sind die Grenzmarkierungen der Teilströme, aus denen sich der lange Talgletscher zusammensetzt. Mittelmoränen sind in erster Linie vereinigte Seitenmoränen. Dort, wo sich an dem Zusammenschluß zweier Täler auch zwei Talgletscher treffen, vereinigen sich die Randmoränen der beiden Talgletscher zu einer von Eis umschlossenen Mittelmoräne. Diese Zweigliederung sieht man den Mittelmoränen öfter auch nach vielen Kilometern noch an, weil sich morphologisch auf ihnen eine deutlich gekennzeichnete Trennfuge oder ein gekielter Grat erhalten hat.

Daß sie aber auch anders entstehen können, hatte ich selbst auf dem oberen Serawschan-Gletscher im Mattschagebiet beobachten können. Ich war mit Bernd den großen Talgletscher weit hinaufgestiegen, viel weiter als die Mehrzahl unserer Kameraden, die versuchten, in der Kette des Pik Tschuronski am Mir-Amin-Gletscher einen etwa 5000 Meter hohen Gipfel über einen sehr schwierigen Gletscherbruch anzugehen. Zwischen Igla (5304 Meter) und Obryw (5029 Meter) bog der von der Stirn bis hierher Südwest-Nordost orientierte Serawschan-Gletscher nach etwa 22 Kilometern unterhalb des Mattscha-Passes scharf nach Nordnordwest um. Noch weitere sechs Kilometer zog er sich hinauf in ein etwa einen Kilometer breites Felsental, das am Kschemysch-Baschi-Massiv (5282 Meter) endete. Im Knickbereich des Serawschan-Gletschers zogen breite Querspalten über das Eis, wie die Speichen eines gewaltigen Rades. Auf der westlichen Seite lagen die Spalten dicht beisammen, waren relativ geschlossen und deshalb leicht zu übersteigen, während sie auf der nordöstlichen Wendeseite in immer weiteren Abständen auseinanderstrebten und teilweise weit geöffnet waren. Das auffälligste Phänomen dieses Gletscherknickes allerdings war eine große flache Senkungs- und Ablationswanne, die angefüllt war mit wäßrigem Schneematsch. Wenig oberhalb stießen wir auf klare Schmelzwasseraustritte im Gletscherblankeis und auf glasklare Wassertümpel von wenigen Metern Durchmesser auf der Eisoberfläche, in denen Luftblasen aufstiegen, und dann auf große Schlucklöcher im weißblauen Eis, in denen breite flache Gletscherflüsse verschwanden, als wären sie vorher nie vorhanden gewesen. Dann gingen wir durch ein Feld Büßerschnee. Eine große Libelle schwebte seltsamerweise von Eisspitze zu Eisspitze. Das Zackeneis verlor sich in niedrigen Gletschertischen, und plötzlich waren wir inmitten eines Schuttwalls, einer Mittelmoräne, auf der wir nun gletscheraufwärts stiegen, bis sich die Blöcke und Platten aus magmatischen Gesteinen im Eis verloren. Und hier stutzten wir, denn es war ja mitten im Eis, kein Seitengletscher mündete ein, kein aufragender Fels durchspießte den Eisstrom. Ganz plötzlich lagen wie von Geisterhand daraufgestreut Felsblöcke, erst einzelne, dann immer mehr, sich schließlich verdichtend zu einer Mittelmoräne, die gletscherab zog bis hinter den Talknick. War es eine große Felssturzmasse, die weiter oben auf das Eis gefallen war und die sich auf dem bergabfahrenden Eis auseinanderzog? Oder war es das Auftauchen einer sogenannten versenkten Mittelmoräne, die weiter oberhalb im Eis verborgen lag und deshalb erst hier an der Oberfläche sichtbar wurde? Wir mußten damals umkehren, es war Abend geworden, und so wissen wir zwar bis heute keine genaue Antwort auf diese Frage, aber gewiß ist, daß diese Mittelmoräne dort oben auf dem Serawschan-Gletscher nicht aus vereinigten sichtbaren Seitenmoränen entstanden ist.

Hier nun, am oberen Sugran-Gletscher, liegen die Verhältnisse klarer, denn der Eisstrom spaltet sich weiter oben auf in mehrere Eisloben, die begrenzt werden von steilen Felsketten, von denen Geröll herunterstürzt, das sich als Randmoräne seitlich anhäuft. Vereinigen sich zwei dieser Gletscher, zieht von dieser Stelle an eine schuttreiche Mittelmoräne talwärts. Drei bis vier derartige Mittelmoränen sind deutlich zu erkennen, einige weitere bedeutend unschärfer. Als wir vorhin die auslaufenden Mittelmoränen überstiegen, konnten wir beobachten, daß schon in geringer Tiefe die Geröllauflage von fast blankem Eis mit steilstehender Eisschichtung und Eisblätterung unterlagert wird. Das Eis erhält durch den Schutt einen wirksamen Ablationsschutz. Das ist auch der Grund, warum diese Mittelmoränen sich manchmal dammartig erheben gegenüber den anderen Bereichen des Gletschers. Die Gletscherforscher Visser und Lichtenecker glaubten, nicht zuletzt auf Grund derartiger Beobachtungen, daß die ausgetauten Mittelmoränen stets den Beginn des Gletscherzehrgebietes anzeigen, also jenen Bereich, in dem die Abtauprozesse zur beherrschenden Kraft des Gletschergeschehens werden.

Längst schon wird unser Blick gefesselt von einem anderen lehrreichen Bild, das direkt unter uns beginnt und hinaufreicht zum Gipfelmassiv des Pik Lipski, der unserem Paß, nur getrennt durch Pik Naprawljajuschtschi, im fortstreichenden Kamm gegenüberliegt. Unsere Bergsteiger visieren die steilen Felswände an, würden nun doch am liebsten hier oben ein Lager aufschlagen und auf den nahen Gipfel von 5139 Meter Höhe steigen. Ich selbst würde gern eine andere, aber noch gefahrvollere Route gehen, nämlich einsteigen in den Einschnitt zwischen den beiden Bergen. Vom Pik Lipski fallen die Felswände steil ab in einen amphitheaterartigen Kessel. Oben hängen die Wächten wie hier am Peschi-Paß, aber viel mächtiger und weiter geschwungen. Oft werden Lawinen abgehen und hineinstürzen in diese Felswanne. Und so muß sich dort unten das Gletschereis sammeln zu weiterer Wanderung ins Tal. Steil fällt der eisverdeckte Felsuntergrund ab, etwa 1000 Meter dürfte auf diesem kurzen Stück der Höhenunterschied zwischen dem Lawinenkessel unterhalb des Pik Lipski und dem Sugran-Gletscher betragen. Also entsteht ein Gletscherbruch. Das Eis ist zerhackt und zergliedert durch Querspalten und oft mehrere Dekameter versetzt. Kaum ist das steilste Gefällestück überwunden, lösen sich diese großen Gletschereisschollen auf in einer turbulenten, brandungsartigen Masse: kleinstückiges Eis mit Fließwülsten, das sich anschickt, wieder zu einem normalen massigen Gletscher zusammenzusintern. Ist das nur in Ansätzen geschehen, bilden sich wieder Querspalten aus, die sich im fließenden Eis halbkreisförmig talwärts ausbuchten. Weil die Mittelpartie am schnellsten fließt und die Randbereiche durch die Reibung am Fels zurückbleiben, müssen sich die primär geradlinigen Querspalten talwärts ausbuchten. Die von diesen Spalten begrenzten schmalen Schollen verbiegen sich zu bananenartigen Eiskörpern. Dieser schnelle Seitengletscher, den wir für uns Lipski-II-Gletscher nennen wollen, fließt nun hinaus in das Sugran-Tal. Er fließt auf den Hauptgletscher auf. Und da dieser Nebengletscher einen reichen Eisnachschub hat, schiebt er die linke Seitenmoräne des Sugran-Gletschers in einem eleganten Bogen weit auf die andere Gletscherseite und zugleich auch alle Mittelmoränen und legt eben diese bananenförmigen Eiskörper auf den Hauptgletscher auf. Sie werden unter langsamem Abschmelzen talwärts gefahren. Wenig unterhalb wird zudem das ganze Gletschereis von einer zunehmend geschlosseneren grauen Schuttschicht überdeckt. Der Lipski-II-Gletscher unter uns zeigt das Phänomen der sogenannten aufgeschobenen

Gletscher in eindrucksvoller Weise, ein Gletscherphänomen, das wir in vielen Hochgebirgen der Welt finden.

Es ist windstill, die Sonne scheint warm auf den südlichen Peschi-Paß. Wir möchten hier bleiben für einige Stunden, um auszuruhen vom strapaziösen Aufstieg, um noch einmal ausgiebig die Höhe des Gebirges zu genießen. Aber wir werden gleich absteigen müssen von diesen 4480 Metern, werden in wenigen Stunden in nur noch 3000 Metern über dem Meer heimatlichen Höhen bereits wesentlich näher sein.

Das Gletschertor des Dewlachan

Wir sitzen noch immer in der Sonne oben auf dem südlichen Peschi-Paß, denn wir wissen, daß es eine Abschiedsstunde ist. Gleich beginnt der wirkliche Heimmarsch, kommt ein Abschied von einem Gebirgsland, das sich hier noch einmal in seiner Größe und Schönheit zeigt. Vor allem der Blick nach Westen auf den Talbogen des Dewlachan-Gletschers mit dem »Matterhorn« des nordwestlichen Pamir, dem Pik Tyndall, ist eindrucksvoll. Von diesem Gipfelmassiv fallen drei Seitengletscher nach Süden ins eiserfüllte Tal, oben weiß leuchtend vom frisch gefallenen Neuschnee, weiter unten schuttbedeckt. Etwa 1500 Meter unter uns liegt im grauen Gesteinsschutt das Eis des 13 Kilometer langen Dewlachan-Gletschers begraben. Dort hinunter werden wir jetzt absteigen müssen.

Die Kameraverschlüsse arbeiten noch einmal auf vollen Touren. Jürgen, unser eifrigster Reporter, schießt Paßbilder, wie er sagt. Wir machen es ihm nach, und später tauschen wir jene Erinnerungsfotos aus, auf denen wir selbst festgehalten sind.

Dann aber kommt zum letzten Male Saschas Höhenaufbruchskommando »Podjom«! Der Abstieg beginnt. Der lange Firnhang hinunter sieht leicht aus und ist es auch, aber die Sonne hat den Schnee aufgeweicht und klebrig gemacht. Ich beobachte beim Abstieg ein einige hundert Meter unter uns liegendes Plateau. Große Schuttwälle schwingen halbkreisförmig nach Norden aus. In den Depressionen dieser Schuttwälle liegt Neuschnee, der noch nicht wie auf den Kämmen weggetaut ist. Es sind ganz eindeutig Endmoränenbögen eines separaten Hängegletschers, der früher hier oben dem Steilhang des Pik Naprawljajuschtschi anhing und der vom Schnee der Gipfelregion gespeist wurde, sich dann hinunterschob bis auf das Plateau und früher gewiß noch weiter bis zum Hauptgletscher. In einer Rückzugsperiode aber hatte er mehrere Stillstandsphasen auf dem Plateau. Danach aber schmolz er ab bis auf verschwindend kleine Reste ganz oben am Hang. Und während ich das denke, muß ich einige unachtsame Schritte getan haben. Gewiß hatten sich, ohne daß ich es merkte, die Steigeisen im Pappschnee verklebt, und ehe ich recht begreife, was geschieht, rutschen mir die Füße weg, und ich fahre mit dem 40 Kilogramm schweren Rucksack den steilen Firnhang hinunter, immer schneller auf das Plateau zu mit den steinigen Wällen. Erstaunlicherweise denkt man in solchen Situationen sogar und handelt. So ziehe ich den an einer Schlaufe am Arm hängenden Eispickel an mich heran und versuche mit der Spitze zu bremsen. Erst gelingt es gut, aber als ich schon an einen Erfolg glauben will, muß ein großer Stein in der Fahrbahn gelegen haben. Es gibt einen furchtbaren Schlag und einen Ruck, und dann verspüre ich nur noch Schmerzen in der rechten Schulter. Willenlos lasse ich mich weiterfahren. Einmal noch werde ich über meinen Rucksack geschleudert, wieder empfinde ich den stechenden Schmerz in der Schulter – und dann ist Ruhe und Stille. Ich bleibe erst einmal liegen, lausche in mich hinein, ob wenigstens in mir alles beieinander ist. Erst dann schaue ich auf. Wenige Meter vor dem ersten Moränenwall bin ich liegengeblieben. Ein großer Stein, auf den der Rucksack auffuhr und mich dann hinüberwarf, muß die Fahrt entscheidend gebremst haben. Wäre ich auf den Steinwall voll aufgetroffen, hätte es übel ausgehen können. Während ich das alles ganz gelassen überdenke, meldet sich plötzlich wieder der Schmerz in der Schulter. Ich versuche mich aus dem Rucksack zu fädeln und aufzustehen, und erst jetzt bemerke ich den Schaden, den ich wirklich genommmen habe. Der rechte Arm gehorcht nicht mehr auf gewohnte Weise, ist verrenkt und verstaucht. Mich befällt Angst. Wie soll ich denn mit einem solchen Arm den schweren Rucksack auf den Rücken bekommen, wie erst soll ich ihn tragen, und wie soll ich die schweren Bergschuhe an- und ausziehen? Doch dann höre ich eine Stimme, Jürgen kommt mit der Gewandtheit eines erfahrenen Skiläufers den Firnhang herunter und ist bald bei mir. Jetzt ist es gut, daß er sich als Verbandstrainer unserer Ringer mit solchen Defekten bestens auskennt. Lachend kommt er auf mich zu: »Junge, du hast ein Glück gehabt, ich glaube fast, du bist noch ganz gut beisammen.« Ich erzähle sofort von der Schulter, und als er meine Sorgen bemerkt, sagt er: »Das ist ganz bestimmt eine Kleinigkeit.« Wenige geschickte Handgriffe erzeugen ein Knacken, noch einmal ein kurzer Schmerz, und dann merke ich, daß der rechte Arm wieder ganz mir gehört. Ich kann ihn wieder frei bewegen. Ein Stein fällt mir vom Herzen. Doch Jürgen ist noch nicht fertig mit der Reparatur. Er sah sofort einen dünnen Blutfaden, der aus dem Ärmel des Anoraks rieselte. Jetzt ist er in seinem »chirurgischen« Element. Sepso, Salben und Verbände wechseln den Besitzer. Mein rechter Ellenbogen ist aufgeschlagen. Ich bin verbunden und wieder völlig auf den Beinen, als der letzte von uns den tückischen Firnhang hinter sich hat. Auch Renate ist ein Stück unfreiwillig abgefahren. Wieder geht es abwärts über groben und gröbsten Schutt, dann kommt ein See mit kristallklarem Wasser mit einem Wasserzufluß von den tauenden Firnschneefeldern weiter oben. Nirgends können wir einen Abfluß entdecken. Auf unsichtbaren Bahnen muß das Wasser durch den steinigen hohlraumreichen Untergrund sickern hinunter zum eis-gefüllten Tal.

Hinter dem See wird es wieder sehr steil. Ich gehe jetzt doppelt vorsichtig. Losgetretene Platten und Blöcke schießen und springen den Schutthang hinunter und bringen erneut Gefahr. Eine kleine Gruppe entschließt sich zu einem Umweg, der belohnt wird. Wir treffen auf eine blumenbestandene Almwiese. Am Rand stehen niedrige kriechende Büsche von blühendem Hochgebirgsrhododendron. Unmittelbar dahinter erhebt sich das gewaltige Felsbauwerk des Pik Tyndall zwischen Dewlachan- und Oschanin-Gletscher. Ruhe finden wir auch an diesem einladenden Ort nicht, denn die anderen sind ja einen direkten Weg gegangen, und so eilen wir eine leichte Schutthalde und dann einen naßrutschigen Grashang hinunter zum Dewlachan-Gletscher (Lewlokhan-Gletscher), der von den Glaziologen und Alpinisten der Alpenvereinsexpedition 1913 den Namen Finsterwalder-Gletscher nach dem Senior der deutsch-österreichischen Gletscherforschung Professor Sebastian Finsterwalder erhalten hatte. Inmitten des grauen Schuttes auf der Gletscheroberfläche treffen wir auf Wulf und Wolfram, und nach nicht allzu langer Wegstrecke erreichen wir die Gletscherstirn.

Sehr darauf bedacht, auch das letzte Stück Gletscher ohne Schaden hinter uns zu bringen, steigen wir vorsichtig in der etwa 40 Grad steilen Eisstirn ab, die seitlich von tückisch-nassem Schutt bedeckt ist. Etwa 40 oder 50 Meter mag das Eis hier abfallen. Wir schauen uns um. Eine Mauer aus oberflächlich dunklem Eis begrenzt das Tal nach Norden. Eine große gähnende Öffnung im Eis liegt unmittelbar vor uns, ein Gletschertor von etwa 10 Meter größter Höhe und 15 bis 20 Meter größter Breite, ein gewaltiges Mundloch im Eis. Es ist der Eingang in jenes geheimnisvolle Labyrinth von natürlich gewundenen Tunneln, Gängen und Kavernen unter dem Eis, die wir am Anfang des Sugran-

Gletschers als Einsturzformen, als Eiscanyons, Eispingen und Gletschersümpfe kennenlernen konnten. Weit und ein wenig gefahrvoll schwingt sich der Eisbogen eines natürlich entstandenen Deckengewölbes über einen geräuschvoll aus dem Eis hervortretenden Schmelzwasserfluß. Verdunstungsprozesse haben das Eis an der Decke napf- und wabenförmig austauen lassen. Türen, Portale, Stollenmundlöcher, kurzum alle Eingänge wirken auf die Menschen nicht selten mit magischer Kraft. Kinder wie Erwachsene drücken eine Türklinke herunter, um zu sehen: Ist der Eintritt in einen unbekannten Raum mit Überraschungen und Risiken gestattet? Wer hat nicht schon die Anziehungskraft jener großen gotischen Portale an den Kathedralen Europas empfunden und dann jene Enttäuschung erlebt, daß gerade diese Portaltüren verschlossen und ganz unscheinbare Seitenpforten offenbar recht waren für einen zugelassenen Eintritt. Ganz ähnlich wirkt das große Portal aus Eis. Es lädt ein zu einer Exkursion in die »inneren Organe« dieses kilometerlangen Lindwurmes aus Eis. Und folgten wir dieser verlockenden Aufforderung, so würden wir in ein überdimensioniertes Netz von Wasseradern gelangen und müßten bald ankämpfen gegen das entgegenkommende Schmelzwasser, das die Gänge und Tunnel hier am Gletscherende nur teilweise und weiter oben vollständig ausfüllt. Aus allen Abtaubereichen des langen Talgletschers fällt das Tauwasser schwebstoff- und geröllbeladen in das untertunnelte und durchaderte Eis. Aus einem Geflecht von Kapillaren werden Adern, die schließlich in einem einzigen vereinigten Strom mit großer Kraft das Eis verlassen. Würden wir der Aufforderung zu einer Exkursion im Gletschereis folgen, würden wir bald frieren in den Tiefen dieses Kühlhauses. Die Temperaturen im Gletschereis liegen in der Regel wenig unter 0 °C. Es ist eine Temperaturabnahme von nur 0,01 °C je hundert Meter Eistiefe feststellbar. Das entspricht etwa dem Druckschmelzpunkt des Eises. Gletscher, deren Eismassen diese Temperaturen aufweisen (wenn man einmal von einem oberflächennahen Bereich von etwa 10 bis 15 Metern absieht, in dem sich die Jahresschwankungen der Lufttemperatur auswirken können), werden mit einem etwas unglücklichen Terminus als »temperierte« Gletscher bezeichnet. Im Gegensatz dazu gibt es Gletscher mit einem völlig anderen Temperaturregime. Erstmals hatte die Expedition A. Wegeners 1930 derartige Beobachtungen aus dem grönländischen Inlandeis bekannt gemacht. Wegener und E. Sorge hatten in der berühmten Station »Eismitte« Eistemperaturen gemessen, die nach der Tiefe erheblich abnahmen und mit minus 29 °C wesentlich unter dem Druckschmelzpunkt des Eises lagen. Das sind die »kalten« Gletscher.

Noch zögern wir mit dem Eintritt in das Eistor, obwohl das austretende Schmelzwasser einen randlichen Gehweg zumindest so weit freiläßt, wie das Tageslicht hineinreicht und eine seltsame graubläuliche Farbigkeit von der Decke wirft.

Gletschertore sind vergängliche Gebilde, bemerkenswerte und spezifische Formen einer inneren Ablation, die vom gletscherinternen Wasser und von den Luftströmungen in den Schmelzwasserkanälen ausgeht. Zwei Jahre später erhalte ich von Paul Ullmann aus Halberstadt ein bemerkenswertes Foto. Wir hatten zu Hause von dem Gletschertor erzählt, und seine kleine Gruppe wollte es dann besuchen, erreichte auch die Stirn des Dewlachan-Gletschers und fotografierte sie. Das Farbbild hat mich als Geologen bewegt. Die fortschreitende Ablation hatte das großartige Eistor zerstört. Der Gewölbebogen war zu weit geworden und eingestürzt oder war während eines Erdbebens zusammengebrochen, eingefallen zu einem einzigen Trümmerhaufen aus weißgrauen Eisblöcken, zwischen denen sich das Schmelzwasser mühsam einen Weg bahnte. Gletschertore sind also sichtbare Charakterbilder all jener Prozesse im Eis, die man wissenschaftlich als »Massehaushalt des Gletschers« umschreibt, und das sind die Änderungen der Eismasse in Raum und Zeit. Da es sich hierbei um eine wichtige Kenngröße zur Beurteilung von Schmelzwasserabflußmengen handelt, mag uns dieses Thema weiter interessieren. Der Massehaushalt von Gletschereis ist das Wechselspiel von Einnahmen und Ausgaben, von Akkumulation und Ablation. Zur Akkumulation zählen alle Vorgänge, die Schnee und Eis zuführen, also Schneefall, Lawinenabgang, Treibschneesedimentation, Reifbildung und Wiedergefrieren von Schmelzwasser. Ablation sind alle Eis- und Schneeverluste am Gletscher wie Schmelzen, Abfluß und Verdunstung, ergänzbar durch die Eisverluste infolge Erosion. Nirgendwo dürfte die Ablation intensiver wirken als an den 40 bis 45 Grad geneigten Eishängen der Gletscherstirn. Hier am Ende des Dewlachan-Gletschers ist sie besonders intensiv, denn genau nach Süden zeigt dieser Eishang. Die Sonne brennt mit höchster Intensität auf das grauschwarze weißfleckige Eis. Es taut und taut, jeden Tag aufs neue, etwa 15 bis 20 Zentimeter am Tag, und die Folgen sehen und hören wir. Ununterbrochen werden die im Eis eingebackenen Geschiebe ausgetaut, poltern und stürzen die Eiswand hinunter und schlagen auf im Geröllfeld vor dem Eis. Das Eingangstor ist bewacht von den Scharfschützen der Ablation. Ein Einstieg ist also unmöglich. Respektvoll ziehen wir uns ein wenig zurück. Die Eisstirn ist zudem überzogen mit unzähligen gewundenen und auch geraden Schmelzwasserrinnen. Unmittelbar über dem Gletschertor enden sie im Nichts. Das Wasser fällt herunter, kleinere und größere Wasserfälle liegen neben dünnen silbrigen Wasserfäden. Also bleiben wir sitzen und schauen noch eine ganze Weile den tosenden Wassermassen zu, die an der Toröffnung unter starkem Aufschäumen und mit einer respektablen Welle, sicher Folgen einer Druckentlastung nach beendeter Querschnittsenge, zutage treten. Direkt am Gletschertor ist das Wasser um 0 °C temperiert. Infolge der Turbulenz und der dadurch großen Oberfläche ist es schon nach wenigen hundert Metern auf 0,5 bis 1 °C erwärmt und bald sogar auf 5 °C. Wie kalt das aber immer noch ist, merken wir selbst, als wir beim weiteren Abstieg in diesen Fluß, der sich Kirgisob nennt, gelegentlich in die flachen Uferbereiche einsteigen müssen, wenn felsige Steilhänge bis an das Wasser heranreichen. Bevor wir den Gletscher endgültig aus den Augen verlieren, wende ich mich abschiednehmend noch einmal um. Die graue Eiswand liegt unter einem tiefblauen Hochgebirgshimmel, das dunkle Tor erscheint jetzt wie eine Pforte, durch die wir das Zauberreich des Eises verlassen haben, welches uns über Wochen in seinen Bann gezogen hatte. Das Erlebnis Gletscher liegt endgültig hinter uns. Nur durch die tosenden dunklen Schmelzwässer im Fluß werden wir noch einige Tage Kontakt zu dem Gletschereis der Berge haben.

Ein wenig östlich vom Gletscherende steigen die steilen Felswände hinauf zu dem Hochgrat zwischen den beiden Bergen Naprawljajuschtschi und Lipski. Ich blicke die Felswand hinauf, immer nur Felsen, kein Schnee, eine riesige hohe Steinwand. Es ist das eindrucksvolle Bild der unterschiedlichen Höhe der klimatischen Schneegrenze infolge verschiedener Exposition, also der unterschiedlichen räumlichen Orientierung der Hänge. Hier ist deutliche Südexposition. Infolge der intensiven Sonneneinstrahlung während der langen Sommertage und des geringen Schattens steigt die Schneegrenze im Hochsommer bis auf 5200 Meter. Für den Geologen zumindest hat nach so vielen eisreichen Wochen auch das seine guten Seiten. Der geologische Bau des nordwestlichen Pamir wird an dieser Profilwand in den prinzipiellen Zügen noch einmal und ganz besonders eindrucksvoll sichtbar. Stiege man von hier auf den Pik Lipski, so wäre es für den gewöhnlichen Bergsteiger eine gewiß schwierige Felstour, für den Geologen aber zugleich ein Gang durch das Buch der Erdgeschichte. Ganz unten kletterte er über das kristalline Fundament aus metamorphem Altpaläozoikum, über jenen Sockel, der in der jungen alpidischen Erdgeschichtsepoche sich noch einmal aktiv am geologischen Geschehen beteiligte und durch das Eindringen jüngerer Granite ganz besondere Charakterzüge erhielt. Der hohe Grad der erdinneren Beanspruchung ist an einem relativ hohen Metamorphosegrad, an mehrfachen Schieferungen und einer intensiven Zertrennung durch Störungen erkennbar. Auf einer Grenzfuge liegen deutlich geschichtete und in Falten gelegte Sedimente, Abfolgen einstiger Meere und Festländer, dazwischen Schichtlücken, und fast will es uns in der Flüchtigkeit der Beobachtungen scheinen, als liege ganz oben auch noch diskordant ungefaltetes Schichtgestein auf. Es ist der erdgeschichtliche Stockwerksbau unserer Erdrinde.

Am Südfuß des Pik Lipski strömt von Osten das Schmelzwasser des Gando-Gletschers in den Kirgisob. Hätten wir jetzt Zeit, würden zumindest Klaus und ich hinaufziehen in dieses enge Tal. Schon nach der Karte ist der Gando-Gletscher ein Modell für einen zentralasiatischen Talgletscher in Ost-West-Orientierung. Die Auswirkung der unterschiedlichen Lage der Schneegrenze infolge der unterschiedlichen Exposition ist hier besonders gravierend. Während die nach Süden steil abfallenden Hänge zwischen Pik Lipski und Pik Moskwa bis in 5000 Meter Höhe eisfrei sind und aus keinem Felskessel Eis zu Tale fließt, kommen südlich des Gando-Gletschers von den nach Norden geneigten Hängen des Optekammes sieben kleinere Gletscher und ein größerer, der Dorofejew-Gletscher (nach dem sowjetischen Glaziologen, der 1928 und 1958 an den sowjetisch-deutschen Expeditionen teilnahm), herab und vereinigen sich alle bis auf das westliche Eisfeld mit dem Hauptgletscher. Der östliche Talschluß des im hintersten Nährgebiet zweilappigen Gando-Gletschers muß ein grandioses Eistheater sein, denn in der Hochkette zwischen dem 5740 Meter hohen Pik Beljajew im Süden, dem 6450 Meter hohen Pik Abalakow und dem 6785 Meter hohen Pik Moskwa endet jeder Weitermarsch.

Wir aber dürfen diesen Wunsch nach einem Abstecher nicht einmal aussprechen, müssen uns dieses lohnende Ziel aus dem Kopf schlagen. Unsere Devise muß jetzt einzig und allein lauten: Abstieg! Wir gehen durch das 10 Kilometer lange Tal des Kirgisob unseren Freunden hinterher, die jetzt dafür sorgen, daß wir vielleicht doch noch termingerecht nach Duschanbe zurückkehren können. Der Weg aber ist holprig, steinig und durchaus nicht immer nur Abstieg. Gelegentlich müssen wir die eisigen Wässer der Uferregion durchwaten. Zweimal münden auch die Nebenflüsse von den westlichen Hängen herein. Besonders das tosende Schmelzwasser des Igan bringt uns dabei einen Zeitverlust, denn nur mit Seilsicherung können wir den Fluß durchqueren.

Doch dann öffnet sich das Gebirge, und vor uns dehnt sich ein weites Tal. Gegenüber steigen die sogenannten Masarischen Alpen, die

Darwas-Kette, bis auf Höhen um 6000 Meter auf. Hier unten an unserer ersten Berührungsstelle mit dem großen Tal hatten sich im Eiszeitalter die Eismassen des Dewlachan- und des Gando-Gletschers vereint mit dem großen Garmo-Gletscher, der sich nach Osten hinaufzog bis zur meridional verlaufenden Akademie-Kette zwischen dem Pik Garmo mit 6595 Metern im Süden und dem Pik Kommunismus mit 7495 Metern im Norden. Wir haben das Tals des Obichingou erreicht.

Rückmarsch durch das Tal der Bären

Wir begrüßen das weite Tal des Obichingou. Vom engen Gebirge haben wir uns nun verabschiedet. Die Verpflegung wird von Tag zu Tag kärglicher, die Rucksäcke sind leer gegessen, und wir dürfen hier nicht verweilen. Ein unübersehbarer schmaler Pfad läßt hoffen, daß wir bald auf Menschen treffen. Und so pendeln wir uns ein wie am Anfang der Tour zum Lauf in der langen Reihe. Es wird ein schneller Marsch werden, nicht nach rechts und nicht nach links geblickt, immer nur Vordermann, Füße, Schuhe, Staub. Den geschundenen Rücken fühlt man jetzt wieder, die wundgeriebenen Füße schmerzen, und die Sonne brennt hier noch viel stärker vom Himmel als weiter oben. Rein mechanisch trotten wir voran, alle Gedanken sind ausgeschaltet, unsere Sinne nur darauf gerichtet, den Abstand zum Vordermann nicht zu groß werden zu lassen. Ringsum aber ist ein herrliches Tal mit Farben und Duft von Pflanzen und mit Bergen vor einem tiefblauen Himmel. Das alles nimmt man jedoch kaum wahr, sieht höchstens jene Schlange, die über den Weg huscht, oder die übermannsgroße trockene Ferulastaude (Steckenkraut) mit der weitgeöffneten Dolde am Wegesrand oder jene grüne Gottesanbeterin, die vor den Füßen durch den Staub kriecht. Ich hebe sie auf, damit sie nicht zertreten wird, und halte sie eine Weile in der Hand, doch dann entlasse ich sie wieder in die Freiheit.

Unsere Marschkolonne gerät ins Stocken. Der Weg ist plötzlich zu Ende. Vor uns ist Wasser, nur noch Wasser zwischen Buschwerk und hohem Gras. August ist es, Hochsommer, Schmelzzeit der Gletscher und damit Hochwasserzeit. Der Obichingou ist ein Hauptsammler der Schmelzwässer. Ginge man von hier flußauf, würde man wieder die Eigentümlichkeit mittelasiatischer Orographie bemerken. Nie trägt der Hauptfluß auf den Karten seinen Namen von der Quelle bis zur Mündung. Treffen zwei etwa gleich starke größere Flüsse zusammen, erhält der vereinigte Fluß einen neuen Namen. So ist es auch hier an der Mündung des Kirgisob in das Haupttal, das ab hier den Namen Obichingou führt. Der Hauptfluß kommt von Osten, ist etwa 20 Kilometer lang und heißt Garmo. Wo er scheinbar beginnt, endet wieder einer der großen Talgletscher, der Garmo-Gletscher mit 28 Kilometer Länge und insgesamt 150 Quadratkilometer Eisfläche. Oben verzweigt er sich zu ebenfalls großen Seitengletschern, dem Wawilow-, dem Lipski- und dem Beljajew-Gletscher. Umgeben ist dieses Gletschersystem von sehr hohen, bekannten und unbekannten Gipfeln, die stark verschneit und vereist sind. Am südlichen Wawilow-Gletscher steigt der bekannte Pik Garmo mit 6595 Metern, am Lipski-Gletscher der Pik Abalakow mit 6450 Metern und der Pik Leningrad mit 6507 Metern auf. Der Beljajew-Gletscher wird im Osten von einer der gewaltigsten Fels- und Eiswände des nordwestlichen Pamir begrenzt, mit dem Pik Sowjetrußland (6852 Meter), dem Pik Prawda (6378 Meter) und dem Pik Kommunismus (7495 Meter). Hier akkumuliert sich im Winter der Schnee zu einem stoßkräftigen Gletscher, und hier taut es auch im Sommer von oben und unten besonders stark. Turbulente und schwebfrachtbeladene Schmelzwässer verlassen am Gletscherende, in der Nähe der baumbestandenen Alpinistenbasis »Birkenhain«, aus schmalen flachen Spalten im 70 bis 80 Meter dicken schwarzen Gletschereis die Eisschlange, strömen als Garmofluß talwärts nach Westen und nehmen dann in etwa 2750 Meter Höhe in der Nähe der ehemaligen Siedlung Paschimgar den Kirgisob auf, in dessen Tal wir abgestiegen sind.

Von hier an also heißt der vereinte 150 Kilometer lange Fluß Obichingou, »Fluß des launischen Wassers«. Scheinbar will er diesen Namen rechtfertigen, denn er führt jetzt Hochwasser, ist über die Ufer getreten, hat sich in alte Totarme ergossen, hat Teile eines höherliegenden Talbodens erodiert und abgetragen und mit ihm unseren Weg. Einige von uns sind einfach apathisch in der Hitze und gehen mit ihren Bergschuhen in den Fluß. Ich ziehe mühsam die Schuhe aus und hänge sie mir um den Hals, doch ist das Waten durch Kies und eiskaltes Wasser auf nackten Füßen und mit der schweren Kraxe erst recht kein Vergnügen. Bald aber wird sich zeigen, daß es so gut war, denn ich kann trotz der Blasen und wunden Stellen sehr gut die letzten Kilometer Fußmarsch überstehen.

Dann haben wir den Pfad wiedergefunden, der sich durch auffallend hohe Sanddornbüsche und durch hohes Gras schlängelt. Die weiten Grasflächen – jetzt im Spätsommer gelbbraun gefärbt – erinnern irgendwie an die nordamerikanische Prärie. Jeden Augenblick glauben wir, auf Büffelherden und Indianer zu stoßen, treffen aber nur in regelmäßigen Abständen auf wüstgewordene alte Siedlungen. 1951 bis 1953 wurde das einst blühende Obichingou-Tal durch eine große Umsiedlungsaktion entvölkert. Weit im Norden und Südwesten, im Becken von Fergana und in Südtadshikistan, begann man damals mit umfangreichen Bewässerungsvorhaben, erweiterte in beachtlichem Umfang die Baumwollanbauflächen und brauchte dafür Menschen. Die Bewohner des Obichingou-Tales wechselten den Wohnsitz. Auf höhergelegenen Terrassenstufen liegen die Überreste der alten Dörfer Paschimgar in 2750 Meter Höhe an der Einmündung des Kirgisob, Arsing in 2630 Meter Höhe und viele weitere flußab. Als hier noch Menschen lebten und arbeiteten, unterhielten sie Wege und Aryks, und durch die Gräben floß das klare Schmelzwasser von den südexponierten Hängen hinein in die Dörfer und auf die kleinen terrassierten Felder und in die Obstbaumplantagen mit Äpfeln, Birnen, Kirschen, Aprikosen und Maulbeeren. Nach dem Weggang der Menschen verfielen die Bewässerungsgräben. Sie wurden vom Steinschlag verschüttet, verstopft an den engen Durchgangsstellen oder sie zerbrachen an den dammartigen Bauwerken, die über Täler und Senken führten. Die Siedlungsflächen verdorrten, die Felder versteppten, und die Obstbaumhaine vertrockneten. Tote bizarre Obstbaumruinen und Pappelskelette kennzeichnen auf gespenstische Weise die alten Siedlungen. Zwischen den Mauern aus groben gerundeten Flußgeröllen wuchern trockenheitliebende Ruderalpflanzen. Hier und da ist noch ein Flachdach auf den Mauern erhalten. Wir finden Holzbalken mit kargen Schnitzverzierungen und alte eingetiefte Feuerstellen. Die Decke darüber ist noch geschwärzt vom Ruß. An den Wänden hängen verbeulte Töpfe, auf den festgestampften Lehmfußböden liegen Scherben einer groben Keramik. In einer Ecke finde ich Spinnwirtel. Draußen lehnt am Haus ein großer hölzerner Pflug, der Omatsch, mit einer altertümlichen eisernen Pflugschar. An einer anderen Stelle im verlassenen Dorf, umgeben von einer steinernen niedrigen Umgrenzungsmauer, weckt ein auffallend großes langes Haus meine Aufmerksamkeit. Das Dach ist teilweise eingestürzt; in der Mitte ein größerer hölzerner Stützpfeiler, an der Decke ein großes Abzugsloch für den Rauch, darunter die alte Feuerstelle. An der einen Außenwand offenbar mehrere Podeste für Sitz- und Liegeplätze. Es könnte eines jener Männerhäuser gewesen sein, die man »Alou-Chona« nannte und die Überreste urgemeinschaftlicher Verhältnisse in den Gebirgsdörfern darstellten. Die Männer versammelten sich dort besonders an den unwirtlichen Herbst- und Winterabenden, saßen an den flackernden Dungfeuern mit ihrem beißenden

Rauch, veranstalteten auf gemeinsame Kosten gemeinschaftliche Mahlzeiten, erzählten, empfingen Gäste und hörten Erzählern und Sängern zu. Ob diese Deutung richtig ist, ist nicht zu beweisen bei der Schnelligkeit unseres Marsches, denn längst ist ja die letzte Glut hier·in den Öfen verglüht, ist der letzte Mensch fortgezogen, den man hätte befragen können. Noch immer aber fühlt man, daß es herrliche blühende Dörfer gewesen sein müssen im Tal des Obichingou mit prächtigen Obstbaumkulturen und ertragreichen Terrassenfeldern. Die geernteten Körner und Früchte wurden in große dickwandige Tongefäße mit kräftigen Henkeln gefüllt und in den Stampflehmhütten oder unter der Erde aufbewahrt für die lange Winterzeit, in der die Dörfer zuschneiten und den Kontakt zur Außenwelt verloren.

Unsere kleinen Zelte stehen am Rand der Wüstung Arsing. Klaus und Hannes liegen schon auf den Matten und versuchen, zeitig zu schlafen. Ich sitze erst noch eine Weile, streife dann ein wenig durch das zerfallene alte Siedlungsgelände, und als ich an einer Stelle mit dem Eispickel, den ich schon wegen streunender Hunde immer bei mir führe, in der Erde herumstochere, stoße ich sofort auf Bruchstücke größerer Tongefäße, auf Scherben einer dickwandigen rotgebrannten Keramik mit spiralig verdrehten Henkeln. Hätte man jetzt Zeit, könnte man hier weitergraben in die Fundschicht hinein, könnte vielleicht dieses und jenes Gefäß wieder zusammensetzen. Aber was soll das hier in der Wildnis des hinteren Obichingou. Lediglich ein schönes Bruchstück nehme ich mit zum Zelt, und noch heute erinnert es mich in meiner Sammlung an diese Tage. Als ich schließlich ebenfalls im Zelt liege, bemerke ich erstmals den Unterschied zu den Wochen im Hochgebirge: Es ist warm und stickig im Zelt; ich öffne das große runde Einstiegsloch, lege mich mit dem Kopf darunter und starre noch lange in den Himmel. Grillen zirpen und machen auf mannigfache Weise sommerliche Musik, und gar nicht weit entfernt rauschen und gurgeln die Schmelzwässer des Obichingou, strömen die feststoffbeladenen Wässer hinunter ins Vorland und hinaus aus dem Gebirge. So habe ich mich in den Schlaf gehört und geschaut und wache erst auf, als aufgeregte Stimmen ins Zelt dringen. Ich höre etwas von Bären und bin sofort hellwach. Klaus und Hannes sind schon draußen, wie alle anderen auch. Im Sand um unsere Zelte wurden frische Bärenspuren gefunden, von den schweren Körpern eingedrückte breite Fußsohlen mit deutlichen Krallen. Wir hatten vor der Reise gelesen, daß hier im Gebirgsraum des Pamir neben dem hellgelbgrauen, selten auch weißen Irbis, dem Schneeleoparden, der meist in viel höheren Regionen als Einzelgänger lebt und Wildschafe, Steinböcke und andere Wildziegen jagt, auch der Braunbär leben soll. Aber das hatten wir ja schon von der Hohen Tatra gehört, doch Spuren oder Losung oder gar Tiere selbst nie zu Gesicht bekommen. Hier nun haben sie uns leibhaftig besucht, sind auf leisen Sohlen um die Zelte geschlichen, haben gar nicht weit von den Zelten ihre Verdauungsreste zurückgelassen, die jetzt bestaunt und fotografiert werden. Keiner hat sie nachts gehört, diese zottigen Raubtiere, die von Wühlmäusen und anderen Kleinsäugern, von alten Ziegen und Schafen und auch von pflanzlicher Nahrung wie Wacholderbeeren leben. Sobald es kalt wird und der Winter sich für einige Monate einstellt, ziehen sich die Bären aus der nahrungsarmen Welt zurück in Gesteinshöhlen oder in Gestrüpp und Dickicht. Alle Körperfunktionen wie Verdauung, Herztätigkeit und Atmung verlangsamen sich, so daß die Tiere ohne Schaden den etwa viermonatigen Schlaf überdauern. Obwohl wir wissen, daß uns die Braunbären ganz gewiß nichts antun werden, betrachten wir ihre Spuren hier und an vielen Stellen unseres Pfades mit echtem Respekt. Wir nennen unseren Rückweg jetzt Marsch durch das Tal der Bären. Wie recht wir mit dieser Benennung haben, belegen Berichte von später hier weilenden Gruppen. Halberstädter Bergsteiger treffen im Mai 1977 in den Ruinen von Paschimgar erst auf einen Schneeleoparden und unmittelbar danach auf Bären. Ein Jahr später berichtet Pamirkenner und Hochgebirgsfotograf Georg Renner von mehreren Begegnungen mit auffallend gelb gefärbten Bären im oberen Obichingou-Tal. Es ist nicht auszuschließen, daß es sich um den großen hellgelben Isabellenbären handelt, der auch aus der Himalajafauna bekannt ist. Der Anfang Mai noch nicht von Hirten und Weidetieren begangene Pfad sei vorwiegend von den Trittsiegeln und der Losung der Bären geprägt gewesen.

Kaum hat sich die Aufregung über den Bärenbesuch gelegt und das allmorgendliche Einpacken von Zelt und Schlafsack und das Bereiten des Frühstücks beschäftigt uns alle, kommt es zu einer weiteren »zoologischen Entdeckung«. Klaus hatte seinen Anorak über Nacht draußen vor dem Zelt liegengelassen, und als er ihn jetzt anziehen will, entdeckt er durch glücklichen Zufall in dem einen Ärmel ein Tier, das uns zwar mächtig interessiert, demgegenüber aber ebenfalls Zurückhaltung und Ängstlichkeit angebracht sind. Es ist ein Skorpion, ein zu den Gliederfüßlern gehörendes Spinnentier mit sechs Extremitäten und einem schwanzartig gestalteten Hinterleibsende mit Giftstachel, der Waffe dieses Tieres. Beutetiere werden gewöhnlich mit den scherenbewaffneten vorderen Gliedmaßen zerdrückt. Wehren sich diese zu heftig, tritt der Giftstachel in Aktion. Skorpione sind Nachttiere. Am Tage verstecken sie sich in Spalten, unter Steinen und eben auch in abgelegten Kleidungsstücken. Werden Skorpione aufgeschreckt, stechen sie zu. Immer wieder hört man von tödlichen Stichen in Mittelasien. Wulf läßt es sich nicht nehmen, diesen Skorpion als »Souvenir« aus dem Obichingou-Tal mit nach Weimar zu nehmen.

Dann brechen wir endlich auf in einen neuerlichen Sonnentag hinein. Obwohl wir uns Hosen und die Haut an den Beinen aufreißen an der stacheligen und dornigen, oft meterhohen Ruderalflora der verlassenen Kischlaks, bemerken wir doch erneut die außerordentliche Schönheit dieses Tales. Tief unter uns fließt der Obichingou, der im Gegenlicht der flachen Morgensonne silbern aufleuchtet. Dann queren kristallklare grünlichblaue Bäche unseren Pfad, die nach Süden herunterfließen von den schneebedeckten Südhängen der Peter-I.-Kette, Schneeschmelzwässer ohne Gletschertrübe. Wir könnten wieder Pudding kochen, der nicht grau wird und der nicht knirscht vom Schluff und Feinsand der Gletscherwässer. Jetzt haben wir sauberes Wasser, aber keinen Pudding mehr. Über diese Bäche führen wacklige Brükken, also müssen Menschen in der Nähe sein, die sie unterhalten.

Dann sehen wir erstmals wieder Kühe, auch einige Schafe grasen in der Ferne am Talhang auf dem unerreichbaren anderen Ufer des Obichingou. Es gibt keine Brücke über den großen Fluß. Die Obstplantagen am Wegesrand sind plötzlich nicht mehr verdorrt und abgestorben, sondern grün und frisch. Die kleinen graugrünen Äpfel daran schmecken sauer. Wir essen sie trotzdem und haben prompt an den Folgen zu leiden. Dann stoßen wir zur Linken auf einen Begräbnisplatz – eine quadratische Steinpackung, darüber hohe Stangen mit bunten Lappen und Fellfetzen, mit Steinbockgehörnen und weißen Tüchern.

Unsere Gruppe ist weit auseinandergezogen, denn der Tag ist glühend heiß geworden, und die Hoffnung, auf Hirten zu stoßen und damit auf Fladenbrot, Hammelfleisch und eine würzige Schurpa, treibt die Stärksten unter uns am schnellsten voran. Aber ebenso schnell wird es Abend. Wir sind noch immer mit uns allein im Tal des Obichingou, und als wir schließlich das nächste Nachtlager einrichten müssen, haben wir nicht einmal Wasser, um uns waschen und um kochen zu können. Meine beiden Zeltgenossen sind abgekämpft und auch ein wenig krank. Ich baue das Zelt auf, dann steige ich eine steile Terrassenstufe etwa 30 Meter hinunter zum Fluß, um Wasser heraufzuholen. Der Obichingou ist noch immer der reißende Fluß, breit und kräftig, er schäumt und dröhnt und führt dunkelgraues Gletscherwasser. Ich trinke es in vorsichtigen langen Zügen, genieße es dann, wasche mich, trinke noch einmal und spüre das Knirschen der feinen Gesteinspartikel zwischen den Zähnen. Dann klettere ich wieder hinauf zum Lager, wo inzwischen ein Holzfeuer brennt, das bald in die rasch niedersinkende Nacht hineinflackert.

Der nächste Tag aber bringt uns nach Wochen der Einsamkeit tatsächlich wieder zu Menschen. Schon sehr früh taucht zur Linken ein altes Dorf auf. Und wieder die Frage von gestern: Ist es von den Menschen verlassen, oder ist es bewohnt? Wir hören Hundegebell, und da kommen sie auch schon angestürzt, gleich mehrere, große gelbe Pamirhütehunde mit langen kräftigen Beinen, abgeschnittenen Ohren und kupiertem Schwanz, damit sie im Winter nicht so leicht von den Wölfen gepackt werden können. Mit gezielten Steinwürfen halten wir sie in respektvoller Entfernung. Ein einziges Haus scheint bewohnt. Zu viert gehen wir hinüber, immer ein wenig ängstlich zu den Hunden schauend, aber dann tritt ein Mann heraus, ein Tadshike, und jetzt noch einer im städtischen Anzug. Die Hunde setzen sich nieder. Freundlich werden wir aufgenommen und sofort in das Haus gebeten. Dort hören wir die aufgeregten Stimmen der Frauen, aber zu Gesicht bekommen wir sie selbst zunächst nicht. Wir sitzen in einem kühlen Raum auf bunten Teppichen, die auf der Erde ausgebreitet sind, und zwischen uns liegt ein buntes Tuch, der Dastarchon, auf dem die Speisen abgestellt werden. Mir gegenüber lümmelt ein großer gelber Hund, den Kopf träge auf den Teppich gelegt, aber seine wachen dunklen Augen verfolgen jede meiner Bewegungen. Wir trinken grünen Tee aus Pialen, den henkellosen Trinkschalen, während Wulf von unseren Erlebnissen erzählt und von unserer mißlichen Verpflegungssituation. Sofort gibt der Hausherr Anweisungen nach draußen, Fladenbrot, das man hier Non nennt, für unsere ganze Gruppe vorzubereiten. Uns bewirtet er auf die freundlichste mittelasiatische Art, nach der langen Hungerstrecke eine echte Gefahr für unsere Gesundheit. In große Tontöpfe greift der Hausherr hinein. Hunderte von Fliegen schwirren heraus, und dann kramt er Stücke von angebratenem kaltem Hammelfleisch heraus, legt sie auf Teller und reicht sie in die Runde. Wir müssen essen. Ich trinke sehr viel Tee dazu, denn das Fleisch riecht leicht angefault. Ablehnen dürfen wir nicht. Wie durch ein Wunder stellen sich keine Beschwerden ein, obwohl es am Ende auch noch Airan gibt, eine kühle schmackhafte saure Schafsmilch, die aus einem Ziegenfellsack, dem Burdjuk, gegossen wird. Unser Gastgeber erzählt nun von sich, und Wulf übersetzt gelegentlich. Er ist offenbar aus Liebe zur alten Heimat aus der Gegend von Kurgan-Tjube in Südtadshikistan wieder hierher zurückgezogen mit seiner Familie und lebt nun von den wenigen Tieren und von einem kärglichen Ackerbau. Er versorgt nur sich selbst und seine Familie, ist sozusagen ein Vorposten der Zivilisation am Rande des menschenleeren Hochgebirges – und darauf scheint er stolz zu sein in der festen Gewißheit, daß andere Landsleute folgen werden. Der andere Mann ist sein Schwager, der aus Duschanbe heraufgekommen ist, um einige Urlaubstage in seiner alten Heimat zu verleben, in der er als Kind aufwuchs.

Zwei Stunden später haben wir schon wieder den schweren Rucksack auf dem Rücken, denn Tragtiere kann uns unser freundlicher Gastgeber nicht zur Verfügung stellen. Seine Pferde und Esel hat er nicht hier, wie er sagt, und so wünscht er uns einen guten Weg. Es wird uns wieder mühsam und schwer, denn es geht auf und ab. Einmündende Seitentäler mit tiefen Erosionsrinnen bringen weite Ausbiegungen des Pfades und damit Umwege. Immer wieder zwängen wir uns durch dichtes Gestrüpp, das man mit einem kirgisischen Wort Tugai nennt. Wieder fallen große Sanddornbüsche auf. Oft ist der Weg weggespült oder überrollt durch Hangschutt. Gelegentlich sehen wir jurtenartige Zelte nomadisierender Hirten, aber auf weitere Menschen treffen wir nicht. An einem neuerlichen steilen Seitental, durch das der Sangobabach Wasser von einem kleinen Firnfeld oder auch Gletscher heranführt, stehen eine alte, völlig verfallene Mühle und einige Hausreste, die ehemalige Siedlung Kalai-Sangwor, dann eine wackelige Holzbrücke und noch ein kurzer steiler Anstieg den gegenüberliegenden Talhang hinauf, und wir erreichen einen romantischen Wiesenplatz unter alten knorrigen Walnußbäumen, wo Esel und Fettsteißschafe weiden. Im Hintergrund ragen noch immer spitze schneebedeckte Berge in den Himmel. Hier schlagen wir unser Nachtlager auf. Kaum stehen die bunten Zelte, hören wir das Getrappel von sich nähernden Pferden, und kurz danach haben wir Besuch. Zwei kirgisische Hirten mit braungebrannten lachenden Gesichtern, mit verschmitzten Augen, mit Turbanen auf dem Kopf reiten zu uns heran. Einer hat einen vielleicht vierjährigen Jungen mit auf dem Pferd. Sie erzählen, daß ihr Lager nicht weit entfernt sei, und wie zur Bestätigung tauchen jetzt zu Fuß auch einige Frauen und Kinder in bunten weiten Gewändern auf. Sie sind zunächst schüchtern, bald aber neugierig und nicht wortkarg. Da sie kirgisisch sprechen, verstehen wir kein Wort. Einige haben weiße Bündel auf dem Kopf, und eine ältere Frau arbeitet die ganze Zeit stehend, indem sie mit einer Handspindel Schafwollfäden verspinnt. Das ist lebendige Geschichte. Wulf und Gudrun sind abends zu Gast bei den Hirten. Erst spät in der Nacht kommen sie mit einem handgefertigten balalaikaähnlichen Saiteninstrument zurück, das sie als Geschenk erhielten. Klaus und ich haben in der Dämmerung lange auf einen seltsam hellen Felsen geschaut, der sich hoch über unserem Lagerplatz erhebt und an dem eine gotisch-spitzbogig angeschnittene Halbhöhle nicht geringer Dimension auffällt. Schon die Hirten hatten uns erzählt, daß da oben ein Eremit – ein Mullah – wohne, und auch ein Gehilfe sei ab und zu bei ihm. Am nächsten Morgen um sechs Uhr steigen wir auf. Man müsse ein Geschenk mit hinaufbringen, so schreibe es der Ritus vor, und so schütten wir den letzten Beutel Reis nicht in unseren Kochtopf, sondern nehmen ihn mit hinauf in die Höhle. Das große Felsdach aus weißen Trachyttuffelsen kommt immer näher. Als wir die letzte steile Serpentine hinter uns haben, sehen wir hinter Bäumen und Sträuchern eine sauber gefegte Fläche, darüber das Felsdach, einen kargen Holzverschlag an der Felswand – die Schlafstelle –, daneben den Herd. Keiner der beiden Einsiedler ist anwesend. Trotzdem schauen wir weiter. An einer Felsspalte an der Außenwand tropft über Holz- und Kupferröhrchen das Sickerwasser in einen einbaumartigen Artschaholztrog. Unter der größten Höhe des Felsdaches befindet sich ein Steingrab, die letzte Ruhestätte eines Heiligen, das Grab des Hodscha Alaudin Mohamed Ali. Wir legen unseren Reisbeutel an der Kochstelle nieder, erhoffen das Wohlwollen Allahs und steigen ab. Kaum aber haben wir das steile Felsdach hinter uns gelassen, grollt es im Berg, und an der Felswand poltern Steine nieder. Eine große helle Staubwolke erhebt sich über der Grotte. Ein Erdbeben hatte den Berg erschüttert.

Zwei Jahre später waren Halberstädter Pamirfahrer dort oben und trafen den Mullah an – einen geschwätzigen Mann, der ohne Arbeit allein von den Spenden der Hirten und Pilger lebt. Er sprach von Sus (Jesus), Abrom (Abraham) und Jussuf (Josef) und erzählte von einem weiteren bedeutenden Grabmal im Tal des Obimasar, das aus dem Obichingou-Tal hinaufführt in die Berge des Darwas.

Wir sind hier erneut auf Relikte eines einst in den Bergen weitverbreiteten Masarenkultes gestoßen, der mit dem Islam verbunden ist. In fast jedem Kischlak, oft an entlegenen Stellen, gibt es einen verehrten muselmanischen Heiligen, der sein Masar, sein Denkmal hat, das als Platz der Andacht dient. Oft sind es viereckige Bauten mit kuppelförmigem Dach wie das weitbekannte Grab im Tal des Obimasar, zu dem noch heute in den Sommermonaten die Pilger aus ganz Tadshikistan hinaufwandern. Anderswo sind es einfache Steinanhäufungen an besonders auffälligen Stellen im Gebirge wie hier oberhalb des Sangobabaches. Äußerlich und rituell mit dem Islam verbunden, geht der Masarenkult jedoch auf eine bodenständige ältere Tradition im Gebirge zurück. Hierzu gehört auch der Steinkult, nämlich besondere Steine und Felswände mit Zeichen und Zeichnungen zu versehen, die dann magische Bedeutung haben sollen. Überhaupt gelten in vielen Kulturen Berge oft als heilige Stätten, als Sitz der Götter. Hier im Pamir werden vorwiegend Felswände verehrt, und immer wieder taucht die Bergziege in den Felsritzungen als das bevorzugte Motiv auf. Bis heute gilt die Ziege als »reines« und damit heiliges Tier. Diese Überreste uralter Tierverehrung sind verwoben mit der Verehrung besonderer Steine und Felsen. Der Masarenkult in seinen speziellen Ausbildungen besitzt ganz gewiß eine ebenso alte kultische Tradition. So ist die Felsengrotte mit dem Grabmal des Hodscha Alaudin Mohamed Ali oberhalb Ljangar eine bemerkenswerte kulturgeschichtliche Stätte im nordwestlichen Pamir.

Wir drehen uns um. Noch immer schwebt die schon erwähnte Staubfahne über dem Felsdach des Masar. Diese Erdbeben gehören hier zum ganz normalen Alltag. Das seismologische Registrierzentrum Garm am Wachsch hat im Tal des Obichingou ebenfalls einige Meßstationen, in denen Horizontal- und Vertikalseismographen jede derartige Erschütterung sorgsam registrieren und mit anderen Meßgeräten die Bewegungskomponenten der Erde genau aufzeichnen. Besonders die Vergleiche der Meßdaten vom Surchob und den hier in den Stationen Ljangar, Ichtion, Sajod, Tawil-Dara und Kaftargusor aufgezeichneten haben mit Sicherheit nachweisen können, daß die Nordbewegung des Pamir mit durchschnittlich 5,6 Zentimetern pro Jahr an einer flach nach Süden einfallenden Überschiebungsbahn vor sich geht. Die Herdtiefe der Beben ist hier schon größer als weiter im Norden, die Rollbahn des pamirischen Gebirges liegt etwa zehn Kilometer unter uns, während sie im Tal des Wachsch und am Surchob zutage ausstreicht.

Aber mehr als die Erdbeben interessieren uns jetzt die nächsten Hirten, die ihre Zelte direkt am Weg aufgeschlagen haben. Ringsum weiden Schafe, Esel und Pferde. Hier müßte es doch möglich sein, endlich Lasttiere für die schweren Kraxen zu bekommen. Wulf verhandelt nach mittelasiatischem Brauch lange mit dem Tschobanen, während wir im Schatten der Obstbäume sitzen und vor uns hindämmern. Dann verlangt Wulf nach einem Seil, das ist der Preis für das Ausleihen von vier Eseln. Vier Kraxen erhält jedes Tier aufgeladen in einer umständlichen Pack- und Verschnürungsprozedur. Jetzt werden die Eseltreiber ausgewählt. Ich gehöre leider zu ihnen. Cheftreiber ist ein alter Tadshike zu Pferde und mit einem bunten Turban auf dem Kopf. Erst müssen wir lernen, mit den Eseln umzugehen, und unser Begleiter macht es uns theatralisch vor. Er schlägt mit einem Stock auf die Tiere ein, spießt mit einem Dornenast in die weichen Hinterseiten, er stößt

Im Tal des Warsob. Der Esel ist das wichtigste Reit- und Lasttier in Tadshikistan

Am Ursprung der Gletscher. Hinteres Schini-Bini-Tal

Das Ende eines langen Talgletschers: zwischen Toteis ausfließender und mäandrierender Gletscherfluß mit großem Schotterfächer. Über dem Serawschan-Gletscher üppige Sommerwiese mit blühenden Weidenröschen

Mäandrierender Schmelzwasserbach im Blankeis des mittleren Serawschan-Gletschers

Die Schmelzwasserflüsse auf den Talgletschern verschwinden in gewaltigen Schlucklöchern im Eis wie hier auf dem mittleren Serawschan-Gletscher

Tadshikische Mutter aus dem Tal
des Warsob

Hirten vom Obichingou

In einem tadshikischen Haus leben die Familien in mehreren Generationen zusammen wie hier in einer Oasensiedlung in der südtadshikischen Region Schaartus

Die Ufer der Gletscherwasserflüsse in den Hochregionen und am Gebirgsrand in Mittelasien sind nicht selten blühende Gärten. Reisfelder, Maulbeer- und Obstbaumhaine bei Isfara im Tal des gleichnamigen Flusses

schrille Pfiffe aus, und sein gellendes »Charr loo ...« hallt durch das weite Tal des Obichingou. Nun kann ich also wieder nicht frei schreiten und schauen, wie ich es seit Tagen erträumt hatte, denn ich habe meinen Esel, für den ich verantwortlich bin und mit dem ich also stundenlang zusammengehe in einem seltsamen Eselrhythmus. Erst läuft er gut, mein Ischak, der ein wirklich schönes graues Tier ist. Ich staune über seine enorme Trittsicherheit selbst an schuttüberrollten Steilhängen. Immer wieder kommen jetzt steile Ssais, die in alte Flußschotterterrassen tief eingeschnitten sind. Hier wird der Esel plötzlich schneller, eilt davon, und ich habe Mühe, ihm zu folgen. Er kennt den Weg und hat zudem keine schweren Bergschuhe an den Füßen. Und ob der Esel den Weg kennt, er weiß sogar, daß da hinten frisches klares Wasser vom Berg herunterfließt, und dort will er hin. Nichts hält ihn jetzt mehr. Er verschwindet im Staub, und ich finde ihn erst trinkend am Bach wieder. Jetzt trinken wir beide, er viel mehr als ich und er auch bedeutend länger. Er macht überhaupt keinerlei Anstalten, das Bachbett je wieder zu verlassen. Ich bin offenbar zu ängstlich mit meinem Stock. Erst als der alte Tadshike auf dem Pferd sich nähert, scheint er meine zaghaften Stockschläge vorzuziehen und trollt sich gemächlich den staubigen Pfad hinauf.

Es wird stündlich heißer im Tal. Der mittelasiatische Hochsommer hat uns wieder in seiner Gewalt. Oben auf der Terrassenhochfläche aber weht eine Brise, die angenehm ist und belebend. Tief unten rauscht und fließt der Obichingou, und die Steilhänge der untersten Terrasse sind übersät mit großen Erdpyramiden. Wendet man den Blick nach Norden, hin zu den etwa 3 000 Meter hohen Südhängen der Peter-I.-Kette, so fällt auf, daß jetzt ganz andersartige Felsformen die Talflanken aufbauen. Es sind dickbankige rote Quarzsandsteine aus der Permzeit, die in unterschiedlicher Lagerung klobige Felsfiguren bilden. Unser Pfad erklimmt eine leichte Höhe, dann senkt er sich hinab ins Tal, in dem ein großer Fluß mit wildbewegtem rotem Gletscherwasser entlangströmt, durch eine steilwandige klammartige Engstelle, in der wieder jener rote Sandstein ansteht. Es ist der Schaklisu, der die westlichen Gletscher des nordwestlichen Pamir entwässert, den Peter-I.-Gletscher, den Sjurn-samin-Gletscher und einige kleinere Talgletscher. Vorwiegend rote Schluffsteine und Sandsteine der Permformation und des Mesozoikums, vor allem aber der Kreidezeit, bauen dort den Untergrund des Gebirges auf. Die Gletscher arbeiten diese Gesteine auf, backen sie ein in den Eisbeton und in die Moränen. Die Schmelzwässer nehmen dann diese eisenreichen Gesteine als Schwebfracht mit auf die weite Reise.

Wir überqueren den Schaklisu auf einer vibrierenden Hängebrücke. Die Esel haben Schwierigkeiten, die Schwankungen der Brücke unter ihren Füßen auszugleichen. Den Pferden geht es offenbar nicht anders, denn unser Begleiter steigt erstmals ab. Mit seinen auffällig kurzen und krummen Beinen ist er ein schlechter Läufer. Er wankt über die Brücke und ist froh, drüben am anderen Ufer sofort wieder aufsteigen zu können. Erst auf dem Pferd ist er wieder jene Persönlichkeit, für die er sich hält und die für alle Reitervölker typisch ist: stolze aufrechte Männer, aber nur zu Pferd. Sie können ohne ihre Pferde nicht leben.

Steil steigt der Pfad noch einmal den Gegenhang des Schaklisu hinauf, mündet oben auf eine weite Wiesenfläche. In deren Ferne leuchten jetzt weiße Häuser, unser Ziel, die Meteorologische Station Lairon. Unter Apfelbäumen entladen wir die Esel, und unter Apfelbäumen werden wir wenig später begrüßt von den Meteorologen und ihren Frauen, Menschen, die sich ehrlich freuen können über unseren und gewiß über jeden Besuch. Wir müssen berichten über unsere Tour, während sie die beste Kartoffelsuppe kochen, die wir je aßen. Dann gibt es frisches Brot, rohe Zwiebeln und Airan und schließlich grünen Tee. Wir essen unter den Apfelbäumen einen riesigen Kessel leer, und die gastgebenden Frauen freuen sich, daß ihnen alles gelungen ist. Wir können hier bleiben, so lange wir wollen, sagen sie. Heute abend jedenfalls gibt es Kino uns zu Ehren. Wir schwatzen lange über den leeren Tellern, machen Pläne für die nächsten Jahre, wie es eben immer ist, wenn eine Fahrt mit Erfolg beendet ist.

Gar nicht weit von den Apfelbäumen ist eine abgeweidete Wiese, dort rollen wir unsere Matten auf. Ohne Zelt wollen wir schlafen in der Wärme des Tales. Nachts aber wird es gewiß auch hier noch empfindlich kalt werden. Jetzt scheint die Nachmittagssonne warm ins Tal. Als ich mich zu kurzer Ruhe niederlege, spüre ich, wie sich einzelne harte Stengel durch die Matte bohren. Ich atme den würzigen Duft von fremden und bekannten Kräutern, von Thymian und Wermut, genußvoll ein, höre noch einzelne Esel von nah und fern schreien, auch Pferde wiehern. Als ich wieder erwache nach Schlaf oder Dämmer, gehe ich schwankend hinüber zur Station. Eine angestrahlte Filmleinwand auf der Wiese ist zunächst das einzig Sichtbare auf der Erde. Stockdunkel ist es ringsum, nur die Sterne am Himmel wachen über dem Land.

Auf der Leinwand huschen die Bilder vorüber, und je näher ich komme, um so mehr verschmelzen die Berge und Wiesen als Kulisse der Handlung mit der Realität ringsum. Wir sehen eine der schönsten

Liebesgeschichten der Weltliteratur, die 1958 von Tschingis Aitmatow im nicht fernen Kirgisien geschrieben wurde. Wir sitzen im Gras und träumen die Geschichte von Danijar und Djamila.

Unbewegt blickt dabei die blaue Nacht mit ihren Sternen herunter, mitunter wird ein kühler Windhauch spürbar, die Erde schläft. Nur der ferne Fluß tost. Es ist eine herrliche Nacht. Wer kennt nicht die Augustnächte mit ihren fernen und doch so nahen, ungewöhnlich klaren Sternen.

Alles um uns ist eine Harmonie des Glücks und der Liebe, einer Liebe zum Leben und zur Erde. Diese Nachtstunde an der Meteorologischen Station Lairon ist der glückliche Ausklang einer unvergeßlichen Reise.

Oase am Gletscherwasser

Weite Runden fliegt die aus Duschanbe kommende alte zweimotorige Maschine über unserem letzten Ziel der Reise. Unter uns liegt die Oase Buchara. Was für ein zusätzliches Geschenk für einen Geologen, der am Endpunkt einer langen Fahrt angekommen ist, einer Fahrt, die dem Kreislauf des Wassers galt und der Erdgeschichte. Im Hitzedunst ahnt man im Osten die Berge, die westlichsten Ausläufer des Tienschan, das untertauchende alte variskische Gebirge.

Wir gleiten über den östlichen Rand der großen Turanplatte, die in geologisch jüngster Zeit zum Arbeitsfeld des Windes wurde, über jene locker sedimentbedeckte Plattform, auf der sich unter dem extrem kontinentalen Klima südlicher Breiten gewaltige Steppen und Wüsten an der Oberfläche ausbildeten. Ich schaue hinunter auf das stellenweise gelbbraune Land, auf die Reste der einst weitverbreiteten Steppen und Wüsten der Umgebung, aber ich sehe auch die grünen Oaseninseln von Buchara. Genau unter uns liegt Kagan, die Bahnstation von Buchara, etwa 15 Kilometer von der Altstadt entfernt. Die Maschine fliegt noch einmal weit nach Nordwesten hinüber, berührt die Altstadt. Dann glänzt silbern ein Fluß herauf, der sich in mehrere Arme und Kanäle verzweigt. Das ist wieder das Gletscherwasser des Serawschan, nun aber am Ende seines Weges; 550 Kilometer weiter im Osten flußauf in den Hochregionen des Mattscha liegt der Serawschan-Gletscher. Dort sind wir im Jahr zuvor bis 5000 Meter aufgestiegen, um an den Ursprung des Gletscherwassers zu gelangen. Dort oben haben wir das Abtauen des Eises, die Vergänglichkeit von Gletschertischen und Zakkeneis studiert, haben das Sammeln des Schmelzwassers in Rinnsalen

211

und mäandrierenden Eiswasserflüssen beobachtet und staunend vor den großen Schlucklöchern im Eis gestanden, in denen das Wasser verschwand. Wir haben das rezente Wirken des schwarzgrauen Flußwassers studieren können. Hier nun, unter uns, ist der eindrucksvolle Endpunkt des Serawschanflusses, der früher ein Nebenfluß des Amudarja war. Wie schon unterwegs auf der langen Talstrecke, gibt er sein Wasser den Menschen, verschenkt er es seit alter Zeit in reichem Maße zur Bewässerung eines fruchtbaren Bodens. Wie die Ausgrabungen und Forschungsexpeditionen von Professor Tolstow ergaben, standen die Bewässerungsnetze am Unterlauf des Amudarja (Choresmien) und ebenso auch am Unterlauf des Serawschan schon im 6. Jahrhundert v. u. Z. in voller Blüte, nachdem bereits für die Bronzezeit, für den Beginn des 1. Jahrtausends v. u. Z., die künstliche Bewässerung zweifelsfrei nachgewiesen war. Es entstanden Oasen am Gletscherwasser, von denen das legendenumwobene und historisch bedeutsame Buchara eine der bekanntesten ist. Kaum aber hat der Serawschan sein Wasser in die großen und kleinen Aryks und Chaus (Teiche) der Bucharischen Oase abgegeben, werden die Arme des großen Flusses zunehmend kraftloser. Das fließende Wasser verläßt die Oberfläche, versickert in den staubigen Substraten der Steppe und Wüste, um von hier aus jene unterirdischen Grundwasservorräte aufzufüllen, die in der turanischen Trockenzone gelegentlich durch Bohrbrunnen in unterschiedlicher Tiefe erschlossen worden sind. Die sich verzweigenden Arme des Serawschan werden immer dünner und dünner, reflektieren nicht mehr die Sonnenstrahlen, haben sich selbst aufgegeben im gelbbraunen Sand Mittelasiens und seiner fleckenhaften grünen Vegetation. Der Serawschan ist einer jener Flüsse mit nur halber Seele, die nirgendwo ankommen, die nirgendwo richtig und endgültig ein Ziel finden. Der antike Schriftsteller Strabo (63 v. u. Z. bis 20 u. Z.) berichtet, daß im 1. Jahrhundert der Serawschan wie heute am Gebirgsrand endete: »Der Polytimetos (Serawschan), der dieses Land tränkt, tritt dann in ein Wüstenland ein und wird dort von den Sanden verschlungen.« Nur gelegentlich waren Hochwasserwellen des Serawschan so stark, daß die Wassermassen – wie zum Beispiel 1874 – bis zum Amudarja durchbrachen und dann die Wüste kurz grünen ließen. Buchara ist eine Oase am Rand des Sandmeeres zwischen Oxus und Jaxartes, zwischen Amu- und Syrdarja.

Ein altes usbekischen Sprichwort sagt: »Die Erde hört da auf, wo das Wasser versiegt.« Hier wird es zur Wahrheit. Gleich hinter den Mauern der Stadt ist dürres Wüstenland. Überall dort, wo von den »usta«, den Wasserbaumeistern, das Gletscherwasser in Kanälen herangeführt wird, grünt die Oase. Immer größere und längere Kanäle wurden gebaut, und das genutzte grüne Land wuchs hinein in die Trockenregionen Usbekistans. Es entstand jene Bucharische Oase, die ein Lebensraum mit Begrenzung ist, früher eng und heute erweitert, begrenzt aber noch immer von Steppen und Wüsten. In der Tat reicht die Wüste bis an die Tore der Stadt. In der Nähe der Siedlungen ist sie nicht selten sogar vergrößert worden. Die wenigen Büsche und Bäume wurden als Bau- und Brennholz gerodet und dadurch die Sande »aktiviert«. Die am weitesten in die Wüste vorspringende Vorstadt Rabat wurde schon 850 mit einem eigenen festen Mauerring umgeben wie später die ganze Stadt zum Schutz gegen Feinde, und zu denen gehören auch die ständigen Sandstürme, gehört das Eindringen der Wüste in den Lebensraum des Menschen. Außerhalb der Mauern lagen im Schatten knorriger Akazien lediglich einige Landsitze des Emirs, einige alte Außenmoscheen und entlang der Mauer langgezogene Friedhöfe. Wenn am Abend die elf großen Tore Bucharas in der Mauer geschlossen wurden, war die Stadt abgeriegelt gegen die mißliche Außenwelt.

In diesen Begrenzungen ist der Lebensraum einer Oase etwas ganz Besonderes, ein Ort der Konzentration und schöpferischen Potenz. Da eine Oase stets Anlaufpunkt von Reisenden und Karawanen war und andererseits die Kaufleute selbst mit ihren Kamelkolonnen hinauszogen in die Welt, kamen immer wieder Anregungen von außen in dieses räumlich beschränkte Areal. Wie man in einem kleinen Zimmer in der Regel konzentrierter arbeiten kann als in einem großen Raum, so boten Oasen stets ein ideales Lebens- und Schaffensmilieu. Die Wissenschaften und Kunst fanden in diesen Oasenstädten einen fruchtbaren Nährboden. Philosophie, Mathematik, Astronomie blühten auf, aber auch die wesentlichen Zusammenhänge der Natur wurden erkannt. Schon den Gründern der Oasenstadt Buchara muß bewußt gewesen sein, daß der große Serawschan aus den Hochgebirgsregionen kommt, daß er Schmelzwässer von Schnee und Eis heranführt und daß diese Wässer gerade dann reichlich angeboten werden, wenn sie in den heißen Sommermonaten von den Menschen für die Bewässerungsanlagen auch in besonderer Menge gebraucht werden. Und weil mit Kanälen und Aryks der Zufluß des Wassers erhöht werden konnte, entwickelte sich jene Stadt immer weiter. Sie wurde nicht nur ein Handelszentrum der östlichen Welt, sondern die »heilige« Stadt des zentralasiatischen Islam, zeitweilig Sitz des Oberpriesters Achun und Hauptstadt des Staates Buchara. Der Name Buchara soll von »bihor« stammen, und das heißt »Tempel«. Die hohe geistliche, weltliche und handelspolitische Bedeutung der Stadt prägte das Antlitz: 11 Tore, 350 zum Teil prächtige Moscheen, über 100 Medresen, also muselmanische Hochschulen, in denen bis zu 10000 Studenten ausgebildet wurden, 50 Basare innerhalb der Stadtmauer und 20 außerhalb, 40 Karawansereien ... Viel länger könnte und müßte die Liste der Vorzüge und Besonderheiten Bucharas sein, ein sichtbarer Ausdruck der kraftvollen Geschichte dieser Ansiedlung und Zeichen einer sinnvollen Wassernutzung.

Es ist wertvoll und geradezu notwendig, diesen geschichtlichen Werdegang in groben Zügen zu überschauen, um die Stadt bei einem Besuch wirklich erleben und begreifen zu können. Das erste Zentrum der Oase von Buchara lag etwa 30 Kilometer nordwestlich der heutigen Stadt, früher ein blühendes Oasenland und nach kriegerischen Zerstörungen der Aryks bis heute wieder Wüste. Erst 1937 wurde die alte sogdische Hauptstadt der 500 Quadratkilometer großen dichtbesiedelten Buchara-Oase, Warachscha, entdeckt, etwa 30 Kilometer nordwestlich des heutigen Buchara in der Wüste gelegen. In der Periode des Kampfes der Sogden gegen die arabischen Invasionstruppen unterlag 709 die Region um Buchara. Die nun regierenden Buchara-Emire stammten aus dem ostiranischen Grundherrenadel der Samanidenzeit. Es war ein mittelasiatischer Staat mit islamischer Religion entstanden. Die Glanzzeit der späteren Samaniden-Genealogie war die Herrschaftszeit des Ismail ibn Ahmads (888-907). In dieser Zeit und unter den Nachfolgern wurde ein gut funktionierendes Bewässerungssystem geschaffen, und die noch junge Oase Buchara wuchs und blühte auf. Tha'alibi (gest. um 1037) beschrieb Buchara als »die Heimstätte des Ruhms, die Ka'aba der Selbständigkeit und den Versammlungsort aller hervorragenden Persönlichkeiten der Epoche«. In dieser Blütezeit von Wissenschaft und Kunst ereilte das Samanidenreich das Schicksal aller mittelasiatischen Feudalstaaten, es löste sich in Lokaldynastien auf. 999 besetzten die turkstämmigen Reitervölker der Karluken Buchara, und um 1200 eroberten choresmische Truppen die Stadt. Choresmien wurde jetzt der große Staat des Islam. Trotz vieler Kriege war diese Epoche durch eine Blüte der Kultur gekennzeichnet. Das in Buchara noch heute auffallendste Bauwerk dieser Epoche ist das 1047 erbaute Kaljanminarett mit einer Höhe von 45 Metern.

Das 13. Jahrhundert brachte eine schreckliche Zäsur in der Geschichte Mittelasiens, den Einfall der Mongolen unter Dschingis Chan. Das verwüstete Mittelasien verlor nun rasch an Bedeutung. 1220 beraubte und zerstörte Dschingis Chan auch Buchara. Etwa sechs Millionen Menschen verloren während des Mongolensturmes in den eroberten Städten und Dörfern Mittelasiens ihr Leben. Blühende Städte wie

Balch, Tus und die alte Metropole Merw gingen zugrunde. Das Netz der Bewässerungsanlagen wurde durch die Mongolen zerstört, Oasen hörten auf, Oasen zu sein. Im Krieg ist der Aryk empfindlich verwundbar. Der Strom des Wassers kann durch noch so geringfügige Zerstörungen unterbrochen werden. Bleibt aber das Wasser aus, hört das Leben auf zu existieren. Die Kriegsgeschichte Mittelasiens war nicht selten ein strategisches Operieren mit dem Wasser – so mancher Sieg und so manche Wanderung der Völker wurden durch das Wasser veranlaßt, obwohl nur selten Geschichtsquellen das direkt ausweisen. Als der abziehende Sieger ein verwüstetes Land verließ, begann sich nur langsam in den Oasen am Serawschan ein neues Leben unter mongolischem Landadel zu entwickeln.

Im Jahre 1238 erhob sich die Oase Buchara gegen die fremden Eroberer. Ein Aufstand von Bauern und Handwerkern verjagte die Mongolen. Strafkommandos Tschagatais, des Sohnes Dschingis Chans, schlugen die Volkserhebung nieder und verwüsteten und entvölkerten die Oase Buchara erneut in erschreckendem Ausmaß. Auch in den folgenden Jahrzehnten blieben Zerstörungen nicht aus. Ibn Battuta, der berühmte marokkanische Reisende, sah ein Jahrhundert später 1333/34 auch Buchara und schrieb auf: »Diese Stadt war früher die Hauptstadt des Landes jenseits des Amudarja. Sie wurde von dem verfluchten Dschingis zerstört, und außer wenigen liegen heute alle ihre Moscheen, Medresen und Basare in Trümmern.« Der mongolische Einfluß prägte Mittelasien noch Jahrzehnte, selbst in der Zeit, als die auf die Mongolen folgenden Dynastien türkischer Herkunft Mittelasien beherrschten. Timur Leng, der »Eiserne«, Lahme, aus einem mongolisch-türkischen Adelsgeschlecht, inszenierte in der Zeit von 1370 bis 1405 die schrecklichsten Kriege der damaligen Geschichte, Feldzüge nach dem Iran, nach Aserbaidshan, Georgien, Irak, Syrien, Indien und Kleinasien und schließlich nach China. Wieder wurden ganze Länder durch Mord entvölkert. Erst unter dem neuen Herrscher Ulug-Bek (er regierte ab 1447), einem hochgebildeten Manne, der in erster Linie Wissenschaftler war, entstanden auch in Buchara wieder neue Prunkbauten, und die Wissenschaft kam zu höchster Blüte. Schon vorher gab es die berühmte Brunnenmoschee Masar Tschaschma Ajub (um 1365), nach der Legende an der Stelle stehend, wo der biblische Prophet Hiob (Ajub) nach langer Trockenperiode mit dem Stab auf die Erde geschlagen haben soll, um eine Quelle entspringen zu lassen. Im Jahre 1500 vertrieben nördlich des Syrdarja nomadisierende Usbeken die Timuriden aus Buchara. Es begann die usbekische Staatsgründung unter dem Schaibaniden, die in Buchara bis zum Jahre 1598 regierten. Unter den neuen Chanen entstand im 16. Jahrhundert eine große Zahl bedeutender Bauwerke, die heute das Stadtbild des alten Buchara prägen: die Medrese Mir-i-Arab Jemeni (1520 bis 1536 erbaut) mit einem mächtigen Portalpischtak und prächtigen Prunkaiwanen mit Majolikaschmuck. Die 1514 erbaute Kaljanmoschee steht in ihren Abmessungen kaum hinter der Freitagsmoschee von Samarkand aus dem 15. Jahrhundert zurück. Den traditionellen Vieraiwanenhof umgeben Kuppelgalerien mit 288 Kuppeln. Ein Bauwerk dieser Zeit, aus der zweiten Hälfte des 16. Jahrhunderts von Abdullah Chan II., hat ebenfalls bedeutende Dimensionen, die Medrese Kukeldasch (1568–1569) mit ihren über 160 Zellen. Jetzt entstanden auch die Kuppelgebäude der Handwerker- und Händlergilden.

1599 lösten die aus Astrachan kommenden Dynastien der Dshaniden die Schaibaniden ab. Unter ihnen erlebte Buchara eine bescheidene Wiederholung alter Blüte, weitere Kunstwerke entstanden. In Buchara wurden wie in Samarkand Medresen gebaut, dort zum Beispiel die mit Araltigern, Hirschkühen und Sonne geschmückten Schir-Dor-Medrese, hier in Buchara die Medrese am Ljabi-Chaus, einem 42 mal 36 Meter großen und 5 Meter tiefen Wasserbecken, welches wie die andern Chaus auch der Teil der Wasserversorgung der Stadt war.

Vom 17. Jahrhundert an wurde Rußland für Mittelasien mehr und mehr der einflußreiche Nachbar, denn der Iran im Süden war Feindesland, und in Indien saßen die vertriebenen Timuriden. Seit der Regentschaft Peters I. (1682–1725) bestanden politische Beziehungen zwischen Rußland und Buchara. In dieser Zeit entstanden auch wahrhaft utopische Projekte der Bewässerung. So legte der Turkmene Chodscha Nepes dem Zaren ein Projekt zur Bewässerung seiner Heimat durch Umleitung des Amudarja nach Südwesten vor. In diesem neuen Kräftefeld verlor Buchara allmählich die Grundlagen seiner Unabhängigkeit. 1740 besetzten die Perser Buchara und ermordeten den Chan, ein geradezu typisches Ereignis in der Regentschaft der Buchara-Emire. Kurz danach begann die Herrschaft des usbekischen Feudalgeschlechts der Mangyten in Buchara. Diese hatten zunehmend zwischen der Einflußnahme des russischen Zaren von Westen her und des englischen Königreiches von Indien zu entscheiden. 1868 glaubte der Mangyten-Emir Muzaffar al-Din durch den angesichts der Niederlagen von Taschkent (1865) und Samarkand (1868) vollzogenen Anschluß an Rußland die richtige Entscheidung getroffen zu haben. Er war sich sicher, daß von seiten des Zaren gewiß eine geringere Einflußnahme auf die für ihn allein wichtige Innenpolitik erfolgen würde. Den vorwiegend in den Flußoasen lebenden 2,5 Millionen Mittelasiaten des Emirats Buchara wird es ohnehin gleichgültig gewesen sein, von wem das ihnen auferlegte Maß an Ausbeutung und Unterdrükkung kam. Und trotzdem war dieser Schritt die vielleicht schwerwiegendste Entscheidung in der Geschichte Mittelasiens. Denn rund 50 Jahre später konnte die Revolution von Petrograd, die den Zaren hinwegfegte, durch diese feste politische Verkettung überspringen auf Mittelasien. Trotz der eilends eingegangenen Kriegsbündnisse des Emirs Said Alimchon mit England und Afghanistan genügten im Herbst 1920 schließlich einige Tage, in denen die Rote Armee ihn zur endgültigen Abdankung zwang. Der entmachtete Emir setzte sich mit Harem und Schatztruhen, mit Elefanten und Karakulschafherden nach Afghanistan ab. Die unabhängige Volksrepublik Buchara wurde proklamiert. Die Herrschaft der Chane und Emire war endgültig Vergangenheit.

Im Bus, der vom Flugplatz in die Stadt holpert, ist es glühend heiß. Neben uns fahren hochbeladene Lastwagen, vollgestopfte Linienbusse von Überland, von Eseln gezogene zweirädrige Arbas, ein größerer Planwagen mit würdigen Usbeken, deren bunte Turbane jene orientalische Stimmung unterstreichen, die wir als weithergereiste Fremde so schätzen an diesen fernen mittelasiatischen Städten. Ein Strom von Menschen und Technik zieht hinein in die Metropole des mittelasiatischen Orients, und in diesem Strom sind auch wir, die wir die Stadt zum Abschluß der langen Fahrt erleben wollen.

»Nun ist er zurückgekehrt in seine Vaterstadt, nach Buchara-i-Scharif, in das wunderbare Buchara. Nachdem er sich einer großen Kaufmannskarawane angeschlossen hatte, überschritt er die bucharische Grenze, und am achten Tage erblickte Hodscha Nasreddin fern im staubigen Dunst die bekannten Minarette der großen ruhmvollen Stadt«, so steht es in einem alten usbekischen Volksbuch. Es will uns scheinen, als reise wie in jenem alten Bericht dort drüben der usbekische Till Eulenspiegel hinein in seine Heimatstadt, ein bärtiger schmalköpfiger turbantragender Mann auf einem Esel, der hineintrappelt in die Stadt wie zu alter Zeit.

Ich stehe verloren in einem Hof, nur Helligkeit und Schatten gibt es, keine Zwischentöne. Beängstigend scheint mir das Ausmaß der sonnengrellen Fläche, nicht nach der wahren Größe, sondern nach der Nacktheit des ummauerten Raumes. Das Individuum fühlt Hilflosigkeit und auch ein wenig Angst – und das war bezweckt. Der Emir hatte gute Architekten im 18. Jahrhundert, denn aus dieser Zeit stammen die oberen Aufbauten der Burg. Auch heute, da das Thronpodest leer ist und in der Hitze eines Hochsommertages der Schweiß von der

Stirn in die Augen rinnt, kann man nicht so recht »warm« werden im Geviert. Zu lange und zu grausam wurde von hier aus, wurde auf dem Ark, der Festung Bucharas, regiert über ein Land, das eigentlich nur einen einzigen Beherrscher hat, von dem es wirklich abhängig war und ist – das Wasser in den Aryks und in den Chaus. Der Emir aber – so glaubte er selbst – war der Gott auf Erden, mächtiger als alle Natur und auch mächtiger als das Wasser. Ein wenig schleicht noch heute Ängstlichkeit und Bangnis ins Herz.

Als Erbauer des Ark gilt Siyawasch, ein Held, ein Halbgott nach der Sage. Zu dem Jüngling von großer Schönheit entbrannte die Stiefmutter in stürmischer Leidenschaft. Als er ihre Liebe zurückwies, wurde Siyawasch das Opfer von Verleumdungen. Er floh nach Turan, führte Krieg gegen König Afrasiab, nahm dessen Tochter zu seiner Gemahlin und erwarb große Ländereien. Nach seiner hinterhältigen Ermordung durch Afrasiab entstand ein Kult um Siyawasch, dessen Grab am Osttor der Zitadelle von Buchara gewesen sein soll. Bereits in einer Zeit, als der Islam längst Staatsreligion war, wurden am Neujahrstag hier Hähne geopfert. Der wirkliche Baubeginn des Ark fällt nach vorangegangener Siedlungstätigkeit ins 6. Jahrhundert. Seit dem 7. Jahrhundert ist der Ark neben dem Registan Mittelpunkt der feudalen Stadt, mit Palast, Regierungskanzlei, Staatskasse, Moschee, aber auch Gefängnis und Folterkammer. Diese alten Bauwerke liegen heute in ihren Trümmern längst im Geschichtsschutt des Burgberges begraben.

Ich gehe wieder vor die Mauer der Zwingburg, hinunter auf den weiten sonnigen Platz, der früher Registan war, an dem vor tausend Jahren die prunkvollen Paläste der Samaniden standen, gehe auf eine Menschentraube zu. Im Halbkreis zusammengedrängt um einen jungen Usbeken mit einem tanzenden Bären sind die Gesichter Mittelasiens, die froh und vergnügt sind. Ich schaue über die Köpfe mit den Tjubeteikas, den Turbanen und dem schönen bunten Haarschmuck hinweg, erblicke aus nunmehr respektvoller Entfernung die lehmgeschichtete Kubatur der alten Festung, das mächtige Portal, den Eingang zur Festung, hoch aufragend, ein Berg Geschichte, ein jahrtausendealter Siedlungshügel vermutlich, teilweise von einer schrägen Festungsmauer verkleidet, ein »anthropogenes Geschichtsbuch« aus Stein, Lehm und Holz. An der Nordseite des unverhüllten künstlichen sandiggelben Berges sehe ich die Seiten des »Geschichtsbuches« deutlich übereinanderliegen, eine Schicht gelber Lehm, dann Holzgeflecht und wieder Lehm, dann eine Lage aus Scherben – Zeugnisse der Jahrhunderte. Es ist das Werk von Generationen von Menschen, die kamen und gingen. Ganz oben dann der Rest einer Mauer, zerbröckelt, löcherig, verwaschen, gerundet und abgeschliffen vom Sandsturm der Wüste, mit Scharten und eingenagten Schlitzen, und doch ist es eine Mauer. Hinter diesem Schutzwerk liegt eine sichere Plattform, auf der man sich langsam »nach oben regierte«.

Würfel aus Lehm und hohe quadratische Mauern stehen am Fuß des Ark, dazwischen lehmig-staubige Pfade. An Egon Erwin Kischs Mittelasien-Reportagen muß ich denken. Der Genosse Mustafa hatte zu Kisch gesagt: »Da kommt ihr her, ihr Europäer, Arbeiter, Volkswirtschaftler, Marxisten, Gelehrte, Schriftsteller – und keiner will sich die technischen Anlagen ansehen, unsere Forschungsinstitute, unsere Fabriken, unsere Neubauten ... Alle kommt ihr her, um Romantik anzuglotzen. Der Teufel soll euch holen alle zusammen!« Und wahrhaftig müßte uns der Teufel holen, denn der Orient hat uns mit all seiner Farbigkeit und seinen exotischen Reizen gefangengenommen. Verhüllte Gestalten, die lange Schatten werfen, huschen durch die Gassen vor uns! Ein Esel steht wie ein Denkmal, und auch er hat gelbe Farben. Am steilen künstlichen Lehmberg des Ark spielen Licht und Schatten und zeichnen Reliefs, betonen die historische Schichtung und verraten den schmalen Saumpfad einer illegalen Aufstiegsmöglichkeit. Das dünne Band führt steil empor, getreten von Kindern und Tieren in einen steinharten Stampflehm und überzogen mit lockerem rutschigem Lößsubstrat. Hier brauchte man Steigeisen. 20 Meter tiefer stehen jetzt Kinder und schauen neugierig zu uns herauf. Ich klammere mich an vorragende Äste, die letzten gefahrvollen Meter zieht mich Reinhard hinauf. Dann kommt die senkrechte Mauer. Der Pfad trifft genau auf eine Scharte. Dahinter eine wüste Fläche, der hintere Teil des Ark, seit Jahrzehnten oder Jahrhunderten verlassen, gesperrt für alle Besucher und zerwühlt von den Grabungen der Archäologen. Menschenleeres, von Menschen verursachtes Chaos, über das wir mehr stolpern als gehen. Nach einer Weile kommt wieder das Ende, der Abfall, noch steiler als vorhin, die sichtbare Distanz zwischen der Höhe einstiger Herrschaft und Macht und der Stadt des Volkes dort unten.

Eine große rote Sonne sendet jetzt fast waagerecht das Licht über die Erde. Es ist Abend geworden. Jedes Sandkorn der Wüste scheint Schatten zu werfen bis an den Rand der Stadt, bis an die torbestückte Mauer der alten Vorstadt Rabat. Das Ende des einen wird zum Anfang des neuen Schattens. Dieser orientalische Abend ist ein einziges Schattenspiel. Wo aber das Licht auftrifft, leuchten rote Flächen wie Ampelsignale – rote Portale und rote Minarette –, und dahinter zeichnen schwarze Rechtecke und unendlich lange dunkle Streifen das vergängliche Bild kubistischer Abendsonnenmalerei. Einige der Schatten fal-

219

len am anderen Ende der Stadt wieder hinaus in das Steppenland. Unser Blick begleitet phantasievoll das Licht und ruht still auf dem Funkeln und Glitzern des goldenen Aderwerks, das sich aufspaltet vor unserem träumenden Auge, verästelt und sich verliert und in dünnen, von Menschen gegrabenen Fäden, den Bewässerungskanälen, herfindet bis an den Rand Bucharas. Wasser ist Leben. Wo es fehlt, ist Steppe und Wüste. Wir schauen hinaus in dieses abendvergoldete Grenzland.

Unter uns liegt in erster Dunkelheit die Altstadt von Buchara. Es wird lebendig. Die Menschen wagen sich aus den engen Bereichen des Tagschattens in die Weite der Höfe, Straßen und Plätze. Mit der Dunkelheit beginnt der Menschentag.

Wir haben den folgenden Morgen verschlafen und mit wohltuender mittelasiatischer Bedächtigkeit den Tag begonnen. Es ist früher Nachmittag und heiß, als ich die Innenstadt zur zweiten Visite erreiche. Die Stadt zeigt sich in einem doppelten Bild zu dieser Zeit: kubische Realität und Schattenbild zugleich, weiße quadratische menschenleere Mauergevierte und ihre dunklen Nachzeichnungen auf ebener staubiger Erde. Die grelle Sonne blendet das Auge, und dieselbe Sonne zeigt diese zweite Gestalt: Schattenrechtecke, Schattenkuppeln, Schattenminarette – irreale Schattenspiele. Ab und zu huschen wagemutig Gestalten durch die flimmernde Glut. Buchara in der Mittagszeit zu erleben erfordert zwar Einsatz und Standhaftigkeit, ist aber mehr als das bloße »Abhaken« der in den Reiseführern empfohlenen Sehenswürdigkeiten. Das doppelte Buchara ist typisch. Doch ist das noch nicht einmal ganz richtig gesehen. Jetzt sitze ich im Schatten von Akazien und Tamarisken. Ein gemauerter Aryk bringt Wasser. Zu Füßen liegt einer der alten oder jungen Chaus. War es Ljabi-Chaus oder Bala-Chaus, ich weiß es nicht genau, wahrscheinlich einer der unbekannten Wasserteiche, denn ich hatte ihn vorher nie auf Fotos gesehen. Ich weiß nur, daß in der Literatur von großartigen Ziegelbauten im alten Buchara, von prächtigen Wandmalereien an ihnen, von kunstvoll gestalteten Parks und eben jenen herrlichen Bassins die Rede ist, die von üppig gedeihenden Ulmen und Akazien wie von einem grünen Blätterzelt überdacht wurden. Hier nun sehe ich das vielleicht richtige Bild von Buchara, dreifach oder gar vierfach hergezaubert und aufgezeichnet: die Realität, den Schatten und das Spiegelbild im Wasser der Chaus, golden und silbrig flackernd und flimmernd. Das ist das sommerliche Buchara, wie ein Traumbild aus den Zeiten Hodscha Nasreddins.

»Hodscha Nasreddin schlenderte durch die Reihen der Seidenhändler, der Sattler, der Waffenschmiede und der Färber, über den Sklavenmarkt, den Schurhof, und all das war erst der Anfang des Basars, denn weiter zogen sich Hunderte verschiedene Reihen. Es war der Basar, der berühmte und unvergleichliche von Buchara, mit dem auch der von Damaskus, ja selbst der von Bagdad sich nicht messen konnte.«

Schon in der vorislamischen Zeit gab es hier zweimal im Jahr den großen Basar, bekannt auch durch den Verkauf von Fruchtbarkeitsstatuetten der Göttin Anahita. Bis heute ist der mittelasiatische Basar und besonders der bucharische ein bemerkenswerter Schauplatz des Landes zwischen Wüste und Gebirge. Basar ist Handelsplatz und Werkstatt zugleich, sichtbare Einheit von Produktion und Konsum. Da gibt es Basare sozusagen unter Dach und Fach. Man handelt, sitzt, plaudert, kauft und verkauft in der Kühle des Schattens, und gleich daneben der Basar im Freien, im flimmernden, mehrfach gebrochenen Licht von Gassen und Plätzen. Die architektonisch reizvollen steinernen Kuppelbasare mit den klangvollen Namen sind eine Besonderheit Bucharas und eigentlich typisch für eine Region, in der Bauholz knapp ist. Drinnen hocken unter den kühlenden Ziegel- und Steingewölben wie vor Jahrhunderten die Handwerker und Händler. Arbeit und Muße, gebücktes Hantieren über blinkenden Metallen und an seidigen Turbanen und immer wieder das ruhige Gespräch beim Tee, ein für Mittelasien typisches harmonisches Beieinander. In einer dunklen Ecke steht ein messingglänzender rauchender Holzkohlesamowar. Ab und zu gießt ein alter bärtiger Usbeke das heiße Wasser in die Porzellanschalen. Dann heben er und seine Kollegen die flachen Pialen würdevoll zum Mund und trinken den Tschai kobut, den grünen Tee, langsam, ohne Hast, in stiller Andacht, als wären sie sich bei jedem Schluck bewußt, was für einen Schatz sie da in den Kannen und Tassen haben, Wasser aus dem fernen Gebirge.

Immer sind diese Basarkuppeln Kreuzungen von Straßen. Tak bedeutet Gewölbe, Kuppel und hier Marktkuppelbau, durch den der Straßenverkehr führt. Die Hauptstraßen Bucharas waren die Haupthandelsplätze der Stadt. Diese Marktstraßen, die von einem Tak zum anderen führten, waren eng mit Werkstätten und Kaufläden bebaut, sie waren mit Waren vollgestopft und teilweise auch von leichten Dächern überdeckt. Noch heute kann man nachfühlen, mit welcher freudigen Erleichterung in den vergangenen Jahrhunderten jene gerade in die Stadt gekommenen Karawanen hier hindurchzogen, nachdem sie wochenlang unter großen Gefahren durch die Hitzetiegel der zentralasiatischen Steppen und Wüsten gezogen waren.

In Buchara ist täglich Basar – und dieser Handel ohne Pause ist Ausdruck des Reichtums der Oase am Gletscherwasser. Nur wenige In-

221

nungen haben sich beschränkt, wie die Viehhändler zum Beispiel, die sich nur am Donnerstag versammeln. Wir aber wollen ja keine Esel kaufen und schon gar nicht Pferde oder Kamele. Unser Ziel ist einer der Basarplätze Bucharas unter freiem Himmel, die das Schaufenster der Land- und Gartenwirtschaft Usbekistans sind. Diese Tag für Tag geöffneten Basare sind interessant, nahrhaft und »gefährlich« zugleich, verlocken doch der Duft und das farbige Bild von Granatäpfeln, Paprika, Weintrauben, Mirabellen, Buchweizen, Pfeffer, Oliven, Pfirsichen, Äpfeln zu ständigem Kauf und Verzehr. Alte zahnlose Männer mit bunten Turbanen auf dem Kopf und schütteren grauen Bärten rufen mit ausdrucksvollen Gebärden, daß ihre Weintrauben und ihre Arbusen die besten und süßesten unter Allahs Himmel seien. Halte dich zurück, wenn du ohne verdorbenen Magen heimkehren willst, sagt man sich immer, ohne diese Mahnung auch wirklich konsequent zu beachten. Wie Kanonenkugeldepots vor einer großen Schlacht liegen die gelben Zucker- und die grünen Wassermelonen in Reihen und Pyramiden gestapelt vor den hockenden Händlern. Wenn dann der Durst quält, kann man nicht widerstehen. Ein oder gar zwei dieser großen Früchte sind billig und – da man als Europäer kauft – auch schnell zu erwerben. Und dann sitzt man irgendwo im Schatten, nicht weit entfernt gluckert in einem schmalen Aryk ein langsam fließendes Wasserrinnsal dahin. Man schlürft begierig das süßlich-rötliche Fruchtwasser der Melonen in sich hinein, spuckt die Kerne in hohem Bogen aus wie ein Usbeke oder Karakalpak. Vor mir liegt die andere Hälfte der Wassermelone, Wassertropfen perlen auf der Schnittfläche im intensiv roten Fruchtfleisch. Es sind die begehrtesten Früchte Mittelasiens zur Sommer- und Herbstzeit. Bucharas Melonen wurden früher in besonderen, dafür gefertigten und mit Eis gefüllten Bronzekesseln bis an den Hof des Kalifen von Bagdad und des Schahs von Persien exportiert. Welch ein Kontrast zur Trockenheit des Landes. Auch diese Arbusen sind Produkte des pamirischen Gletscherwassers und der mittelasiatischen Sonne. Die feuchtigkeitliebenden Pflanzen gedeihen nur dort, wo man künstlich bewässert. Das in den pflanzlichen Zellen gespeicherte Wasser ist zu einem großen Teil konserviertes Schmelzwasser aus dem Gebirge.

Ein letzter Tag Buchara liegt vor uns. Die Stunden in den engen Gassen sind verflogen. Es war nicht möglich, alle Sehenswürdigkeiten zu besuchen. Also lassen wir uns auch heute treiben und vertrauen dem Zufall. Wie ein Magnet scheint uns Poi Kaljan angezogen zu haben, der Kern der heutigen Altstadt mit mächtigen, in den Himmel aufragenden Bauwerken. Mit seinen fast 50 Metern ist das Kaljanminarett heute das höchste in ganz Mittelasien, schon 1127 auf tiefem, sicherem Fundament unter Arslan-Chan vollendet, zu Ehren Allahs und zum fragwürdigen Nutzen seiner Diener auf Erden. Der untere Durchmesser beträgt 6,66 Meter, der obere 3,25 Meter, oben mit einer Rotunde und 16 Spitzenbogenfenstern geziert, von denen aus nachts Leuchtfeuer in der Wüste ziehenden Karawanen den Weg in die »heilige« Stadt wiesen. Aber so heilig war sie nicht, denn dieses hohe Minarett war in seiner langen Geschichte Richtstätte auch für viele unschuldige Menschen, für unzählige Frauen zum Beispiel, die in ihrer Rechtlosigkeit den Männern gegenüber oft einzig und allein im Ehebruch einen Ausweg sahen. Aber der islamische Ritus ahndete das auf unerbittliche Weise, indem man die armen Geschöpfe, in Säcke genäht, vom hohen Minarett in den sicheren Tod stürzte.

Und schließlich bin ich noch einmal zum Ark gegangen. In einem Stadtführer lese ich: 1925 entstand dort ein Minarett der neuen Gesellschaftsordnung, ein Stahlturm vor der alten Burg, häßlich und viel beschimpft von den Malern und Fotografen, aber es ist ein geschichtliches und technisches Denkmal für ganz Mittelasien. Die große Stadt Buchara hatte mit ihren 40000 Einwohnern bis zu dieser Zeit weder eine Wasser- noch eine Abwasserleitung. Die Chaus, die in der ganzen Stadt verteilten Bassins, waren die Hauptstütze der Wasserversorgung seit Jahrhunderten neben den Aryks, den Wassergräben und den Brunnen. Die Chaus aber, in ihrer oft langen Geschichte verrottet, waren angefüllt mit Müll, es wimmelte von Fröschen und anderem Getier, von Tierkadavern. Esel badeten sich, Pferde und auch kranke Menschen. Gleich daneben im selben Wasser wuschen sich Kinder, und nur wenige Meter weiter holten die Menschen das Wasser für den Tee und die Schurpa.

Jahrhunderte hindurch mußte man froh sein, daß in dieser Oase am Rande eines Sandmeeres zwischen Oxus und Jaxartes, zwischen Serawschan und Aralsee überhaupt Wasser vorhanden war, herangeführtes trübes Gletscherwasser des Serawschan. 1925 entstand vor dem Ark der erste Wasserturm Bucharas, von dem zunächst ein bescheidenes Netz von Rohren ausging, das die Wässer an viele Stellen der Stadt führte. Es war wieder das Wasser des Serawschan, das entweder auf dem direkten Weg durch Kanäle und Aryks vom Fluß bis hierher kam oder aber auf indirektem Weg oft nur bescheidene, nicht selten stark mineralisierte Grundwasservorräte speiste. Immer mehr Wasser wurde benötigt in der wachsenden Stadt und draußen in der sich erweiternden Oase, in der man Melonen, Weintrauben und Baumwolle anbaute und in der man viele Schafe hielt. Pflanzen und Tiere aber brauchen

Wasser, besonders im Sommer, und bald benötigte man mehr, als der Serawschan überhaupt liefern konnte. Die Lösung bot der größte Strom Mittelasiens, der Amudarja. Die bucharischen Usbeken, die Karakalpaken und die Tadshiken gruben gemeinsam mit ihren russischen Freunden einen großen Graben. Ein neuer großer Kanal bringt nun auch die Gletscherwässer des Pamir nach Buchara. Jetzt erst ist der Kreis unserer Reise wirklich vollständig geschlossen, denn unser »Murmeltiergletscher« entwässert ja in den Muksu und damit in den Surchob und schließlich in den Wachsch, der zusammen mit dem Pjandsh den großen Amudarja bildet.

Noch einmal steigen wir den verbotenen Weg hinauf auf das hintere Plateau des Ark, sehen die gelbe Stadt unter uns und das Grün der Vorstadtgärten und Oasenfelder ringsum, wir warten, bis das bucharische Land versinkt im Farbenspiel der für uns letzten mittelasiatischen Nacht. »Und wieder tönte die steinige weiße Straße unter den flinken Hufen seines Esels, der seinen Herrn hinaustrug in die Verbannung, und es erklang Hodscha Nasreddins Lied!«

Nicht ein Esel trägt uns hinaus aus der wundervollen Oasenstadt, auch werden wir nicht ausgewiesen, in einem heißen Linienbus sind wir freiwillig eingeschachtelt und holpern nun abschiednehmend davon. Es ist eine Fahrt durch die bucharische Oase, durch bewässertes Land.

Als die große Düsenmaschine in einer weiten Schleife Samarkand überfliegt, liegt unter uns der sich windende Serawschan. Im Südosten und Osten erblicken wir noch ein letztes Mal die Turkestan- und Serawschan-Berge. Dann ist das Sandmeer wieder unter uns. Eine lehrreiche Fahrt der Kontraste ist erfolgreich beendet: von den Gletschern Mittelasiens zu den Oasen am Gletscherwasser.

Unvergeßlicher Pamir

Wir klopften uns den Staub Mittelasiens aus der Kleidung. Eine lange Fahrt ist Geschichte. Die Rucksäcke sind schlaff geworden, ein wenig aufgefüllt zwar wieder durch diesen und jenen aufgelesenen Gegenstand, der uns in den folgenden Jahren an diese Reise erinnern soll: Kupferkannen, Trinkgefäße, verzierte Messer und natürlich Gesteinsproben. Aber was sind schon 30 Kilogramm gegen die Zentnerlast zu Beginn der Expedition.

Uns geht es nicht viel anders als den Rucksäcken. Mehr als 10 Kilogramm zeigt die Waage weniger an nach den Wochen der Strapazen und der minimalen Ernährung. Reisetage sind ewige Tage, mit wenig Schlaf und andauernder Aktivität. Doch wir führen nicht wiegbares »Gepäck« mit uns, eine geistige Fracht, welche die genannten Verluste mehr als ausgleicht, nämlich die unterwegs gesammelten Eindrücke und Beobachtungen. Die Kupferkanne, die Mineralien und die Gesteine können wir zu Hause an geeignetem Ort ganz einfach aufstellen. Sie werden uns über lange Zeit erfreuen und erinnern an schöne Stunden. Mit den zusammengetragenen Eindrücken werden wir mehr Mühe haben. Es wird Energie und Überwindung erfordern, die selbst auferlegte Auswertung konsequent auszuführen, die auf jede größere Reise folgen muß, wenn sie einen wirklichen Sinn über das eigene Erleben hinaus gehabt haben soll. Die Beobachtungen gilt es zu ordnen und zu verallgemeinern, äußere und innere Erlebnisse sind zu rekapitulieren und in Worte zu fassen. Kurz, es beginnt eine Wiederholung der Fahrt, eine zweite Auflage in der Reminiszenz. Aber gibt es denn eine schönere Aufgabe, als den Versuch zu wagen, von der eigenen, noch immer nachschwingenden Begeisterung zur Erde, zur Bergsteigerei, zur Erdforschung im ganz allgemeinen Sinne etwas weiterzugeben an andere?

Es war doch erst vor wenigen Tagen, so will es mir scheinen, als wir in den großen Stromtälern des sowjetischen Orients herumzogen und zu den Bergen Mittelasiens hinaufstiegen, bis zu den langen Talgletschern und noch höher. Wir standen am Rande des Daches der Welt und erahnten dort oben etwas sehr Ursprüngliches und für uns Geologen ungemein Wichtiges: Will man die Natur in ihrer ursächlichen Lebendigkeit und Verflochtenheit wirklich erleben, muß man darauf verzichten, nur flüchtige Besuche zu machen. Man muß der Natur über längere Zeit nahe sein, ganz nah sogar, ohne schützende Wände und Dächer. Je direkter man diesen Kontakt sucht, um so zugänglicher wird die Natur. Inmitten der Gesteine und inmitten der sie verändernden Prozesse muß man arbeiten, herumstreifen, muß man aber auch bedächtig sitzen, muß lauschen und schlafen, um alles zu begreifen und zu erleben, das Wichtige und das scheinbar Unwichtige. Landschaften, Gebirge und Flüsse sind Psychogramme der Natur. Landschaften sind auch Seelenlandschaften. Um in die Seele zu blicken, bedarf es intimer Beziehungen und Hingabe. Gelingt das, kann eine solche Kundfahrt zur vollendeten Harmonie zwischen Mensch und Natur werden. Mir will es jetzt schon scheinen, daß jene Entbehrungen und die Isolierung von der Zivilisation notwendig waren, um mit der Erde, mit den Gesteinen und den Gletschern auf fast freundschaftlichem Fuße zu stehen.

Kehrt man aber nach solchen beglückenden Fahrten heim, abgerissen, abgemagert, mit zerbeulten Fotoapparaten und zerbrochenen Eispickeln, dann schütteln die Nachbarn und auch manche Freunde verwundert die Köpfe über so viel zeitfremdes Verhalten. Sie werden dann gewiß jene alte Frage erneut stellen, auf die mit überzeugenden logischen Argumenten zu antworten auch allen denen schwerfällt, die zwischen den Felsen und Gipfeln mehr zu Hause sind als ich. Warum verlassen denn immer wieder ganze Gruppen von rastlosen Menschen die meist schönen und geschützten Täler und kämpfen sich mit schwerem Gepäck hinauf in jene Regionen, in denen Strapazen und Gefahren ihre ständigen Begleiter sind? Nicht die stärksten Stürme, nicht die gähnend tiefen Spalten, nicht unerträgliche Kälte und nicht der immer weniger werdende Sauerstoff in der Atemluft könnten diese Unermüdlichen und auch Unbelehrbaren abhalten, hinaufzusteigen bis an die Stellen der Erde, an denen jeder Anstieg ein Ende hat. Kehrt der eine oder andere von diesen Pfaden nicht zurück, so wird die Frage nach dem Sinn des Bergsteigens ganz offen und mit dem Unterton eines Vorwurfs gestellt. Es scheint kaum lohnend, all die vielen bereits geäußerten Meinungen erneut zu sammeln. Freude an der Natur, ihrer Großartigkeit und echte Abenteuerlust, der Test physischer Leistungsfähigkeit bis zur äußersten Grenze, das Erleben echter Kameradschaft und vieles mehr vermischen sich in den Argumentationen. Gebirgsfahrt ist Ausbruch aus der Obhut, Flucht vor dem oft allzu gleichen Alltag. Gipfelsturm bringt Rundsicht und das Gefühl der Freiheit. Der eine sieht das so direkt, ein anderer nur verschwommen. Die Gefahren des Absturzes, des Erfrierens, der Amputation von Gliedmaßen sind offenbar nur »kleine« Preise. Jeder wird eine eigene und für sich gültige Antwort finden. Ich kann nur von mir erzählen. Als echter Bergsteiger wage ich mich nicht zu fühlen. Dies verbietet schon meine begrenzte physische Standfestigkeit. Gequält habe ich mich bis zum Umfallen, nicht selten bis an jenen Punkt, an dem man an ein Weitersteigen nicht mehr glauben wollte. Zu Hause hätte man aufgegeben. Dort oben aber, inmitten der konservierten Eiszeit und der lebendigen Erdgeschichte, umgeben von wirklicher Gefahr, wurden diese Tiefpunkte überwunden. Warum, so fragt man sich, warum das gerade dort oben? Warum auch bin ich ganz bewußt immer wieder ins Hochgebirge gefahren und würde sofort wieder dorthin gehen, wissend, daß es jetzt noch schwerer und gefahrvoller sein würde? Ich kann heute eine ehrliche Antwort geben: nicht des Gipfelsturmes wegen und nicht zur Bestätigung der eigenen physischen Leistung. Nein, ich habe dort oben inmitten der schroffen Felswände, der nackten

Erde und des ewigen Eises, in den kilometerbreiten Talauen der Hochgebirgsflüsse und dann auch in den Oasen der Trockenregionen die Schönheit der Erde in einer neuen offenherzigen Weise erlebt. Ich habe die starren äußeren Formen der Erde beschaut und bewundert und zugleich die inneren Ordnungen und Zusammenhänge, die Harmonien und Diskrepanzen zwischen den Bausteinen und dem Relief gesehen. Schließlich gesellte sich als vierte Dimension die begriffene Zeit dazu. Aus der Erde wurde Erdgeschichte. Ein Film lief plötzlich ab und ließ zu Stein gewordenes erdgeschichtliches Geschehen in groben Zügen lebendig werden. In der Sprache von Hans Cloos, dem großen Interpreten der Erdgeschichte, hätte man sagen können: Ich habe diese scheinbar so festgefügte Welt sich im erdgeschichtlichen Sinne bewegen sehen, sich heben und senken, sah die Kristalle sich auswachsen zum Granit und die Kalzitrhomboeder sich verdichten zum Marmor, sah Erdspalten aufbrechen und sich schließen wie die metallischen Platten eines Backenbrechers, sah Länder im Meere versinken und ganze Kontinente aufsteigen aus den Fluten und wieder abgleiten wie ein großes Schiff beim Stapellauf – ich sah die Erde in Bewegung und zugleich als festes Bauwerk. Wir haben die Schönheiten der Erde beschaut in neuen Dimensionen. Besser als mit dem vorstehenden Satz wird man es nicht sagen können. Dennoch wage ich zu ergänzen: Wir sahen die Gletscher unter uns und die gewaltigen Firneishänge vor uns und über uns, wir erlebten ihr Wachsen und das Hinunterstürzen der Lawinen, sahen die Eisschlangen hineinfließen in die Täler und erlebten das Abschmelzen, wir beobachteten die Schmelzwasserströme auf der Epidermis der Erde, sahen das trübe Gletscherwasser dahingurgeln, im Winter und Frühjahr weniger als im Sommer und Herbst, eine ständig wiederkehrende Pulsation, angetrieben durch den Herzschlag der Jahreszeiten. Wir folgten dem aus dem Gebirge hinausströmenden Wasser, beobachteten in den großen weiten Räumen ohne Niederschläge die Nutzung dieser Schmelzwässer durch den Menschen und sahen in den großen Oasenstädten Wirtschaft, Kultur und Wissenschaft in hoher Blüte. Erd- und Menschheitsgeschichte verwoben sich zu einer Einheit. Dem frühen Menschen waren wir einige Wochen nahe durch unsere archaische Lebensweise unter freiem Himmel und im engen beschützenden Bannkreis des nächtlichen Lagerfeuers. Das Wesen des heutigen Menschen war gegenwärtig durch das enge Beieinander unserer Gruppe. Wir verstanden jetzt, daß das Quartär das Zeitalter des Menschen und damit der Zeitabschnitt – wie Hans Cloos sagte – der bewußt erfaßten und verstandenen Erde ist.

Indem der Mensch Wasser und Steine zu nutzen begann, sammelte er in gleichem Maße Beobachtungen über seinen eigenen Lebensraum. Weitverstreutes Faktenmaterial aus dem Buche der Erde wurde von überallher zusammengetragen, im Gestein fixierte Dokumente wurden herausgelöst, die Erde begann sich zu äußern über ihre Geschichte. Heute kann ein einzelner Mensch nicht mehr alle diese Informationen erfassen und verstehen, es bedarf eines aufwendigen technischen Apparates, diese Mitteilungen aufzunehmen und auszuwerten. Die Fähigkeit, die Erde allmählich immer besser zu begreifen und sie dann auch zu nutzen, erlangte der Mensch in Hunderttausenden von Jahren. Es ist deshalb zu verständlich, daß es uns heute schwerfällt, den so mühsam in den langen Jahrtausenden »erworbenen« Kontakt zur Erde aus dem Stegreif, bei der Kürze unserer individuellen Existenz und bei der Fülle der Ablenkungen herzustellen. Jeder Mensch muß immer wieder selbst mühsam lernen, die Erde in ihrer Vielfalt zu begreifen. Er sollte sich darum bemühen!

Vielen Menschen, auch mir, war das Erlebnis Hochgebirge dabei ein bewußter oder unbewußter Helfer. In Gedanken blicken wir noch einmal von unserem Berg in die weite Runde. Noch einmal verfolgen wir den Muksu, der zum Surchob wird und sich im Wachsch ganz allmählich erweitert zu einem künstlichen Meer im Gebirge, die Talsperre Nurek, ein Techniksymbol unserer Zeit. Der Mensch hat sich angewöhnt, immer stärker in die Gestaltung der Erde einzugreifen. In den Bergketten der Tadshikischen Depression liegt einer der gewaltigsten Staudämme der Welt. Bald werden es allein an diesem Fluß mehrere Stauwerke sein: Golownaja, Nurek, Ragun, Perepadnaja und Zentralnaja. Schon sehen wir am Rande des Pamir gewaltige Industrieanlagen wachsen und noch größere Bewässerungskanäle entstehen. Der Mensch ist dabei, mit großem momentanem Nutzen in die natürlichen Kreisläufe einzugreifen und sie seiner gesellschaftlichen Entwicklung dienlich zu machen. Die trennende Mauer zwischen Erde und Mensch ist beseitigt, der Mensch ist bis zu einem gewissen Grade zum Herrscher über diese Erde geworden. Jetzt kommt es nur noch darauf an, sie in gutem und dauerhaft nützlichem Sinne zu beherrschen. Das bedeutet Verpflichtung und Verantwortung, denn nicht mehr allein die physikalischen und biologischen Gesetze regieren die Welt. Der Verstand des Menschen sollte einen Sitz in dieser »Regierung« haben.

Wie aber kann er dieser großen Verantwortung mit gutem Gewissen nachkommen? Muß er nicht die Erde gründlich kennen, muß er nicht genau ihre Entstehung und die Wandlungen verstanden und alle erdinneren und äußeren Prozesse genaustens analysiert haben, um über ein Schicksal zu entscheiden, von dem der Mensch in Gemeinschaft mit allem anderen Leben auf der Erde in schicksalhafter Weise abhängig ist?

Er wird erkennen, daß es gilt, die Erde als den einzigen Lebensraum zu pflegen wie einen Baum im Garten, an dessen Zweigen und Wurzeln man nicht nach Belieben herumschneiden darf, von dem auf die Dauer man nur ernten kann, wenn man ihn in Ruhe »produzieren« läßt. Man muß die Natürlichkeit der Erde hegen wie das Antlitz und das Biotop eines Naturparks, der ersten kleinformatigen Testfelder für dieses Bemühen. Vielleicht wird am Kreislauf des Wassers, dem wir in diesem Buche immer auf der Spur blieben, diese menschliche Aufgabe besonders deutlich.

Zaghaft und ganz im Sinne der natürlichen Prozesse begann der Mensch, das Wasser zu nutzen. Er baute kleine Wassergräben, die jedoch bald größer wurden, zu großen Kanälen sich ausweiteten, Dimensionen von Tausenden Kilometern erreichten und den Flüssen in Zukunft bald mehr Wasser zu entnehmen gedenken, als sie im ungünstigen Jahresverlauf überhaupt anzubieten haben. Sind das nicht Eingriffe in die natürlichen Kreisläufe, die man ernst zu nehmen hat? Man begann in unseren Jahrzehnten zu ahnen, daß man das Naturangebot nach den Möglichkeiten der Erde zu planen hat. Aber die Phantasie des modernen Menschen mit seinen tatsächlich vorhandenen technischen Möglichkeiten war beflügelt. Könnte man nicht Meeresströmungen umlenken und erwärmen, Klimabereiche verändern, das Poleis oder zumindest Teile davon, nämlich abdriftende Eisberge, zur Wasserversorgung wasserarmer Regionen verwenden, könnte man nicht die langen Talgletscher künstlich abtauen lassen, um für kurze Zeit mehr Wasser zu haben? Eine phantastisch-utopische Gedankenfolge könnte sich anschließen. Wir wissen, daß das alles heute schon realisierbar ist und teilweise tatsächlich verwirklicht wurde oder wird.

Wir blicken von unserem Pik Weimar noch einmal über das Dach der Welt, blicken in eine unberührte Gletscherwildnis von ergreifender Schönheit, und wir fühlen, die Schönheit der Naturparadiese gilt es als einen kostbaren Schatz der Erde zu bewahren. Aber dieser naturästhetische Wert ist es nicht allein.

Sind die Ozeane in ihrer natürlichen Beschaffenheit, die Kältepole der Erde und die Hochgebirge mit ihren Gletschern nicht unsere Wettermacher, und ist dieses irdische Wetter in seiner jetzigen Verteilung nicht doch ein optimales System? Hat es über lange Zeit einen Sinn, in den natürlichen Abschmelzmechanismus beschleunigend einzugreifen? Kann man die Wasser eines altehrwürdigen Stromes unbegrenzt zur Bewässerung nutzen? Oder ist es sinnvoller, Wetter und Klimazonen im wesentlichen zu akzeptieren und wenigstens einen Teil des Flußwassers nach urtümlicher Weise ganz einfach abfließen zu lassen, um die Seen und Meere und die Kiesbetten im Untergrund auffüllen zu lassen mit sauberem Wasser?

Fragen über Fragen türmen sich auf, für die es in der Tat noch keine endgültigen wissenschaftlich fundierten und untereinander koordinierten Antworten gibt, weil man die Verquickung der einzelnen Phänomene untereinander bisher zu wenig beachtete. Es bedarf der Menschen, die sich dieser wissenschaftlichen Aufgaben mit Begeisterung annehmen, und es bedarf noch mehr Menschen, eigentlich aller, welche Pflege der Natur mit echter Liebe zu ihrer Aufgabe machen. Die Hochgebirge können die Orte sein, in denen man sehen und erleben kann, daß es sich lohnt, die Erde in ihrer Natürlichkeit zu erhalten.

Ich erinnere mich: Vor Tagen war es. Ich starrte auf die Füße meines Vordermannes und setzte mechanisch Fuß vor Fuß, um in der vorgeschriebenen Eile das Tal des Obichingou zu durchwandern. Noch einmal hätte ich gern die Großartigkeit an allen Stellen festgehalten, aber ich war eingefädelt in die Kette der laufenden Kameraden, eingehüllt in aufgewirbelten Staub des gewundenen Pfades – und hatte Zeit zum Nachdenken. Es wurde ein erstes Resumé gezogen, welches ich heute uneingeschränkt wiederholen kann: Die weite Fahrt auf das Dach der Welt hat sich gelohnt. So wie die Erdgeschichte immer lebendiger geworden war mit der Größe der Felswände und der Gletscher, wuchs auch unsere Begeisterung an den Wunderwerken der natürlichen Kreisläufe auf unserer Erde. Alle waren ergriffen irgendwo und irgendwann auf dieser Fahrt. So könnte es doch sein, dachte ich, daß man auch andere Menschen auf der Welt begeistern könnte für unsere Erde und die großen Aufgaben an ihr, wenn sie nur sehen könnten und wollten, wie großartig und schön sie an vielen Stellen noch immer ist. Daran mußte ich denken, als ich den Staub Mittelasiens längst ausgeklopft hatte aus der Kleidung und die mitgebrachte Kupferkanne und der Holzkohlensamowar blank geputzt im Regal vor mir standen und die Wiederholung der Fahrt, jene zweite Auflage in der Erinnerung, ablief über Wochen und Monate. Eine einzige Mahnung war jetzt der ständige Begleiter am Schreibtisch, in die Berichterstattung etwas hineinzuzeichnen von jener großen Begeisterung zur Natur, die mich nicht losgelassen hatte auf der langen Fahrt zu den Felsen und den Gletschern Mittelasiens. Die Bezwingung des Pamir zu Fuß war ein unvergeßliches geologisches Abenteuer.

Anhang

Erklärung mittelasiatischer Wörter

Adyr (türk.)	Hügel
Ailak (tad.)	Sommerweide
Airan (tad., kirg.)	saure Milch, oft mit Wasser verdünnt
Aral (türk., mong.)	Insel; Aralsee = See mit den Inseln
Angur (tad.)	Weinrebe
Arsan (tad.)	Hirse
Artscha (tad.)	Wacholderarten Mittelasiens, oft baumartig
Aryk (türk., tad.)	Bewässerungskanal, Graben
Basar (türk.)	ebener Platz, Markt
Bogar (tad.)	Feldbau ohne künstliche Bewässerung
Burdjuk (usb., tad.)	Sack aus Schaf- oder Ziegenfell, zum Transport von Flüssigkeiten
Burs, birs (kirg.)	Wacholderbaum (= Artscha)
Chalat (tad.)	gefütterter Umhang
Chan (türk., mong., usb.)	Herrscher
Chaus, auch Haus (usb.)	mit Steinen eingefaßtes Wasserbassin
Dag, Tak (türk.)	Berg, Kamm
Dara (tad.)	Schlucht, Tal
Darja (tad., usb.)	Fluß
Dschuworimakka (tad.)	Mais
Gandum (tad.)	Weizen
garm (tad.)	warm
Hissar (tad.)	Burg, Festung
Islam	von Mohamed gestiftete Religion
Jugan (tad., kirg.)	Staudengewächs (Prangos pabularia)
Kalym	Lösegeld für die Braut
Kärisen	unterirdische Wassergräben
Kibitka (turkspr.)	aus luftgetrockneten Lehmziegeln oder aus Stampflehm gebautes mittelasiatisches Haus mit flachem Dach
Kischlak	ganzjährig bewohntes Dorf
Kisjak (turkspr.)	Brennmaterial aus getrocknetem Dung
Kum (türk.)	Sand

kysyl (kirg.)	rot
Ljangar (tad.)	Rasthaus, Alm, Sommerweide
Masar, Masor (tad., usb., kirg.)	Grab, Wallfahrtsort, heilige Stätte
Medrese	islamische geistliche Lehranstalt
Mir (tad., afgh.)	Herrscher, König, Berg (z. B. Pamir)
muk (kirg.)	trübe
Mullah, Mollah (tad., usb.)	muselmanischer hoher Geistlicher
Murud (tad.)	Birne
Non (tad., usb.)	Fladenbrot
Ob (tad., kirg.)	Wasser, Fluß
Oi, Oj, Ou (kirg.)	Niederung, Flußtal
Pa, Pai, Po (tad., afgh.)	Fuß (Pamir = Fuß des Berges)
Parandscha	Roßhaarschleier der islamischen Frauen
Piale (tad.)	henkellose Trinkschale
Pjandsh (tad.)	fünf (P. = Fluß mit den fünf Quellen)
Rais (tad.)	Dorfältester, Vorsitzender
Registon, Registan (usb.)	sandiger Platz (manchmal Hauptplatz)
Schachristan (usb.)	mit Mauer umgebene Innenstadt
Schurpa, Schorbo (usb., tad.)	Suppe aus Hammelfleisch, Gemüse, Gurken, Knoblauch, Gewürzen, Kräutern
Seb (tad.)	Apfel
Sel (kirg., tad.)	Wildbach, Schlammstrom
Ssai (kirg.)	Einschnitt, tiefer Erosionseinschnitt
Ssaman (usb., türk.)	luftgetrockneter Lehmziegel
Su (türk., usb.)	Wasser, Fluß, Bach
Sugur (kirg.); Sagyr (tad.)	Murmeltier
Tak (usb.)	Marktkuppelbau
Tjubeteika (usb.)	Käppchen der Usbeken und Tadshiken
Tschaichana, Dsoichono (tad., usb.)	Teehaus, Teestube
Tschaschma (tad.)	Quelle
Tschaw (tad.)	Gerste
Tschigir (usb.)	Bewässerungsrad
Tschoban (tad.)	Hirt
Tugai (tad.)	Dickicht bzw. dichter Auwald aus vorwiegend Buschvegetation an mittelasiatischen Flüssen
Urjuk (tad.)	Aprikose

232

Erklärung
geologischer Fachausdrücke

Ablation	flächenhaftes Abschmelzen und Verdunsten von Schnee und Eis von der Oberfläche her mit und ohne Schuttbedeckung
Abri	natürliches Felsdach mit höhlenartigem Charakter
Albedo	Verhältnis des diffus zurückgestrahlten Lichtes zum parallel einfallenden Licht
Anthropogen	sowjetische Bezeichnung für Quartär
äolisch	durch den Wind hervorgerufene Erscheinungen
Barchan (kas.)	sichelförmige Düne
Brachyopoden (Armfüßer)	muschelähnliche schalentragende Tiere, deren Bauchschale stärker gewölbt und größer als die flache und kleinere Rükkenschale ist
Bruchschollengebirge	von Störungen zerteilte und unterschiedlich verschobene und verkippte Gesteine
Cañon	schluchtenartiges steilwandiges Engtal, vorwiegend in Tafelländern
Dauerfrostboden (auch Permafrost)	dauerhaft gefrorener Boden (bis 300 Meter Tiefe) im nivalen Klima, der in den kurzen Sommern oberflächlich einige Meter auftauen kann
Depression (im geologischen Sinne)	über lange Zeit, oft auch rezent sich senkendes Erdkrustenstück
Diskordanz	bei Sedimentgesteinen Überlagerung von horizontal liegenden Schichten auf tektonisch aufgerichteten oder gefalteten Sedimenten (Winkeldiskordanz)
Doline	trichterförmige Vertiefungen an der Oberfläche lösbarer Festgesteine (auch Eis), teils durch Einsturz unterirdischer Hohlräume, teils durch oberflächliche Lösungsprozesse entstanden, vor allem in Karstgebieten anzutreffen
Epizentrum	Region der Erdoberfläche senkrecht über einem Erdbebenherd; Bereich der größten Erdbebenstärke
Erosion	ausfurchende Tätigkeit des fließenden Wassers
Exaration	ausfurchende Tätigkeit von Gletschereis
Exposition	Lage eines Hanges in bezug auf Sonneneinstrahlung, Licht, Wind und Niederschlag
Faltung	durch seitlichen Druck verursachte Zusammenstauchung von Sedimentgesteinen
Firn	Altschnee, Zwischenstufe des Metamorphoseprozesses Schnee – Gletschereis
fossil	(1) als Versteinerung erhalten; (2) aus früheren erdgeschichtlichen Perioden stammend
Fotogrammetrie	Verfahren, aus fotografischen Aufnahmen Abmessungen, Gestalt und Lage von Gegenständen und von Bereichen der Erdoberfläche zu ermitteln und vereinfacht aufzuzeichnen

233

Gebirge (im geologischen Sinne)	Bezeichnung für einen Gesteinsverband, ohne daß unbedingt ein Gebirge im geographisch-orographischen Sinne erkennbar wäre
Geokratie	Vorherrschaft des Landes in der Erdgeschichte
Geophysik	Wissenschaft von den natürlichen physikalischen Erscheinungen und Vorgängen auf und in der Erde
Geotektonik	Forschungsgebiet der Geologie, bei dem der Entwicklungsgang von Krustenbewegungen und Massenverlagerungen unserer Erde theoretisch erklärt wird
Glimmerschiefer	metamorphes Gestein mit schiefrigem Gefüge und Glimmerreichtum
Goniatiten	älteste primitivste Ammoniten (Devon bis Perm)
Gneis	metamorphes Gestein mit parallelem Absonderungsgefüge und Feldspat als häufigem Mineral
Holozän	jüngste gegenwärtige Erdgeschichtsperiode
Intramontane Senke	Sedimentationsraum zwischen aufsteigenden Hochgebirgsketten
Isohypse	Linie gleicher Meereshöhe (= Höhenschichtenlinie), z. B. auf topografischen Karten
Kar	nischenartige Hohlformen in Gebirgshängen, meist ehemalige Sammelbecken von Gletschereis
Karbon	Steinkohlenformation
Karst	Gesamtheit der durch Lösung im Wasser entstandenen Formen in Sedimentgesteinen wie Kalk, Gips, aber auch sog. Thermokarst im Gletschereis
Klamm	enges, tief eingeschnittenes Erosionstal mit unten senkrechten bis überhängenden Wänden. Talsohle wird vom Wasser völlig ausgefüllt
Konglomerat	durch ein Bindemittel verfestigte Schotter
Kristall	chemisch homogener Körper, dessen atomare Bestandteile im Gegensatz zu den amorphen Körpern eine geometrisch regelmäßige Raumverteilung (Kristallgitter) aufweisen und deshalb eine durch den Gitterbau vorgeschriebene gleiche äußere Gestalt entwickeln
Lehm	gelblicher bis bräunlicher, meist kalkarmer sandiger toniger Schluff
Lithosphäre	äußere Erdschale, nach der Plattentektonik von etwa 100 Kilometer Dicke
Löß	gelbliches poröses äolisches Staubsediment aus Quarzkörnern von 0,01 bis 0,005 Millimeter Durchmesser und etwa 8 bis 20 Prozent Kalk
Mäander	in Flußschlingen gewundener Flußlauf
Magnitude	mikroseismisches Maß für Erdbebenintensität
Marmor	kristalliner metamorpher Kalkstein
Miozän	Stufe der Braunkohlenzeit (Tertiär)

234

Molasse	Bezeichnung für den klastischen Abtragungsschutt von aufsteigenden Hochgebirgen
Moräne	Gesteinsschutt, der vom Gletscher mitgeführt und zur Ablagerung gebracht wird, z. T. durch die mechanische Tätigkeit des Gletschers selbst erzeugt
Morphogen	zum Hochgebirge im orographischen Sinne aufsteigender Gebirgskörper
Mulde	nach unten ausgebuchteter Teil einer Falte
Mure	Schlamm- und Gesteinsstrom, d. h. Strom aus einem Gemisch von Wasser, Gestein in verschiedenen Korngrößen, auch Schnee und Eis
Neutrinostrahlung	Strahlung aus masselosen neutralen Elementarteilchen
Nunatak (Plural: Nunataker) grönländischer Ausdruck	aus Gletschereis frei herausragendes Felsland
Ocean floor spreading	Erweiterung des ozeanischen Bodens an den mittelozeanischen Rücken
Orogenese	relativ engräumige, episodische, das Gesteinsgefüge verändernde Gebirgsbildung, die sich in erster Linie durch Faltung ausdrückt
Penitentes	Zackenfirn, Büßerschnee; an Pilgergestalten erinnernde Abtauformen von Schnee, Firn und Gletschereis in Gebieten mit starker Strahlung und geringer Luftfeuchte
Periglazial	Bezeichnung für ständig von Schnee und Eis bedeckte Gebiete mit spezifischen Erscheinungen wie Solifluktion, Bildung von Strukturböden und ausblasender Tätigkeit des Windes
Phyllit	metamorphes Gestein, aus Tonschiefer entstanden und durch feinkörnigen Glimmer silbrig glänzend
Platte (im geologischen Sinne)	starrer, deutlich umgrenzter Körper der Erdoberfläche, der horizontale Bewegung ausführt
Pliozän	jüngste Stufe der Braunkohlenzeit (Tertiär), die Übergänge zur nachfolgenden Eiszeit (Pleistozän) anzeigt
Pluton	magmatischer Körper von erheblicher Größe in der Erdrinde
Porphyre	magmatische Oberflächengesteine (Vulkanite) mit charakteristischem Gefüge (Einsprenglinge und Grundmasse) und Orthoklas, Plagioklas, Quarz u. a. als Hauptgemengteile
Pyroxene	dunkle silikatische Minerale
Regelation	Wechselwirkung von Auftauprozessen und Wiedergefrieren im Gletschereis, besonders am Grunde von Gletschern
Richter-Skala	logarithmische Skala der freigesetzten seismischen Wellenenergie (Magnitude), 1935 von dem kalifornischen Seismologen C. F. Richter aufgestellt
Sander	vor den Endmoränen der Gletscher durch Schmelzwässer abgelagerte breite Sand- und Schotterflächen

235

Sattel	nach oben ausgebuchteter Teil einer Falte
Schiefergebirge	Gebirge aus tektonisch beanspruchten Gesteinen, denen eine makroskopisch sichtbare, parallel gerichtete Absonderung, die Schieferung, eigen ist
Schluff	feinkörniges klastisches Sediment, gröber als Ton und feiner als Sand (0,002 bis 0,06 Millimeter Durchmesser)
Sedimente	Absatzgesteine, die durch physikalische, chemische und biogene Prozesse entstehen können
Seife	örtliche Anhäufung von spezifisch schweren oder widerstandsfähigeren Mineralen im Verwitterungs- und Sedimentationsprozeß
Serak	Eisturm im Bereich eines Gletscherbruchs
Sinterung	Verdichtungsprozeß, z. B. bei der Umwandlung von Schnee in Eis
Solifluktion	Abwärtsbewegung von Lockergestein an Hängen vor allem im Auftaubereich über Dauerfrostböden
Steppe	Gebiete mit halbaridem oder semiaridem Klima mit einer jahreszeitlich spärlichen Pflanzendecke, sonst von wüstenartigem Charakter
Stockwerke (im geologischen Sinne)	Erdkrustenbereiche, die eine gleichartige tektonische Beanspruchung aufweisen
Tektogen	Teile der Erdkruste, die von tektonischen Prozessen einheitlich geprägt wurden, ohne als Gebirge im orographischen Sinne in Erscheinung zu treten
Tektonik	Lehre vom Bau der Erdkruste und den Bewegungen und Kräften, die diese erzeugt haben
Terrasse	durch ausfurchende Tätigkeit des Wassers geschaffener breiter Absatz, auf dem sich klastische Sedimente (Kiese) ablagern können, oft in treppenartiger Wiederholung übereinander auftretend
Topographie	Gesamtheit der Ausstattung eines Erdraumes hinsichtlich Relief, Flüsse, Siedlungen, Verkehrswege etc., deren Benennung und kartographische Aufzeichnung
Transgression	Vorrücken des Meeres auf Landgebiete
variskisches Gebirge	während des Karbon und Perm durch orogenetische Vorgänge tektonisch geprägte Bereiche der Erdkruste
Virgation	fächerförmige Verknotung von Faltengebirgszügen
Verwerfung	Störung eines Gebirgsverbandes, wobei zwei Schollen längs einer senkrechten oder geneigten Bewegungsfläche aneinander verschoben sind

Die längsten Talgletscher Tadshikistans

(neuere ergänzende Angaben in O. Agachanjanz 1985 und der dort angegebenen Literatur)

Name des Gletschers	Größte Länge im Strom- strich km	Fläche km²	Flußgebiet	Meereshöhe des tiefsten Gletscher- endes m	Höchster Gipfel des Nährgebietes
1. Fedtschenko	77,0	1375	Muksu	2900	Pik Kommunismus 7495 m Pik der Revolution 6975 m
2. Grum-Grshimailo	36,7	160	Tanymas/ Bartang	um 3600	Pik der Revolution 6975 m
3. Biwak	27,8	197	Fedtschen- ko/Muksu	3500 Einmündung in Fed- tschenko- gletscher	Pik Kommunismus 7495 m Pik Sowjetrußland 6852 m
4. Garmo	27,5	153	Obichingou	um 3000	Pik Kommunismus 7495 m
5. Serawschan (Hissar-Alai)	26,5	175	Serawschan	Toteis 2770 (um 3000)	Pik Schtschurowski 5560 m
6. Große Sauk- dara	25,2	69	Saukdara/ Muksu	um 4000	Pik Lenin 7143 m
7. Sugran	24,2	48	Muksu	2910	Pik Moskwa 6785 m
8. Fortambek	22,5	74	Muksu	3100	Pik Moskwa 6785 m
9. Gando	22,5	55	Obichingou	um 3200	Pik Moskwa 6785 m
10. Korshenewskaja	22,0	89	Kysyl-Agyn/ Kysylsu	?	Pik Kysyl-Agyn 6678 m
11. Gletscher der Geogra- phischen Gesellschaft (Kaschal-Ajak)	21,5	82	Wantsch	2610	Pik Garmo 6595 m

Name des Gletschers	Größte Länge im Stromstrich km	Fläche km²	Flußgebiet	Meereshöhe des tiefsten Gletscherendes m	Höchster Gipfel des Nährgebietes
12. Jasgulem	19,5	32	Masardara/ Jasgulem		Pik Pariser Kommune 6384 m
13. Oktober	17,6	116	Koktschukor/ Karakulsee	4280	Pik Oktober 6782 m
14. Preobrashenski (Hissar-Alai)	17,5	45	Serawschan	um 2900	Pik Moktos 5482 m
15. Masor	17,3	35	Obichingou	um 3000	Pik Arnawad 6083 m
16. Raksou I	16,5	76	Jasgulem	?	Pik 6305 m
17. Naliwkin (in nördl. Tanymas-Gletscher übergehend)	16,0	101	Fedtschenko/Muksu	um 4450	Pik Gorbunow 6031 m
18. Kossinenko	16,0	32	Fedtschenko/Muksu	um 4000	Pik 6025 m
etwa 50. Dewlachan	12,5	21	Obichingou	um 3100	Pik Tyndall 5833 m

Einige Vergleichsgletscher

Siachen	75,0	1180	SE-Karakorum	3540	Baltoro Kangri 7312 m
Rakhiot	15,0	41	NW-Himalaja	3170	Nanga Parbat 8125 m bzw. Vorgipfel 7910 m
Gr. Aletsch	25,0	113	Alpen (Berner Oberland)	1550	Aletschhorn 4195 m
Pasterze	10,0	25	Alpen (Hohe Tauern)	2020	Großglockner 3798 m

Ergänzende deutschsprachige Literatur (Auswahl)

Agachanjanz, O.: Zum Problem der rezenten und frühen Vergletscherung des Pamir. Petermanns Geogr. Mitteilungen 4/85, S. 233–238. Gotha/Leipzig 1985

Agachanjanz, O.: Auf dem Pamir. Aufzeichnungen eines Geobotanikers. VEB F. A. Brockhaus Verlag Leipzig/Verlag Progreß Moskau 1980

Autorenkollektiv: Großer Pamir. Österreichisches Forschungsunternehmen 1975 in den Wakhan-Pamir. Akademische Druck- und Verlagsanstalt Graz 1978

Borchers, Ph.: Berge und Gletscher im Pamir. Verlag Strecker und Schröder Stuttgart 1931

Dietrich, G./Regensburger, K. u. a.: Geodätische Arbeiten der glaziologischen Expedition der Usbekischen Akademie der Wissenschaften zum Fedtschenko-Gletscher im Jahre 1958. Akademie der Wissenschaften der DDR Berlin 1964

Finsterwalder, R.: Wissenschaftliche Ergebnisse der Alai-Pamir-Expeditionen 1928. Teil I/Band I Geodätischer und glaziologischer Teil. Verlag Reiner und Vohsen Berlin 1932

Franz, H.-J.: Physische Geographie der Sowjetunion. VEB H. Haack Gotha/Leipzig 1973

Klebelsberg, R. v.: Beiträge zur Geologie Westturkestans. Ergebnisse der Expedition 1913. – Verlag Wagner Innsbruck 1922

Machatschek, F.: Landeskunde von Russisch-Turkestan. Stuttgart 1921

Naliwkin, D. W.: Kurzer Abriß der Geologie der UdSSR. Berlin 1959

Nöth, L.: Wissenschaftliche Ergebnisse der Alai-Pamir-Expedition 1928. Teil II Geologische Untersuchungen. Verlag Reiner und Vohsen Berlin 1932

Pugatschenkowa, G. A.: Samarkand – Buchara. VEB Deutscher Verlag der Wissenschaften Berlin 1975

Renner, G.: Biwak auf dem Dach der Welt. Auf Bergpfaden durch Tadshikistan. VEB F. A. Brockhaus Verlag Leipzig 1981

Renner, G./Selič, Ch.: Abseits der großen Minarette. Reisen in das Land zwischen Amu- und Syrdarja. VEB F. A. Brockhaus Verlag Leipzig 1982

Rickmer-Rickmers, W.: Alai! Alai! Arbeiten und Ergebnisse der Deutsch-Russischen Alai-Pamir-Expedition. F. A. Brockhaus Verlag Leipzig 1930

Satulowski, D. M.: In Firn und Fels der Siebentausender. VEB F. A. Brockhaus Verlag Leipzig 1964

Steiner, W.: Der Beitrag deutscher Geowissenschaftler bei der Erforschung des Pamir (UdSSR/Tadshikische SSR). Zeitschrift geol. Wiss. Band 4. Berlin 1976

Wilhelm, F.: Schnee- und Gletscherkunde. Verlag Walter de Gruyter Berlin/New York 1975

Wolfart, R./Wittekind, H.: Geologie Afghanistans. Beiträge zur Regionalen Geologie der Erde. Band 14. Bornträger Stuttgart 1980

Fotonachweis

K. H. Bochow 9, 16 b, 20, 55
H. Endler 26 b
J. Kallenbach 11 b, 13 a, 26 a, 30 b, 32, 40
K. Kerkmann 24, 31, 50
G. Renner 12, 15, 16 a, 22 b, 23 a, 28/29, 33, 52/53, 54, 56
A. Riese 22 a, 23 b, 27, 30 a, 34 a, b, 51
W. Rump 35
W. Starke 25, 36, 37, Schutzumschlag Rückseite, Klappe (3)
U. Steiner 10, 11 a
W. Steiner 1, 2, 3, 4/5, 5 a, 6 a, b, c, d, 7 a, 8, 13 b, 14, 17, 18, 19, 21 a, b, 39, 41, 42, 43, 44, 45, 46 a, b, 47, 48, 49, Schutzumschlag Vorderseite, Klappe (3)
G. Völksch 38

Titelbild:
Firnakkumulation an den Hochkämmen ist der Anfang der Gletscherbildung. Der 4500 m hohe Fiturakpaß im Serawschan-Gebirge

Schutzumschlag Rückseite:
Bizarre Abtauformen im weißen Eis, das ein pulsierender Nebengletscher auf den oberen und mittleren Biwak-Gletscher aufgeschoben hatte (Akademie-Kette)

Vordere Innenklappe:
oben: Schmelzwassersee auf dem schuttbedeckten unteren Biwak-Gletscher kurz vor Einmündung in den Fedtschenko-Gletscher. Im Hintergrund vereiste Hochkämme der Akademie-Kette
Mitte: Ein pulsierender Nebengletscher hat weißes Eis auf den schuttbedeckten Biwak-Gletscher aufgelegt. Im Hintergrund Berge der Akademie-Kette
unten: Schöpfräder wie hier im Warsob-Tal bringen das Schmelzwasser der Gebirgsflüsse in die höhergelegenen Aryks (Bewässerungsgebiete)

Hintere Innenklappe:
oben: Gewaltige Firn- und Eisanhäufungen an der Südostwand des Pik Kommunismus. Blick von der Firnmulde zwischen Pik Prawda und dem Felsentor zum Gipfel
Mitte: Almwiese unterhalb des Pik Tyndall (rechts), eines der schönsten Berge in der Peter-I.-Kette
unten: Großwüchsige Doldengewächse kennzeichnen die üppigen Talweiden in den Hochgebirgen Mittelasiens (Nasar-Ailok-Tal/Mattscha)